黑龙江省优秀学术著作出版资助项目

U0680822

寒地稻田系统
温室气体排放理论与技术

HANDI DAOTIAN XITONG WENSHI QITI PAIFANG LILUN YU JISHU

朱利中 ◎主审
来永才　张卫建　董文军　◎主编

黑龙江科学技术出版社
HEILONGJIANG SCIENCE AND TECHNOLOGY PRESS

图书在版编目（CIP）数据

寒地稻田系统温室气体排放理论与技术 / 来永才，张卫建，董文军主编. -- 哈尔滨：黑龙江科学技术出版社, 2023.12
ISBN 978-7-5719-2170-5

Ⅰ. ①寒… Ⅱ. ①来… ②张… ③董… Ⅲ. ①寒冷地区—水稻栽培—温室效应—有害气体—排放—研究 Ⅳ. ①X511.032.31

中国国家版本馆 CIP 数据核字（2023）第 215020 号

寒地稻田系统温室气体排放理论与技术
HANDI DAOTIAN XITONG WENSHI QITI PAIFANG LILUN YU JISHU
来永才　张卫建　董文军　主编

责任编辑　宋秋颖　梁祥崇
封面设计　孔　璐
出　　版　黑龙江科学技术出版社
　　　　　地址:哈尔滨市南岗区公安街 70-2 号 邮编:150007
　　　　　电话:（0451）53642106 传真:（0451）53642143
　　　　　网址:www.lkcbs.cn
发　　行　全国新华书店
印　　刷　哈尔滨市石桥印务有限公司
开　　本　787 mmx1 092 mm 1/16
印　　张　15.5
字　　数　300 千字
版　　次　2023 年 12 月第 1 版
印　　次　2023 年 12 月第 1 次印刷
书　　号　ISBN 978-7-5719-2170-5
定　　价　80.00 元

作者简介

来永才，黑龙江省农业科学院二级研究员，黑龙江省作物耕作学学科梯队带头人、黑龙江省耕作学会理事长、中国作物学会理事、中国农学会耕作栽培分会理事。主要从事现代农作制度、耕作栽培及农业资源利用研究。曾主持国家科技支撑计划课题（2015BAC02B02，农田生态系统温室气体减排增效关键技术集成及示范）1 项及国家自然科学基金等项目 20 余项，发表论文 50 余篇，授权专利 18 项，制定地方标准 11 项，作为主要完成人获国家科技进步二等奖 1 项，作为主持人获神农中华科技进步一等奖和黑龙江省科技进步一等奖各 1 项。其撰写的《中国寒地耐盐碱水稻系列图书》入选"十四五"时期国家重点出版物出版专项规划项目。

张卫建，中国农业科学院作物科学研究所二级研究员，博士生导师，作物耕作与生态创新团队首席专家。农业农村部保护性耕作专家委员会成员、农业文化遗产专家委员会成员，国务院学位委员会学科评议组（作物学组）成员，"十三五"国家重点研发计划项目首席专家，中国耕作制度学会副理事长，中国立体农业分会和中国农业生态专业委员会秘书长，学术期刊 *The Crop Journal* 副主编。先后主持了国家重点研发计划项目、国家自然科学基金、国家"973 计划"课题、教育部优秀人才计划等项目 20 余项，在农田生态系统对气候变化的响应与适应、农田土壤碳氮循环、保护性耕作和高产高效机械化耕作理论与技术等研究领域取得了较好的研究进展，在 *Nature*、*Science Advances*、*Global Change Biology* 等国内外重要刊物上发表论文 100 余篇。

董文军，黑龙江省农业科学院耕作栽培研究所副研究员，兼任东北农业大学硕士生导师。国家自然科学青年基金、中国博士后基金和黑龙江省农业科学院杰出青年基金获得者，黑龙江省农业科学院"农科青年英才"，黑龙江省秸秆综合利用还田技术组专家。主要从事水稻耕作栽培与稻田温室气体排放理论与技术方面的研究。先后主持了国家自然科学基金、中国博士后科学基金、公益性行业农业科研专项子课题、国家重点研发计划子课题等国家级项目及其他项目共 21 项；发表论文 30 余篇，其中 SCI 论文 6 篇；获得各级奖励 10 项，制定省级地方标准 11 项；授权发明专利 15 项，实用新型专利 20 余项。已出版《稻田土壤培肥与丰产增效耕作理论和技术》等 7 部著作。

《寒地稻田系统温室气体排放理论与技术》
编委会

序

　　全球气候正经历一次以变暖为主要特征的显著变化。全球气候变化不仅影响经济社会的可持续发展，而且影响人类的生存环境。通过减少温室气体排放应对气候变化已成为全球的共识，被联合国列入可持续发展目标之一，为此，世界各国以全球协约的方式减少温室气体排放。作为一个负责任的发展中国家，我国在第七十五届联合国大会上做出力争于2030年前碳达峰和努力争取2060年前实现碳中和的国际承诺。

　　农业是受全球气候变化冲击最大的行业，气候变化将增加农业生产的不稳定性。同时，农业生产也是温室气体的主要贡献者之一，是全球温室气体排放的第二大重要来源。农业源温室气体主要包括水稻种植过程与反刍动物的 CH_4 排放、施肥造成的 N_2O 排放和动物废弃物管理过程中 CH_4 及 N_2O 的排放。因此，减少农业源温室气体排放对控制全球气候变化具有重要作用。

　　减少稻田温室气体排放是农业固碳减排的重点，也是当前全球关注的热点之一。稻田温室气体排放以 CH_4 为主，约占90%，是最重要的人为 CH_4 排放源之一，占全球人为 CH_4 排放的10%~13%。水稻是我国最重要的粮食作物之一，种植面积达4.5亿亩，约占世界水稻种植面积的27%，稻田 CH_4 排放约占全球稻田 CH_4 排放的21.9%。我国水稻生产的传统优势在南方，但发展优质水稻的潜力在北方。近年来，在国家宏观调控政策的影响下，寒地优质水稻的地位和作用日益凸显。黑龙江省水稻种植面积稳定在6 000万亩左右，作为我国重要的水稻主产区，不仅要当好国家粮食安全的"压舱石"和"稳压器"，也要保障我国生态粮食"双安全"，如何在粮食稳产的前提下减少稻田温室气体排放是摆在农业科技人员面前的一个重要命题。

黑龙江省农业科学院来永才研究员带领的研究团队一直从事农田生态系统温室气体排放过程与减排技术领域的研究工作，经过 10 余年的研究，初步掌握了寒地稻田温室气体的排放规律，针对寒地稻田土壤固碳与温室气体减排，从栽培与耕作角度比较系统地研究了涵盖水稻品种、水肥管理、秸秆还田下的栽培调控以及耕作措施等土壤固碳理论与温室气体减排技术。成果应用表明，稻田氮肥利用效率提高 5%以上，水稻增产 5%以上，亩均节本增收 84 元，环境效益与经济效益显著。项目组全面系统地整理了稻田土壤固碳减排的最新研究成果，编写了《寒地稻田系统温室气体排放理论与技术》一书。

该书为寒地稻田固碳减排提供了全新的耕作栽培技术模式，可为农田土壤固碳减排与丰产增效提供科学依据和技术指导。该书的出版将对促进我国农业温室气体减排研究与实践起到积极作用。

2023 年 7 月

前　言

　　科学合理的耕作栽培措施既可以有效降低稻田的温室气体排放量，又可以提高水稻产量、资源利用效率和土壤肥力水平。自 2011 年以来，在国家科技支撑计划课题（编号：2015BAC02B02）、国家重点研发计划项目（编号：2016YFD0300900）、国家自然科学基金（编号：31501263）、黑龙江省应用技术研究与开发计划国家项目省级资助（编号：GX16B002）、公益性行业农业科研专项（编号：201303102）、中国博士后科学基金（编号：2012M511005）、黑龙江省应用技术研究与开发计划重大项目（编号：GA15B101）、黑龙江省省属科研院所科研业务费重点项目（编号：CZKYF2021-2-B019）和黑龙江省农业科学院杰出青年基金项目（编号：2021JCQN003）等项目的资助下，我们以寒地稻田生态系统为研究对象，针对水稻生产过程的减排固碳增汇的碳源与碳汇特征，对"减排、丰产、增效"理念的耕作栽培技术进行创新，研究评价了不同耕作栽培措施下稻田温室气体的排放及水稻产量的形成，构建了"丰产、减排并重，资源高效利用，土壤固碳培肥"的减排固碳、丰产高效的稻作技术体系。

　　本书是对我们研究团队十余年研究工作的系统总结。全书共分为 10 章，在系统介绍全球与我国农业温室气体排放概况、温室气体排放与碳达峰碳中和、寒地水稻生产、温室气体种类及特性、稻田主要温室气体指标的确定与监测方法、寒地稻田温室气体研究概况的基础上，依托团队研究结果，以减排、丰产、增效、培肥为主线，详细讲述品种筛选、栽培方式、水肥管理、生物炭循环利用、秸秆还田下的密肥调控以及耕作方式等耕作栽培措施对稻田温室气体排放、水稻生产和土壤肥力的影响及规律，提出减排、丰产、增效、培肥的稻作技术及发展方向，并对我国寒地农业实现碳中和的途径和建议等前沿热点问题进行了探讨。

尽管我们就稻田系统减排、丰产、增效做了大量工作，但目前仍集中在不同耕作栽培措施对温室气体及生产力影响的研究。总体来看，该体系仍缺乏完善的基础理论，有许多理论问题和技术问题有待进一步研究。我们将结合实际技术的实用性、配套性和集成性，注意农机农艺的配套与结合，开展稻田种植的长期定位研究，土壤-作物系统研究以及土壤物理、化学和微生物研究，逐步完善寒地稻田系统减排、丰产、增效、培肥稻作理论及技术体系。

本书可为我国寒地稻作系统减排、固碳、丰产、增效、培肥提供参考，可供从事相关科研、教学和技术推广等人员使用。由于本书撰写仓促，编者水平有限，错误和不当之处在所难免，敬请广大读者批评指正。

编者

2023 年 7 月

目　录 contents

1 温室气体排放概况

1.1 温室气体和温室效应

温室气体（greenhouse gas，GHG），指任何会吸收和释放红外线辐射并存在于大气中的气体。《京都议定书》中规定的 6 种温室气体为：二氧化碳（CO_2）、甲烷（CH_4）、氧化亚氮（N_2O）、氢氟碳化合物（HFCs）、全氟碳化合物（PFCs）、六氟化硫（SF_6）。这些气体可以透过太阳的短波辐射，使地球表面升温，但其阻挡了地球表面向宇宙空间发射的长波辐射，产生了类似温室的效应（图 1-1）。

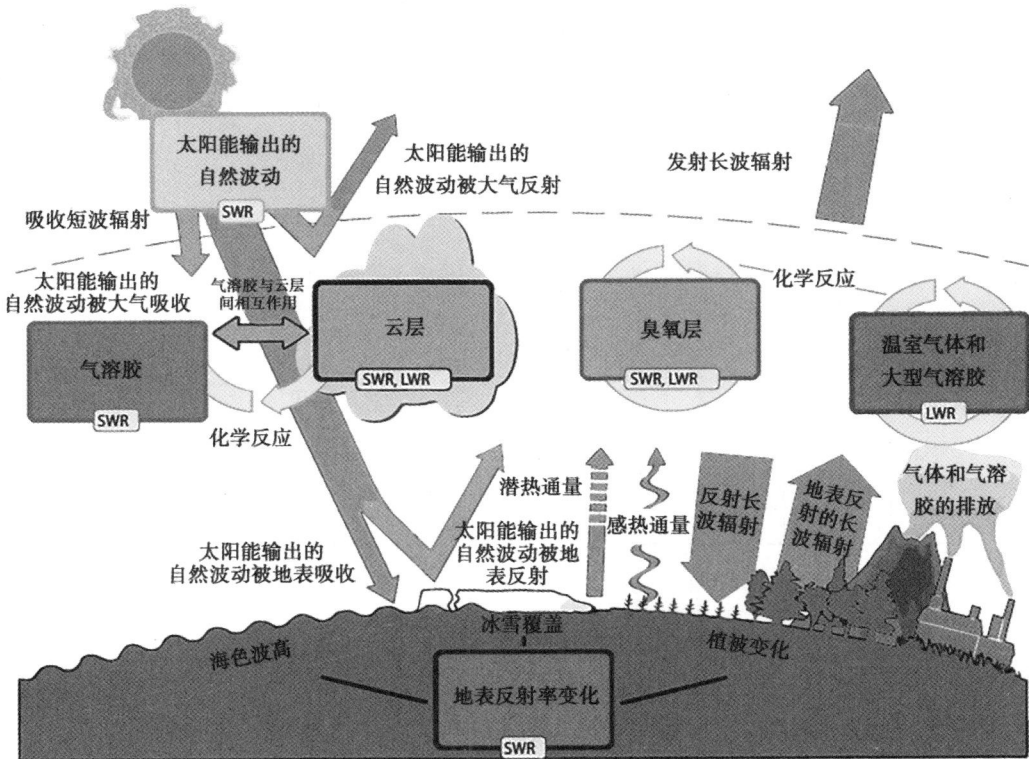

图 1-1 全球温室效应模式图（引自 IPCC，2013）

温室效应是指大气中的温室气体,对太阳的短波热辐射不具有或很少具有辐射吸收带,又能强烈吸收地面和底层大气发射的长波热辐射,这种选择性吸收辐射,能够产生大气变暖的效应,从而维持地球表面温暖舒适的温度。如果地球大气中没有这些温室气体,地表温度将要低于$-18\ ℃$,地球上也就不会有高等生命的存在。

大气中能产生温室效应的气体已经发现近30种,温室气体占大气层不足1%。其中水汽是温室效应最强的温室气体,对温室效应有很强的反馈效应。虽然水汽的全球增温潜势是CO_2的两倍,但大气水汽浓度取决于地表70%的海洋,受人为影响极小,因此在考虑温室气体排放时不考虑水汽。CO_2在大气中的含量虽然不高(表1-1),但它对太阳短波辐射几乎是透明的,而对地表反射向太空的长波辐射,特别是靠近峰值发射的 13~17 μm 波谱区,有强烈的吸收作用。自工业革命以来,人类向大气中排入的温室气体逐年增加,大气的温室效应也随之增强,其引发的一系列问题已引起世界各国的关注。

表 1-1　地球大气的主要成分和温室气体

气体	体积分数
氮气（N_2）	78%
氧气（O_2）	21%
水汽（H_2O）	可变（0 ~ 0.02%）
二氧化碳（CO_2）	360×10^{-6}
甲烷（CH_4）	1.8×10^{-6}
氧化亚氮（N_2O）	0.3×10^{-6}
氯氟碳化物（CFCs）	0.001×10^{-6}
臭氧（O_3）	可变（0 ~ 1）$\times 10^{-6}$

注：引自 J Houghton，2001。

1.2　温室气体的排放

全球变暖的事实早在 20 世纪 70 年代就被科学家们所认识,且随着研究手段和方法的提高,科学家们对气候变暖的认知水平越来越高。科学家预测,今后大气中 CO_2 量每增加

1 倍，全球平均气温将上升 1.5~4.5 ℃，而两极地区的气温升幅要比平均值高 3 倍左右。因此，气温升高不可避免地使极地冰层部分融解，引起海平面上升。温室气体浓度的增加，同时还引起全球变暖、地球上的病虫害增加、土地沙漠化、缺氧等。气候变暖不仅仅是气温高低的问题，而是全球性的环境问题，更涉及了人类社会生产、消费和生活方式及生存空间等各个领域，关系到全球的可持续发展。

针对该问题世界各国纷纷采取行动，1979 年在瑞士日内瓦召开了第一次世界气候大会，呼吁保护全球气候；1990 年 12 月联合国第 45 届大会决定设立政府间气候变化谈判委员会，该委员会就气候变化问题达成的《联合国气候变化框架公约》于 1994 年 3 月 21 日正式生效；1997 年 12 月 11 日，在日本京都召开的《联合国气候变化框架公约》缔约国第三次会议上，通过了旨在限制发达国家温室气体排放、遏制全球变暖的《京都议定书》，并于 2005 年 2 月 16 日正式生效；2007 年 12 月 15 日在印尼巴厘岛通过了"巴厘路线图"，启动了"双轨制"谈判；2009 年 12 月 7—19 日在丹麦首都哥本哈根气候变化大会上，达成一项不具法律约束力的《哥本哈根协议》；2010 年 12 月 11 日通过了《坎昆协议》，巩固了各国在哥本哈根承诺的减排目标；2015 年 12 月 12 日，近 200 个缔约方一致同意通过《巴黎协定》，并于 2016 年 11 月 4 日正式生效。以上相关会议的召开明确了气候变化关键问题之所在、各国减排之责任，就工业化国家的减排额要求、发展中国家如何控制排放和国际协作达成了共识。

1.2.1 全球温室气体的排放

大气中 CO_2、CH_4、N_2O 作为对全球温室效应贡献最大的三种气体，据 IPCC（Intergovernmental Panel on Climate Change，联合国政府间气候变化专门委员会）2013 年的统计数据显示（图 1-2），2011 年大气中 CO_2、CH_4、N_2O 的含量已经达到 390.5 ppm（浓度单位，表示百万分之一）、1 803.2 ppb（表示十亿分之一）、324.2 ppb，分别比 1750 年提高了 40%、150%、20%。在 1951—2010 年间，温室气体导致地球表面平均温度上升了 0.5~1.3 ℃。人类工业化前的 8 000 年间，大气中的 CO_2 浓度仅增加了 20 μL/L，几十年到几百年尺度上的变化小于 10 μL/L，并且这种变化主要来源于自然过程。在过去的 250 年间，大气中的 CO_2 浓度增加了 100 μL/L，但自工业革命开始，大气中的 CO_2 浓度由 258~

275 μL/L 增长到了 2005 年的 379 μL/L，大气中的 CO_2 浓度呈现明显的上升趋势。且数据显示，大气中的 CO_2 浓度第一次增加 50 μL/L 用了将近 200 年的时间，但第二次增加仅用了 30 年左右。根据联合国政府间气候变化专门委员会（IPCC，2013）的报告显示，自工业化以来，人为温室气体排放量上升，导致大气中 CO_2、CH_4、N_2O 等温室气体浓度达到了过去 80 万年以来的最高水平。1750—2011 年间，人为累计 CO_2 排放量达到了 20 400 亿 t，其中近一半为近 40 年所排放。

在过去的 1 万年间，大气中 CH_4 的浓度一直维持在 580～730 nL/L，但近 200 年间大气中的 CH_4 浓度增加了约 1 000 nL/L，也是迄今大气中 CH_4 浓度变化最快的一段时间。资料显示，在过去的 1 万年间 N_2O 浓度的变化小于 10 nL/L，然而在近几十年间，大气中的 N_2O 每年以 0.8 nL/L 的速度呈线性增加。

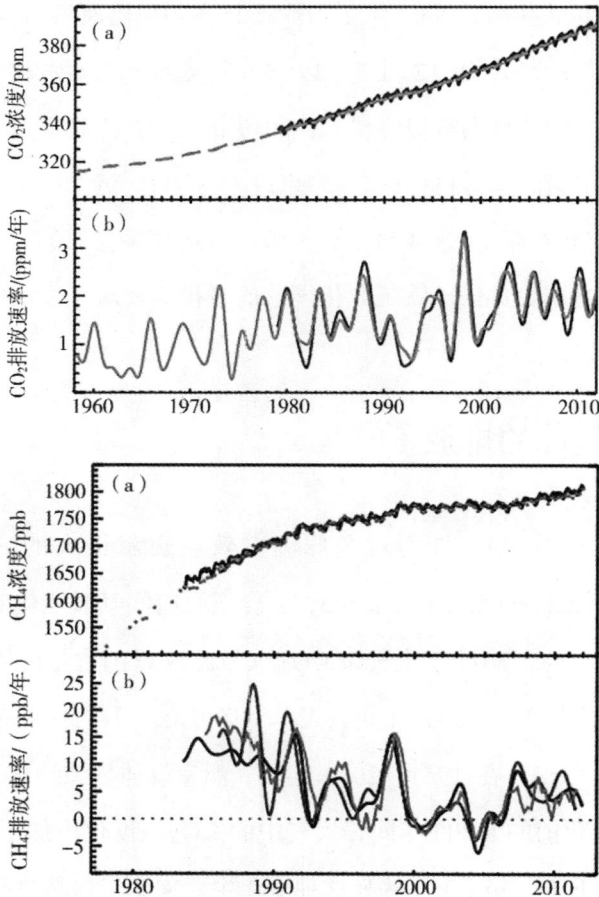

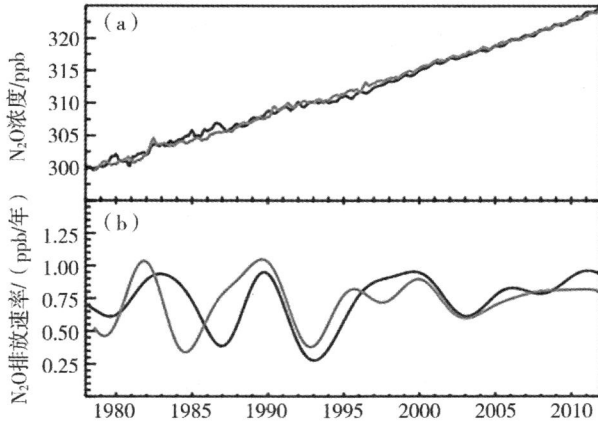

图 1-2　大气中 CO_2、CH_4 和 N_2O 浓度及排放速率的历年变化趋势（引自 IPCC，2013）

1.2.2 我国农业温室气体的排放

人类活动主要通过影响温室气体排放进而影响气候变化，如工业、农业、能源、交通、建筑等方面。自 20 世纪以来，全球气候变暖一半以上是由人类活动造成的，IPCC 第五次评估报告将这个事实的可信度从 2007 年的 90% 提高到了 95% 以上。

农业源温室气体主要来自种植业和畜牧业，包括畜禽胃肠道内发酵的温室气体排放、畜禽粪便所排放的温室气体、水稻种植过程中 CH_4 排放、氮肥施用引起的 N_2O 排放和动物废弃物管理过程中 CH_4 和 N_2O 排放等。农业源温室气体排放约占全球温室气体排放总量的 14.9%；中国农业源温室气体排放占全国温室气体排放总量的 17%；其中 CH_4 和 N_2O 分别占全国 CH_4 和 N_2O 排放总量的 50.15% 和 92.47%（米松华和黄祖辉，2012）。据联合国粮农组织（FAO）2006 年的估计，仅从种植和养殖环节来看，种植业中耕地释放的温室气体已超过全球人为温室气体排放总量的 30%，养殖业达到 18%。据相关研究（闵继胜和胡浩，2012）显示，1991—2008 年，中国种植业的 CH_4 排放量从 999.50×10^4 t 下降到 931.44×10^4 t，而 N_2O 的排放量从 34.67×10^4 t 增加到 48.74×10^4 t（表 1-2）。

表 1-2　1991—2008 年中国种植业的温室气体排放总量　　　　单位：10^4 t

年份	CH₄ 总排放量	N₂O 总排放量	
		本底排放量	施肥排放量
1991	999.50	20.52	14.15
1992	988.80	20.65	15.37
1993	911.10	21.26	16.97
1994	907.29	21.73	17.35
1995	926.97	22.19	17.81
1996	968.85	22.95	18.65
1997	978.92	23.39	19.48
1998	974.49	24.37	20.24
1999	974.49	24.85	19.86
2000	937.79	25.35	19.98
2001	904.62	26.07	19.96
2002	899.29	26.22	19.64
2003	856.01	26.27	19.85
2004	916.19	26.28	20.76
2005	932.13	26.72	20.88
2006	938.48	27.13	21.13
2007	923.12	26.85	21.08
2008	931.44	27.41	21.33

注：数据来源，根据《中国农业统计资料》《中国统计年鉴》《中国畜牧业年鉴》和《中国农业年鉴》（各年）计算。

　　农业生态系统中温室气体的产生是一个复杂的过程。土壤中的有机质在气候、植被、土质及人为干扰的条件下，可分解为无机的碳（C）和氮（N），无机 C 在好氧条件下多以 CO_2 形式释放进入大气，在厌氧条件下则可生成 CH_4。无机铵态 N 可在硝化菌作用下变成硝态 N，而硝态 N 在反硝化菌作用下转换成多种状态的氮氧化合物，N_2O 可在硝化和反硝化过程中产生。在气候、植被、土质及农田管理诸多条件中，任何一个因子的微小变化，都会改变 CO_2、CH_4 和 N_2O 的产生及排放。世界各地大量的定点观测表明，农田这些气体的排放在空间和时间上都存在很大的变异性。

中国是一个农业大国,2011 年数据显示,我国耕地面积达 18.37 亿亩(1 亩 ≈ 667 m^2),全世界现有耕地面积 13.691 1 亿 hm^2 ,中国占全世界现有耕地面积的 7% 左右,农田施肥量和水稻种植面积均为世界第一。谭秋成(2011)研究表明,2009 年中国农业排放温室气体总计 158 557.3 万 t CO_2 当量,比 1980 年增长 52.03%,年均增长 1.46%。其中,CH_4 占总排放量的 25%,N_2O 占总排放量的 52%,CO_2 占总排放量的 23%。1994 年农业源温室气体排放中,水稻种植 CH_4 排放占全国 CH_4 排放总量的 17.93%,种植业 N_2O 的排放占全国 N_2O 排放总量的 74.35%。这些田地的种植、翻耕、施肥、灌溉等管理措施长期改变着农田生态系统中的化学元素循环,影响农田的温室气体排放(表 1-3)。

表 1-3　1994 年中国农业活动温室气体排放

温室气体	排放源	CH_4（或 N_2O）排放量/10^3 t	占农业 CH_4（或 N_2O）排放比例/%	占全国 CH_4（或 N_2O）排放比例/%
CH_4	动物肠道发酵	10 182	59.21	29.70
	水稻种植	6 147	35.75	17.93
	动物粪便管理系统	867	5.04	2.53
	农业源合计	17 196	100.00	50.15
	全国 CH_4 排放	34 287	—	100.00
N_2O	农田直接排放	474	60.30	55.76
	农田间接排放	154	19.53	18.12
	放牧	110	14.03	12.94
	粪便燃烧	1	0.10	0.12
	动物粪便管理系统	44	5.56	5.18
	田间焚烧秸秆	4	0.46	0.47
	农业源合计	786	100.00	92.47
	全国 NO_2 排放	850	—	100.00

注:数据来源,中华人民共和国气候变化初始国家信息通报,2004。

1.2.3 我国稻田温室气体排放

1.2.3.1 我国稻田温室气体排放现状

IPCC 第 4 次评估报告显示，稻田 CH_4 的年排放量为 31 ~ 112 Tg（1 Tg=10^{12} g），占全球总排放量的 5% ~ 19%（IPCC，2007）。另有报道统计，稻田 CH_4 排放量约占全球每年总排放量的 20% 或 17%（Wuebbles 和 Hayhoe，2002；Cai 等，2005）。通过对文献资料和大量研究结果分析得出，中国农业源温室气体占全国温室气体排放总量的 17%（董红敏 等，2008）。根据 2004 年中国政府向联合国提交的《中华人民共和国气候变化初始国家信息通报》显示，1994 年我国稻田 CH_4 排放量为 6.147 Tg，占农业活动 CH_4 排放总量的 35.75%。Zou 等（2009）研究发现，在 20 世纪 90 年代，我国稻田 CH_4 的年排放量为 6 ~ 10 Tg。通过模型与 GIS（地理信息系统）技术相结合表明，我国大陆 2000 年水稻生长季的稻田 CH_4 排放量为 6.02 Tg（黄耀 等，2006）。

此外，稻田 N_2O 主要通过土壤和肥料中微生物的硝化和反硝化作用产生，大气中 N_2O 有 90% 来源于这两个过程（廖松婷 等，2014）。据统计，2012 年我国稻田排放的 N_2O 占我国农田总排放量的 7% ~ 11%（Wang 和 Li，2002；Zou 等，2007）。Gao 等（2011）通过模型预测，我国稻田 N_2O 每年排放量约为 35.7 Gg（1 Gg=10^9 g），氮肥的施用对 N_2O 的排放具有促进作用。在我国，随着氮肥的大量投入，N_2O 的排放也呈明显的增加趋势（章永松 等，2012）。因此，在掌握我国稻田系统温室气体排放现状的基础上，探索我国稻田系统温室气体排放的影响因素，为我国发展低碳、可持续发展的农业提供理论依据，对提出相应的减排措施以控制全球变暖具有非常重要的指导意义。

1.2.3.2 我国稻田温室气体排放影响因素

1）土壤理化性质

土壤理化性质包括土壤有机质、土壤质地、土壤温度、土壤含水量、土壤 pH 值和土壤氧化还原电位（Eh）等。土壤产气微生物活性和数量是多重因素影响的直接响应，其与温室气体排放存在显著相关关系（秦晓波等，2012），因此，影响微生物活性的土壤理化性质均会影响农田温室气体的排放。土壤有机质作为土壤的重要组成部分，是土壤微生物的主要底物，且土壤有机碳含量决定微生物碳库的大小。温室气体的产生绝大多数属于生物过程（邹建文 等，2003），CH_4 和 N_2O 分别是在厌氧条件下通过有机质发酵和土壤硝化与反硝化过程产生的。相关研究显示，稻田土壤理化特征差异是导致 CH_4 排放量不同的主要原因（王维奇 等，2011）。如在不外加肥料的条件下，含有机质和黏土成分高的土壤产 CH_4 率较高，因为有机质降解过程会产生较多的 CH_4，土壤水溶性有机碳含量与 CH_4 排放量呈显著正相关，可作为稻田 CH_4 排放潜力的关键参数（曹志洪 等，2008）。而在外加有机肥的条件下，沙质土壤 CH_4 排放量最高（蔡祖聪 等，1998），这可能与土壤通透性和有机质分解速率有关，但年际间观测值也不一致。研究表明，CH_4 排放与微生物碳、矿质碳和土壤糖含量呈正相关（Datta 等，2013）。Beek 等（2011）研究认为，淹水期主控 CH_4 排放的因子是土壤类型。还有研究指出，黏质土壤 CH_4 平均排放量显著低于壤质和沙质土壤，出现该结果的原因可能与土壤通透性、水分含量以及土壤有机质分解速率有关（李世朋和汪景宽，2003）。土壤质地通过影响土壤有机质的分解速率及土壤通透性，从而影响土壤 Eh 和产生 CH_4 微生物的基质供应及稻田 CH_4 的排放（李长生 等，2003）。硝化细菌和反硝化细菌对土壤质地较为敏感。已有研究表明，红壤水稻土和潜育性水稻土在施用氮肥后的 N_2O 通量远远高于石灰性水稻土，这可能与石灰性水稻土有机质含量较低有关，但该研究中土壤类型不同施肥类型也不同，而且没有对土质影响 N_2O 通量的机制做出解释（李良谟 等，1991）。

此外，土壤 pH 值反映了土壤的酸碱度，土壤微生物和酶活性还受 pH 值的影响，通常土壤微生物生长最适的酸碱度为中性或微偏酸性，土壤有机质含量高和 pH 值低有利于 N_2O 的产生（Cai 等，2010）。反硝化细菌和硝化细菌适于在中性偏弱碱性土壤条件下活动，在中性时反硝化产物以 N_2 为主，pH 值降低对反硝化速率影响较小，且能显著增加 N_2O 的排放；硝化作用 N_2O 的排放则在 pH 值范围 3.4～8.6 间，与 pH 值呈正相关。综合许多试验研究发现，温度对 CH_4 和 N_2O 的产生有明显影响。在持续淹水稻田中，若土壤温度变化较明显，则 CH_4 的季节排放通量与土壤温度有显著的正相关关系（Zheng 等，1998；邹建文等，2003）；而土壤温度对于 N_2O 排放量的影响主要是通过影响稻田土壤中微生物的活性，从而影响硝化和反硝化过程的反应速率（郑循华 等，1997）。在 N_2O 的产生及扩散传输过程的共同作用下，N_2O 排放速率的变化趋势与表层土壤温度的变化几乎一致，因此 N_2O 的排放具有明显的日变化和季节变化规律（张振贤 等，2005）。土壤氧化还原电位（Eh）对稻田温室气体排放的影响是基于其他影响因子适宜的条件下，土壤氧化还原电位处于抑制气体产生的水平时，土壤氧化还原电位的季节变化与 CH_4 排放季节变化间存在显著相关性（徐华 等，1999），而另有研究认为，水稻生长期 N_2O 排放量与土壤氧化还原电位无明显相关性（纪洋 等，2011）。土壤含水量是决定土壤 CH_4 和 N_2O 排放通量的重要因素，15%~22%的土壤含水量是促进 CH_4 氧化的最佳水分条件（徐星凯和周礼恺，1999）；土壤微生物是否处在厌氧或好氧状态也与土壤含水量有极大关系。

2）水稻生长及品种差异

已有研究结果表明（傅志强 等，2009；Baruah 和 Boby，2010），不同水稻品种的温室气体排放存在较大差异。其主要通过以下两个方面来实现：一是水稻根系为温室气体的产生提供反应基质；二是水稻的通气组织是温室气体传输和排放的通道。不同水稻品种温室气体排放量的差异主要取决于不同水稻根系提供有机碳和输送氧气的能力（朱玫 等，1996）。已有研究发现，不同品种的水稻根系对 CH_4 的氧化和排放能力相差 1 倍以上（李玉娥和林而达，1995；李晶 等，1996）。一方面，水稻根系能主动吸收稻田水中溶解的 CH_4 并从植株中排放，根系大小和活力决定了水稻对稻田 CH_4 的吸收速率。稻田未氧化的 CH_4 有 50%是通过根系吸收并通过水稻叶片传输到大气中的（曹云英 等，2005），水稻生长季节这一比例甚至达到 95%（上官行健 等，1993）；另一方面，根系代谢分泌物具有更强的氧化能力，并使 CH_4 氧化菌活性增强（王增远 等，1999；曹云英 等，2000），促进 CH_4 氧化，抑制 CH_4 排放。根系对 CH_4 排放的抑制作用使稻田 CH_4 数量减少，而根系对 CH_4 吸收排放的促进作用并未增加稻田 CH_4 总量。因此，从总量来看，种植根系大、根活力强的品种稻田 CH_4 排放量会减少（曹云英 等，2000）。此外，提高品种的产量与排放比例，对稻田温室气体减排具有间接效果。这主要体现在以下 3 个方面，一是高产品种可直接降低稻田温室气体排放，如傅志强等（2009）的研究表明，无论是移栽还是直播，超级稻的 CH_4 排放量均低于常规品种；二是在同等产量条件下，选用适于强化栽培等节水灌溉、单产高的品种可减少稻田的面积和投入品的使用量，从而降低温室气体排放总量；三是增产潜力大的品种对稻田肥力的利用率高，防止氮流失，减少氮肥在土壤中的存留时间，降低水稻生长季节和休耕季节 N_2O 的产生和排放。

水稻生长对 CH_4 排放的贡献主要表现在以下 3 个方面，一是向根际提供有机碳源，促进稻田 CH_4 的产生（Holzapfel 等，1986；黄耀，2003）；二是水稻植株向下输送 O_2，在根际形成氧化层（Conrad 和 Rothfuss，1991；Gerard 和 Chanton，1993）；三是水稻植株为 CH_4 向大气传输提供通道（Holzapfel 等，1986；Schütz 等，1989）。植株通气组织对稻田 CH_4 和 N_2O 排放的贡献率分别为 83%～84% 和 75%～86%（Yu 等，1997）。虽然地上部分蘖、干物质重及水稻产量等因素对 CH_4 排放速率有一定影响，但与稻田排放总量相关性并不显著。

3）水分管理

水分是影响稻田 CH_4 排放的关键因子，是否淹水以及田间不同的水层高度直接影响土壤中微生物的生存环境，从而影响 CH_4 的产生和氧化。进一步发现水分影响稻田的 Eh 值、产甲烷菌的活性、CH_4 的扩散速率，从而影响稻田 CH_4 的排放（吴琼和王强盛，2018）。CH_4 是产甲烷菌在极度厌氧的环境中产生的，常规稻田在长期淹灌环境中土壤处于厌氧状态，Eh 值远低于 150 mV，产甲烷菌活性增强，大大促进了 CH_4 的排放。稻田 CH_4 和 N_2O 的排放具有消长（trade-off）关系，其中水分变化是主导这种关系的主要因素（李香兰 等，2008）。淹水的时间越长 CH_4 的排放量越大，但是 N_2O 的排放却受到阻碍。水分通过影响土壤的硝化与反硝化作用以及土壤通气状况进而影响 N_2O 的产生与排放（徐华 等，2000）。长期淹水条件下，土壤气体扩散被阻断，厌氧性产 CH_4 菌群数量增多，多样性增加，活性增强。崔中利等（2007）研究结果表明，旱作稻田 1 g 干土中的产 CH_4 菌种群数量为 4.16×10^3 cfu，淹水稻田数量为 8.25×10^6 cfu，接近旱作条件下菌群数量的 2 000 倍，而好氧性 CH_4 氧化细菌数量却减少。虽然 CH_4 厌氧氧化过程也存在，但氧化速率远低于好氧氧化速率（闫航 等，2002），贡献率仅为 CH_4 氧化总量的 10%，甚至 3% 以下（吕镇梅 等，2005）。因此，淹水条件有利于 CH_4 的产生和释放。控制灌溉、浅湿灌溉、间歇性灌溉等节水灌溉方式有利于气体交换，增加了土壤的通透性，提高了土壤的氧化还原能力，在促进 CH_4 氧化菌活性的同时抑制产 CH_4 菌活性，减少稻田 CH_4 的产生和排放（彭世彰 等，2006）。同时，由于土壤的通透性增加，氧气渗透到土壤并导致土壤有机碳被氧化，释放 CO_2，最终抑制了 CH_4 的排放（Oo 等，2018）。Peng 等（2011）研究表明，控制灌溉能够有效地降低全球增温潜势，控制灌溉条件下稻田排放的 CH_4 总量减少 80% 以上。许多试验结果表明，湿润灌溉方式和间歇灌溉稻田的 CH_4 排放量仅为全生育期持续淹水条件的 13%～88%（吴海宝和叶兆杰，1993；陈宗良等，1994；张稳 等，2006）。

稻田采用的灌溉模式决定了土壤含水量的大小及田面有无水层，进而影响稻田温室气体的排放。研究认为，淹灌对稻田 CH_4 的排放可能导致两个结果：一是淹水条件促进 CH_4 的排放；二是深水灌溉会阻碍厌氧环境下所产生的 CH_4 由下而上的传输，从而减少 CH_4 的排放，同时有利于土壤有机物的保存而不影响水稻产量（李玉娥和林而达，1995）。间歇灌溉是一种稻田保持几天灌溉和几天晒田相间隔的灌溉模式，该模式下 CH_4 排放量明显减少，间歇灌溉可使季节总排放量减少 42%～45%（Yagi 等，1996）。彭世彰等（2009）指出，无水层的水分管理模式使稻田氧化还原状态及其环境因子发生了变化，CH_4 排放量大幅度下降，平均下降 80%；N_2O 排放量有所增加，增加幅度为 15.9%；综合增温潜势大幅度降低，下降幅度达到 68.0%。还有研究表明，相对于持续淹水，中期烤田使得稻田 CH_4 排放量降低是由于土壤水分的减少增加了土壤通透性，提高了土壤 Eh，但显著促进了 N_2O 的排放；同时，若中期烤田的时间不同，温室气体的排放量也有所差异。与常规烤田相比，提前烤田抑制 CH_4、促进 N_2O 的排放；延后烤田则相反（曹金留 等，1998；徐华 等，2000；李香兰 等，2007）。还有研究表明，在水稻生长后期，与正常落干相比，穗肥后提前落干可抑制 44% 的 CH_4 排放，但可促进 80% 以上的 N_2O 排放（李香兰 等，2009）。我国南方部分地区存在冬水田，冬季抛荒泡水，造成非水稻生长期 CH_4 的大量排放。据 2004 年《中华人民共和国气候变化初始国家信息通报》统计，1994 年我国冬水田 CH_4 排放量为 0.947 Tg，占稻田 CH_4 排放量的 15.4%。而且冬田泡水也是水稻生长期 CH_4 排放量过高的重要因素（荣湘民 等，2001），冬季持续淹水田在水稻生育期 CH_4 排放量可达冬季自然干燥搁田的 5.74 倍（徐华，1997）。同时，由于冬季抛荒，稻田速效氮肥无法得到充分吸收，大量氮素以 N_2O 形式流失，也造成冬泡水稻田 N_2O 大量排放。

与 CH_4 排放相反，稻田反复干湿交替和间歇性灌溉能较大地促进 N_2O 的生成和排放。

这主要是因为 N_2O 的产生是通过硝化和反硝化两个相反的过程完成的，在一定范围内，反硝化过程的速率与土壤通透性呈负相关，而硝化过程的速率随土壤含氧量的增加而提高。因此，当土壤通气与厌气共存或交替时，N_2O 的产生与排放量较大。土壤水分含量波动越大，N_2O 的排放量也越大，稻田间歇性灌溉和干湿交替的节水灌溉条件下，土壤 Eh 升高，有利于氨转化形成 N_2O，大大地促进 N_2O 的排放（邵美红 等，2011）。而在淹水条件下，N_2O 排放量很低，甚至接近 0（Xu 等，1997）。与持续淹水灌溉条件相比，间歇性灌溉、湿润灌溉等节水灌溉方式下稻田 N_2O 和 CH_4 排放量分别增加 6.5 倍和减少 94.4%，综合的温室效应仅为持续淹水条件下的 10%（李香兰 等，2008），而水稻强化栽培技术等节水条件下水稻产量并没有受到太大影响，甚至有所提高。

4）施肥管理

随着人口增长对农产品需求量的增加，化学氮肥的施用量也不断提高。我国稻田化肥利用率低，只有 30% 左右，盲目增加化肥用量和不合理的配比，使化肥增产效果不断降低，而由此带来的环境问题也日益突出。施肥是影响稻田温室气体排放的主要因素之一，化学氮肥不但在生产过程中消耗能源、产生大量温室气体，而且在农田温室气体排放中也发挥着重要作用。肥料施用和管理的合理与否与稻田排放的 CH_4 和 N_2O 的多少密切相关。土壤 pH 值、Eh 值等都有可能受到化肥的影响，从而影响温室气体的产生及排放。

在农业生态集约化条件下，农田温室气体排放随着氮肥用量的增加而增加（Zou 等，2010）。而 Bruce 等（2012）的研究结果表明，低施氮量（79 kg/hm²）较不施氮肥处理 CH_4 排放增加 18%，而高施氮量（249 kg/hm²）处理 CH_4 排放反而减少 15%。不同肥料品种对温室气体排放的影响也不同，硝态氮形式氮肥 CH_4 排放量高于铵态氮氮肥，而硫酸铵较硝酸钾 CH_4 排放显著减少（Liou 等，2003）。尿素的施用在试验研究中表现出截然相反的结果，国内外都通过试验观测到尿素使 CH_4 排放量增加（Wassmann 和 Schuetz，1992；Lindau 和 Bollich，1993）；但同时也有稻田的观测结果显示出尿素的施用使稻田 CH_4 排放量减少（Chen 等，1993）。（NH₄）₂SO₄ 的施用对 CH_4 的排放也表现出增加和减少两种情况，一方面是稻田中施入一定量的（NH₄）₂SO₄ 后，CH_4 排放成倍增加（Cicerone 和 Shetter，1981；Lindau，1994）；另一方面（NH₄）₂SO₄ 的施用可以大量减少 CH_4 的排放（Takai，

1970；蔡祖聪等，1995）。长期施用铵态氮可使 CH_4 氧化能力下降至几十分之一，停用 3 年后仍然未恢复 CH_4 的氧化能力。硝态氮对 CH_4 氧化能力有一定的抑制作用，但长期施用影响不明显。SO_4^{2-} 和 KCl 能够抑制 CH_4 排放。叶面施氮肥不但能减少化肥因硝化和反硝化造成的流失及 N_2O 排放，而且可以减少 CH_4 排放量的 20%~60%（Kimura 等，1992）。

此外，化学氮肥施用是促进农田 N_2O 排放的主要因素，氮肥之所以能促进稻田 N_2O 的排放，其主要原因是氮肥分解为硝化和反硝化过程提供了反应底物。据 2004 年《中华人民共和国气候变化初始国家信息通报》统计，我国 1994 年农田 N_2O 排放量的 57.8%来自化学氮肥施用。1990—2002 年因氮肥施用造成 N_2O 排放量增加了 18.7%（Vergé 等，2007）。我国稻田普遍施用尿素和硝态氮，尿素水解后的 NH_4^+ 以及硝态氮中的 NO_3^- 直接参与反硝化反应。有研究证明，当 NH_4^+ 与 NO_3^- 同时存在时，能导致 N_2O 的快速生成，而铵态氮对 N_2O 的促进作用较硝态氮更大（Grootcjde 等，1994；Vermoesen 等，1996）。铵态氮通过促进反硝化速率增加 N_2O 排放量，而硝态氮不但促进反硝化速率，还抑制 N_2O 的还原，从而增加土壤 N_2O 的累积。硝态氮对农田 N_2O 排放的决定程度达 65%。在 pH 值偏低的土壤中，硝态氮含量增加对 N_2O 排放影响更大。与施（NH_4）$_2SO_4$ 相比，施用尿素的稻田氮流失量较少，前者氮流失量为 0.038%~0.280%，后者为 0.033%~0.160%（Xu 等，1997）。此外，氮肥投入不平衡也是农田 N_2O 排放量空间分布差异的主要原因之一（张强 等，2010）。肥料中适宜的 N、P、K 比例可以减少稻田 N_2O 排放（李香兰 等，2008）。蔡延江 等（2008）研究也发现，氮、磷、钾肥配施可以增强水稻的吸氮水平，从而与单施氮肥的措施相比降低稻田 N_2O 的排放量。

肥料的种类、数量和施肥方式都会直接影响稻田温室气体的排放。肥料通过影响土壤特性，如有机质含量、微生物数量及活性等来影响稻田温室气体的排放。另有研究表明，有机物的施入会显著提高产 CH_4 菌的活性和增加 CH_4 有机底物，从而增加稻田 CH_4 的排放（Kumaraswamy 等，2001）。如施猪粪的稻田比不施有机肥的稻田 CH_4 排放量高 94.84%（闵航和陈美慈，1993）。秦晓波等（2006）对长期施不同肥的稻田进行观察，发现单施氮肥抑制了 CH_4 的排放。可能是由于氮肥的施入向土壤中提供了 CH_4 氧化菌所需的必需营养素 N，促进了 CH_4 的氧化（Zhou 等，2017），但是氮肥配施有机肥却显著提高 CH_4 的排放量。刘春海等（2016）也得到了同样的结果。施用绿肥、秸秆还田等施肥管理为产 CH_4

菌提供了底物基质并促进了 CH_4 的排放，但是施用堆腐秸秆或堆肥的稻田 CH_4 的排放量明显降低。邹建文等（2003）研究指出，各施肥处理的全球增温潜势为菜饼＞秸秆＞牛厩肥＞化肥＞猪厩肥。而 Jeong（2017）研究发现，堆肥的使用会降低全球增温潜势，在整个生长过程中，稻田 CH_4 的排放量降低 60%。不同类型有机物的 CH_4 转化率存在显著差异，有机肥中 C/N 与有机质 CH_4 转化率的负对数呈显著线性关系，C/N 越高，产 CH_4 率也越高，如稻田施用牛粪 C/N=21 和菜饼肥 C/N=10，CH_4 转化率分别为 9.2×10^{-4} 和 8.3×10^{-6} kg/（kg·d），两者相差 111 倍（吴海宝和叶兆杰，1993）。与 CH_4 相反，有机质 C/N 越高，N_2O 的排放越受到抑制，这可能是由于有机肥和还田秸秆在腐熟过程中产生的化感物质能抑制某些土壤微生物活性，减少 N_2O 的产生（邵美红 等，2011），而且稻田 N_2O 减排量与有机质的施入量呈正相关，秸秆与氮肥混施可使 N_2O 排放降低 30%。

长期施用有机肥可促进土壤微生物活性和有机质积累，促进反硝化作用从而增加稻田 N_2O 的排放。然而田光明等（2002）研究施肥管理对 N_2O 排放的影响，发现所有的有机肥处理对 N_2O 的排放有明显减少的作用。李平等（2018）研究发现，氮肥配施猪粪或秸秆处理比单施氮肥处理稻田 N_2O 的排放量增加了两个数量级。这样的处理方式不仅提供了氮源，也提供了碳源，促进了土壤微生物的呼吸，为反硝化作用提供了厌氧条件，促进了稻田 N_2O 的排放。但是曹云英等（2000）研究表明，氮肥和秸秆混施能降低稻田 N_2O 的排放量。因此，有关有机肥对稻田 N_2O 排放的影响还需进一步研究，一方面，有机肥中的氮是产生 N_2O 的重要来源之一；另一方面，施用有机肥增加土壤有机碳含量，有机碳能够固定土壤速效氮，并促进 N_2O 转化为 N_2 的反硝化过程，从而减少 N_2O 的排放量（石生伟 等，2011）。

有机肥的腐熟程度也对稻田温室气体排放有较大影响。施用腐熟有机肥比施用新鲜农家肥和秸秆土壤 N_2O 排放量更低，而有机肥在腐熟发酵过程中产生大量 CH_4，增加 CH_4 排放，这一点 CH_4 和 N_2O 的排放规律是一致的。因此，将秸秆和粪便等有机肥用来生产沼气，再用沼液、沼渣作为稻田有机肥，可有效降低稻田温室气体的排放量（邵美红 等，2011）。

5）农业措施

国内外诸多定点观测表明，农田温室气体的排放具有明显的区域差异性。这是因为不同地区的土壤特性、气候条件、农业措施等的差异影响了温室气体的排放（侯玉兰 等，2013）。

如少耕和免耕这种对土壤扰动性小或者无扰动性的耕作措施能够减少土壤 CH_4 的排放。研究表明，免耕比传统耕作 CH_4 排放更少（Ahmad 等，2009）。免耕不但降低能源投入，而且在正常施肥条件下，免耕与翻耕相比可降低 CH_4 排放量，而 N_2O 的排放量则略有提高，综合温室效应则可以降低 10.1%（代光照 等，2009）。白小琳等（2010）研究耕作措施对双季稻温室气体排放的影响发现，免耕秸秆还田能够显著降低 CH_4 的排放。CH_4 需要在稳定的有机质中产生，旋耕秸秆还田有利于秸秆与有机质混匀促进 CH_4 的排放，并且产生层较浅，CH_4 的排放量较大。伍芬琳等（2008）研究证明，在秸秆还田的前提下，免耕措施下 CH_4 的排放量相比旋耕措施减少 15%。耕作管理通过影响土壤温度、土壤性质等从而影响硝化作用和反硝化作用，会对 N_2O 的排放产生重要调控作用。秦晓波等（2014）通过研究耕作方式对湖南双季稻稻田温室气体的影响结果表明，耕作方式对稻田 N_2O 排放无显著影响。另外还有研究表明，免耕能促进稻田 N_2O 的排放，白小琳等（2010）在湖南省宁乡县研究不同耕作方式下的双季稻 N_2O 的排放特征，研究结果表明，在水稻的生长季秸秆还田措施下免耕稻田 N_2O 的排放量最高，翻耕措施下 N_2O 排放量最低。可能是翻耕措施下土质不均匀，秸秆在土壤中氧化，Eh 下降抑制了 N_2O 的产生。

此外，不同种植制度对稻田温室气体排放有显著影响。基于产量尺度的全球增温潜势受种植制度的影响不同，其中双季稻最强，水旱轮作次之，单季稻最弱（Feng 等，2013）。荣湘民等（2001）对 4 种轮作模式下 CH_4 排放量研究结果表明，双季稻田冬季种植绿肥和油菜轮作模式下，水稻生育期间 CH_4 排放量均低于冬闲田和冬泡田，其中冬泡田 CH_4 排放量最高。Cai 等（2001）认为冬季植被模式不但影响冬季稻田温室气体排放，也会影响后季稻田 CH_4 排放量。1995—1997 年的试验结果表明，冬泡田在双季稻生长季节 CH_4 平均排放量为 103.5 g/m^2，而冬季种植绿肥的田块在双季稻生长季节 CH_4 排放量仅为 32.6 g/m^2。江长胜等（2006）研究种植制度对川中丘陵区冬灌田 CH_4 和 N_2O 排放的影响显示，在采用水旱轮作制后，冬灌田 CH_4 排放量大大降低，而 N_2O 排放量显著增大，最终大大减少排放 CH_4 和 N_2O 所产生的综合全球增温潜势。张岳芳等（2013）指出，科学、合理的轮作制度能减少稻季 CH_4 和 N_2O 排放产生的综合全球增温潜势。稻鸭、稻鱼共作方式是南方稻区一种比较常见的复合生态种养模式，与常规相比，稻田养鸭、养鱼显著降低了稻田 CH_4 的排放。养鸭显著提高了稻田 N_2O 的排放，养鱼降低了稻田 N_2O 的排放（袁伟玲 等，2009）。

秸秆还田技术曾被认为是具有固碳潜力的耕作方式，据估算，中国每年稻田秸秆还田固碳潜力为 $10.4\,Tg\,C$，对温室效应减少效果为 $38.4\,Tg\,CO_2\text{-eqv}$，但稻田 CH_4 排放总量将增加 $3.3\,Tg$，增排 CH_4 的增温潜力达 $83.0\,Tg\,CO_2\text{-eqv}$，不但完全抵消了秸秆还田的固碳效果，而且稻田土壤增排潜力达固碳潜力的 2.2 倍（逯非 等，2010）。由此可见，秸秆直接还田不但不能提高固碳效果，而且会增加温室气体排放。

6）气候条件

除水肥管理方式、农业措施和品种类型等人为条件影响稻田温室气体的产生和排放外，气候等自然因素也影响稻田温室气体排放通量和总量。温度对不同温室气体排放的影响存在差异性。在低于产 CH_4 细菌最适温度条件下，CH_4 排放率随着气温和地温的升高而提高，在晴好及温差大的条件下，稻田 CH_4 排放日变化曲线与 5 cm 深度土温的日变化趋势一致（曹志洪 等，2008）。晚稻田 CH_4 排放通量和 10 cm 土层温度呈极显著相关，并存在显著的指数关系，N_2O 排放通量与温度之间没有发现显著相关性（秦晓波 等，2006）。Elisabeth（2008）认为升温能显著增加 CH_4 的排放，主要归因于温度升高可以促进产 CH_4 菌菌群的活性，从而有利于 CH_4 的排放（丁维新和蔡祖聪，2003）。郑循华等（1997）研究表明，在土壤湿度适宜的一定温度范围内，农田 N_2O 排放的频率随温度的变化呈正态分布规律，且 67% 的排放量主要集中在 15~25 ℃，然而当土壤湿度太低或土壤淹水时，N_2O 与温度之间的相关性消失。

综上所述，虽然温室气体排放受土壤理化性质、水稻生长及品种差异、水分管理、肥料管理、农业措施以及气候条件等因素的影响，但温室气体的产生与排放是几种或多种环境因子综合作用的结果，单一某种因素与温室气体存在的某种关系是基于某种特定的环境条件，一旦周围环境或其他因素改变就可能导致原有关系的不成立。

1.3 温室气体排放与碳达峰、碳中和

2020 年 9 月 22 日，习近平总书记在第七十五届联合国大会一般性辩论上发表重要讲话："中国将提高国家自主贡献力度，采取更加有力的政策和措施，二氧化碳排放力争于 2030 年前达到峰值，努力争取 2060 年前实现碳中和。"（孟媛，2021）。2020 年 12 月，在中

央经济工作会议中，将碳达峰和碳中和列为 2021 年八项重点任务之一（刘志海，2021）。2021 年全国两会上，碳达峰、碳中和被首次写入《政府工作报告》。碳达峰是指 CO_2 的排放不再增长，达到峰值之后逐步降低。大量文献对碳中和的概念进行了阐述，碳中和是指在一定时间一定范围内直接或间接产生的二氧化碳总量，通过植树造林、节能减排等形式，抵消自身产生的 CO_2 排放量，实现 CO_2"零排放"（靳惠怡 等，2021；王聪生，2021；杨子，2021；刘志坚，2021；戈晶晶，2021；张海波，2021）。碳达峰、碳中和已成为全球各界关注的热点话题（徐拥军，2021；罗阿华，2021；邢丽峰，2021）。"双碳行动"是应对气候变暖的国际行动的一项内容，欧盟国家是"碳中和"的首倡者，他们承诺要在 2050 年达到碳中和（丁仲礼，2021）。

1.4 温室气体排放与气候变化

人类与赖以生存的环境应和谐发展。随着科学技术的不断提升，人类社会在经济方面取得了快速稳定的发展，社会文明也有了很大的进步。但由于对自然资源的不合理开发利用，在全球工业化、城市化和现代化快速发展的同时，人类与自然环境关系的不协调性在加剧。这种长期积累的不符合自然生态规律的人为经济行为，对生态环境造成了严重破坏，形成了生态危机。在人类面临的生态危机中，影响面最广、后果最严重的就是温室效应导致的全球气候变暖。特别是在工业革命之后，人类与自然环境的关系更是发生了巨大变化，并且地区性的环境问题逐渐发展成全球性问题，被世界各界所关注。

全球气候变化（Climate Change）是指在全球范围内，气候平均状态在统计学意义上的巨大改变或者持续较长一段时间典型的为 10 年或更长的变动。气候变化的原因可能是地球系统的内部进程，或是外部强迫，或是人为地持续对大气组成成分和土地利用的改变。《联合国气候变化框架公约》(United Nations Framework Convention on Climate Change, UNFCCC)第一条将气候变化定义为"在特定时期内所观测到的在自然气候变率之外，可直接或间接归因于人类活动改变全球大气成分所导致的气候变化"（IPCC，2007）。

全球气候变暖已成为不争的事实，并引起了国际社会和科学界的高度关注。为此，世界气象组织(World Meteorological Organization, WMO)和联合国环境规划署(United Nations Environ ment Programme, UNEP)在 1988 年联合建立了政府间气候变化专门委员会（IPCC），就气候变化问题进行了科学评估。2014 年 11 月 2 日，IPCC 第一工作组在丹麦哥本哈根发布的第五次评估报告《气候变化 2013：自然科学基础》中指出，20 世纪 50 年代以来气候系统的许多变化是过去几十年甚至千年以来所未见的：

（1）大气：过去 30 年，每十年地表温度的增暖幅度高于 1850 年以来的任何时期。在北半球，1983—2012 年可能是最近 1 400 年气温最高的 30 年（图 1-3）。

（2）海洋：海洋变暖主导气候系统中储存能量的增加，占 1971—2010 年储存能量的 90% 以上。

（3）冰冻圈：过去 20 年，格陵兰岛和南极冰盖已大量消失，世界范围内的冰川继续萎缩，且北极海冰和北半球春季积雪也呈持续减少的趋势。

（4）海平面：自 19 世纪中叶，海平面上升的速度一直高于过去 2 000 年的平均速度，1901—2010 年，全球海平面平均上升了 0.19 m。

（5）碳循环和其他生物地球化学循环：大气中 CO_2、CH_4、N_2O 浓度已经上升到过去 80 万年来的最高水平。CO_2 浓度已经比工业革命前上升了 40%，主要来自化石燃料燃烧的排放，其次是由于土地利用变化的净排放。

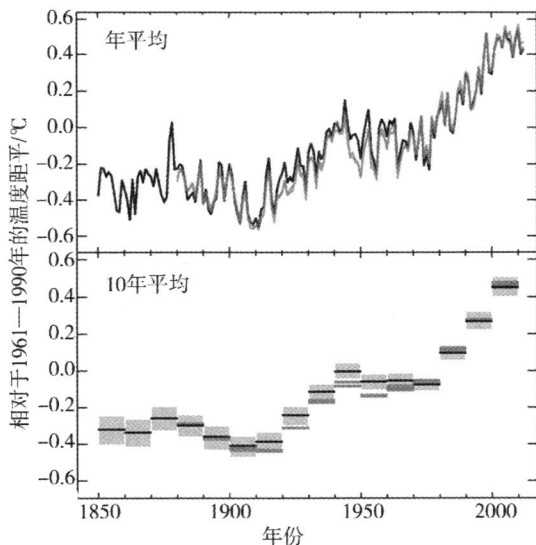

图 1-3　1850—2012 年全球陆地和海洋表面观测的平均温度距平
（引自 IPCC，2013）

全球气候变暖，将会给全球生物圈带来很大影响。第一，全球变暖导致海水膨胀，冰川融化，海平面上升，沿海等低地将被淹没，据预测，到 2100 年，全球平均温度将升高

1.8～4.0 ℃，并将导致海平面升高 18～59 cm。例如南太平洋的一个小国图瓦卢在 2002 年被迫举国搬迁，正是由温室效应造成的海平面上升所致。第二，对农业生产也会产生影响，一方面适当的增加温度，有利于提高高纬度国家作物产量，但另一方面也会加剧低纬度国家的干旱程度。中国科学院院士秦大河表示，气候变暖会导致农业的减产，据估算，到 2030 年，我国三大作物小麦、水稻、玉米将会减产 5%～10%，农业布局和结构发生变化，加剧病虫害的发生，增加农业成本。第三，将会改变整个生态圈内的水循环，导致水资源的不稳定性增加，水分供需矛盾突出。IPCC 第四次报告曾指出，若全球平均气温上升 4 ℃，全球将会有 30 多亿人面临缺水问题。第四，气温上升对生态环境也有显著影响，冰川分布范围缩小，全球雪线高度提高，热带范围扩大，旱涝、火灾等自然灾害趋于集中和频繁，以致物种灭绝速度加快。

据我国《第三次气候变化国家评估报告》显示，受全球气候变化影响，我国的气候也发生了巨大变化：

（1）温度变化：我国近百年（1909—2011 年）来陆地区域平均增温 0.9~1.5 ℃，近 15 年来气温上升趋缓，但当前仍处于百年来气温最高阶段。

（2）降水变化：近百年和近 60 年全国平均降水量未见显著的趋势性变化，但区域分布差异明显，其中西部干旱、半干旱地区近 30 年来降水持续增加。

（3）海平面变化和冰川冻土变化：中国沿海海平面在 1980—2012 年上升速率为 2.9 mm/年，高于全球平均速率。20 世纪 70 年代至 21 世纪初，冰川面积缩减约 10.1%，冻土面积减少约 18.6%。

（4）极端气候事件变化：近 50 年来，我国主要极端天气与气候事件发生的频率和强度出现了明显变化。华北和东北地区干旱程度趋重，长江中下游地区和东南地区洪涝加重。高温、干旱、强降水等极端气候事件有频率增加、强度增大的趋势。未来 100 年极端天气与气候事件发生的频率可能增加。报告预测，中国未来仍将面临持续增温、降水变多、海平面上升的问题。到 21 世纪末，全国可能增温 1.3~5.0 ℃，相比之下，全球增温平均水平为 1.0~3.7 ℃；全国降水平均增幅为 2%~5%，北方降水可能增加 5%~15%，华南地区降水变化不显著；中国海区海平面到 21 世纪末将比 20 世纪高出 0.4~0.6 m。

全球气候变暖将进一步加剧自然生态系统和人类社会面临的环境风险，并产生新的风险。根据中国气象局的分析，气候变化和极端天气气候事件造成中国各地旱涝频发，改变了中国水资源的时空分布。另外，由于生态安全风险升级，海洋、海岸带、森林、草场等生态系统将受到严峻考验，且公众的健康安全风险也在加大，高温、干旱、洪涝、雾、霾等已经成为危害人类健康的重要因素。气候变化也对我国粮食生产产生了重大影响，据统计，气候变暖使全国冬小麦、玉米和双季稻的平均单产分别减少 5.8%、3.4% 和 1.9%；同时因水资源短缺，我国每年有 1 800 万~3 200 万 hm^2 耕地受干旱影响，占播种面积的 12%~22%，且受旱面积仍在不断增加。

20 世纪中叶以来，中国的气候变暖幅度几乎是全球的 2 倍；21 世纪以来，气象灾害造成的直接经济损失约相当于国内生产总值的 1%，是同期全球平均水平的 8 倍。我国适应气候变化的任务仍十分繁重。我们必须调整能源结构，以控制温室气体排放，保障气候安全。中国社会科学院城市发展与环境研究所所长潘家华指出：造成气候变化的直接因子就是 CO_2 等温室气体的排放。据统计，大气中 CO_2、CH_4 和 N_2O 的浓度至少已上升到过去 80 万年以来前所未有的水平，将造成地球持续增暖，并导致气候系统组成部分发生变化。气候专家表示，相对于 1850—1900 年，21 世纪末全球表面温度变化可能超过 1.5 ℃，甚至有可能超过 2 ℃。科学家们提出了 2 ℃临界值与工业化前水平相比的全球平均气温上升幅度维持在 2 ℃以下，一旦温度增长的幅度超过了 2 ℃，负面影响会明显地增加，人类会面临更大的风险。若气温升幅达到或超过 4 ℃，不仅会导致大量濒危物种灭绝，而且发生影响大和范围广的极端气候事件的可能性也会大大增加。丁一汇认为，以新的排放情景计算，如果全世界共同努力进行强有力的减排，温度上升可能不会超过 2 ℃，至少在 100 年之内不会超过 2 ℃。但是如果全世界不进行强有力的减排，或者只采取中等力度的减排措施，可能在本世纪的后期就会超过 2 ℃。

《中国应对气候变化的政策与行动 2016 年度报告》指出，中国政府高度重视应对气候变化工作，"十二五"期间，把推进绿色低碳发展作为生态文明建设的重要内容，作为加快转变经济发展方式、调整经济结构的重大机遇，积极采取强有力的政策行动，有效控制温室气体排放，增强适应气候变化能力，推动应对气候变化各项工作取得了重大进展。低碳发展顶层设计和制度建设逐步强化，制定发布了《"十二五"控制温室气体排放工作方案》、《国家应对气候变化规划（2014—2020 年）》、《国家适应气候变化战略》等重大政策文件。低碳试点示范和碳市场建设扎实推进，探索形成各具特色的低碳发展模式；气候变化国际合作不断深化，为达成《巴黎协定》发挥了重要作用，南南合作成效显著。初步核算，"十二五"期间，中国能源活动单位国内生产总值 CO_2 排放下降 20%，超额完成下降 17% 的约束性目标，为实现 2020 年比 2005 年下降 40%~45% 的目标奠定了坚实基础。

《中国应对气候变化的政策与行动 2017 年度报告》指出，中国政府始终高度重视应对气候变化，进入"十三五"以来，低碳发展和适应气候变化工作进一步加强。作为国家经济社会发展五年规划的重要内容，《"十三五"控制温室气体排放工作方案》制定实施。地方分解控排目标，部门落实政策措施，行业企业创新发展，社会公众积极参与。经过艰苦努力，2016 年碳强度比 2015 年下降 6.6%，非化石能源占比达到 13.3%，造林护林任务超额完成，适应气候变化和防灾减灾能力进一步增强，应对气候变化体制机制进一步完善，全国碳市场建设正在有序推进并将于 2017 年内正式启动。2016 年以来，中国继续坚定支持全球气候治理进程，为《巴黎协定》的签署和快速生效做出了重大贡献，积极引导应对气候变化国际合作，受到国际社会的高度评价。特别要指出的是，中国共产党第十九次全国代表大会站在中国和全球的高度，对应对全球气候变化和推进低碳发展提出了更高要求。今后，我们将建立健全绿色低碳循环发展的经济体系，构建清洁低碳、安全高效的能源体系，倡导简约适度、绿色低碳的生活方式，加快培育绿色低碳的增长新动能，助力提升发展质量，积极落实减排承诺，如期实现国家自主贡献目标，与各国一道合作应对气候变化，保护好人类赖以生存的地球家园。

《中国应对气候变化的政策与行动 2018 年度报告》指出，中国政府一贯高度重视应对气候变化，以积极建设性的态度推动构建公平合理、合作共赢的全球气候治理体系，并采取了切实有力的政策措施强化应对气候变化国内行动，展现了推进可持续发展和绿色低碳转型的坚定决心。2017 年以来，中国继续推进应对气候变化工作，采取了一系列举措，取得积极进展，已经成为全球生态文明建设的重要参与者、贡献者、引领者。2017 年中国单位国内生产总值 GDP 二氧化碳排放（以下简称碳强度）比 2005 年下降约 46%，已超过 2020 年碳强度下降 40%~45% 的目标，碳排放快速增长的局面得到初步扭转。非化石能源占一次能源消费比重达到 13.8%，造林护林任务持续推进，适应气候变化能力不断增强。应对气候变化体制机制不断完善，应对气候变化机构和队伍建设持续加强，全社会应对气候变化意识不断提高。中国共产党的十九大报告和 2018 年召开的全国生态环境保护大会对应对气候变化工作提出了更高的要求。2018 年，按照中国政府机构改革的安排部署，应对气候变化和减排职能划转到生态环境部，将增强应对气候变化与环境污染防治的协同性，增强生态环境保护的整体性。下一步我们将深入贯彻习近平新时代中国特色社会主义思想和党的十九大精神，以习近平生态文明思想为指导，全面落实生态环境保护大会的部署和要求，实施积极应对气候变化国家战略，统筹推进国内国际工作，充分发挥应对气候变化工作对生态文明建设的促进作用、对高质量发展的引领作用和对环境污染治理的协同作用。

《中国应对气候变化的政策与行动 2019 年度报告》指出，中国政府始终高度重视应对气候变化。习近平总书记多次强调，应对气候变化不是别人要我们做，而是我们自己要做，是中国可持续发展的内在需要，也是推动构建人类命运共同体的责任担当。习近平总书记在全国生态环境保护大会上明确提出，要实施积极应对气候变化国家战略，推动和引导建立公平合理、合作共赢的全球气候治理体系。各地方、各部门坚持以习近平生态文明思想为指导，贯彻落实全国生态环境保护大会的部署和要求，积极落实"十三五"控制温室气体排放目标任务，应对气候变化工作取得新进展。经初步核算，2018 年中国碳强度下降 4.0%，比 2005 年累计下降 45.8%，相当于减排 52.6 亿 t CO_2，非化石能源占能源消费总量比重达到 14.3%，基本扭转了 CO_2 排放快速增长的局面。大规模国土绿化和生态保护修复工程持续推进，适应气候变化能力不断增强，应对气候变化体制机制不断完善，全社会应对气候变化意识不断提高，为应对全球气候变化做出了重要贡献。中国仍然是发展中国家，人均 GDP 低于世界平均水平，发展不平衡不充分的问题突出，面临着发展经济、改善民生、消除贫困、打赢污染防治攻坚战等一系列非常艰巨的任务。作为负责任大国，中国政府积极承担符合自身发展阶段和国情的国际责任，付出艰苦卓绝的努力，切实实施应对气候变化政策行动，为全球生态文明建设贡献力量。下一步，我们将继续深入贯彻落实习近平新时代中国特色社会主义经济思想、习近平生态文明思想和习近平外交思想，全面落实党中央、国务院决策部署，坚定不移实施积极应对气候变化国家战略，推动在共同但有区别的责任、公平、各自能力等原则基础上开展应对气候变化国际合作，落实国家应对气候变化及节能减排工作领导小组会议部署，继续付出艰苦卓绝的努力，确保完成"十三五"应对气候变化目标任务。

从长远来看，全球气候变暖将越来越不利于地球生物圈中各类生物的生存，因此我们应积极采取措施来应对气候变暖，例如，控制温室气体排放，减少 CO_2 等温室气体的排放量，改进能源利用技术，提高利用效率，并采用新能源作为替代品；通过增加植树造林和固碳技术来降低大气中的温室气体浓度；培育高产低碳排放的农作物新品种，调整农业生产结构和布局；开展政府激励机制，积极开展对农田节能减排技术的生态环境效应的综合监测，根据各技术模式对温室气体的减排效果和对土壤有机碳提升效果进行综合评价，参照国际上关于工业和林业的节能减排补偿机制进行补贴。

主要参考文献

[1] HOUGHTON J. 全球变暖[M]. 戴晓苏，石广玉，董敏，等，译. 北京：气象出版社，2001.

[2] 米松华，黄祖辉. 农业源温室气体减排技术和管理措施适用性筛选[J]. 中国农业科学，2012，45（21）：4517–4527.

[3] 闵继胜，胡浩. 中国农业生产温室气体排放量的测算[J]. 中国人口•资源与环境，2012，22（7）：21–27.

[4] 谭秋成. 中国农业温室气体排放：现状及挑战[J]. 中国人口•资源与环境，2011（10）：69–75.

[5] WUEBBLES D J，HAYHOE K. Atmospheric methane and global change [J]. Earth science reviews，2002，57，177–210.

[6] CAI Z J，KANG G D，TSURUTA H，et al. Estimate of CH_4 emissions from year-round flooded rice fields during rice growing season in China [J]. Pedosphere，2005，15（1），66–71.

[7] 董红敏，李玉娥，陶秀萍，等. 中国农业源温室气体排放与减排技术对策[J]. 农业工程学报，2008，24（10）：269–273.

[8] 《气候变化初始国家信息通报》编委. 中华人民共和国气候变化初始国家信息通报[M]. 北京：中国计划出版社，2004.

[9] ZOU J W，HUANG Y，QIN Y M，et al. Changes in fertilizer-induced direct N_2O emissions from paddy fields during rice-growing season in China between 1950s and 1990s[J]. Global change biology，2010，15，229–242.

[10] 黄耀，张稳，郑循华，等. 基于模型和 GIS 技术的中国稻田甲烷排放估计[J]. 生态学报，2006，26（4）：980–988.

[11] 廖松婷，王忠波，张忠学，等. 稻田温室气体排放研究综述[J]. 农机化研究，2014（10）：6–11.

[12] WANG M，LI J. CH_4 emission and oxidation in Chinese rice paddies [J]. Nutrient cycling in agroecosystems，2002，64，43–55.

[13] ZOU J W，HUANG Y，ZHENG X H，et al. Quantifying direct N_2O emissions in paddy fields during rice growing season in Mainland China:dependence on water regime[J]. Atmospheric environment，2007，41，8030–8042.

[14] GAO B，JU X T，ZHANG Q，et al. New estimates of direct N_2O emissions from Chinese croplands from 1980 to 2007 using localized emission factors[J]. Biogeosciences，2011，8，3011–3024.

[15] 章永松，柴如山，付丽丽，等. 中国主要农业源温室气体排放及减排对策[J]. 浙江大学学报（农业与生命科学版），2012，38（1）：97–107.

[16] 秦晓波，李玉娥，石生伟，等. 稻田温室气体排放与土壤微生物菌群的多元回归分析[J]. 生态学报，2012，32（6）：1811–1819.

[17] 邹建文，黄耀，宗良纲，等. 稻田 CO_2、CH_4 和 N_2O 排放及其影响因素[J]. 环境科学学报，2003，23（6）：758–764.

[18] 王维奇，雷波，李鹏飞，等. 静态箱法在甲烷排放及稻田甲烷减排策略研究中的应用[J]. 实验技术与管理，2011，28（7）：53–56.

[19] 曹志洪，周健民. 中国土壤质量[M]. 北京：科学出版社，2008.

[20] 蔡祖聪，沈光裕，颜晓元，等. 土壤质地、温度和 Eh 对稻田甲烷排放的影响[J]. 土壤学报，1998，35（2）：145–153.

[21] DATTA A，SANTRA S C，ADHYA T K. Effect of inorganic fertilizers (N，P，K) on methane

emission from tropical rice field of India[J]. Atmospheric environment，2013，66: 123–130.

[22] BEEK C L，PLEIJTER M，KUIKAMAN P J. Nitrous oxide emissions from fertilized and unfertilized grasslands on peat soil[J]. Nutrient cycling agroecosystems，2011，89: 453–461.

[23] 李世朋，汪景宽. 温室气体排放与土壤理化性质的关系研究进展[J]. 沈阳农业大学学报，2003，34（2）：155–159.

[24] 李长生，肖向明，FROLKING S，等. 中国农田温室气体排放[J]. 第四纪研究，2003，23（5）：493–503.

[25] 李良谟，伍期途，李振高，等. 原位条件下不同土壤中 N_2O 的通量[J]. 土壤，1991，23（1）：24–27.

[26] CAI Y J，DING W X，ZHANG X L，et al. Contribution of heterotrophic nitrification to nitrous oxide production in a long-term N-fertilized arable black soil[J]. Communications in soil science and plant analysis，2010，41（19）：2264–2278.

[27] ZHENG X H，WANG M X，WANG Y S，et al.Comparison of manual and automatic methods for measurement of methane emission from rice paddy fields[J]. Advances in atmospheric sciences，1998，15（4）：569–579.

[28] 郑循华，王明星，王跃思，等，温度对农田 N_2O 产生与排放的影响[J]. 环境科学，1997，18（5）：1–5.

[29] 张振贤，华珞，尹逊霄，等. 农田土壤 N_2O 的发生机制及其主要影响因素[J]. 首都师范大学学报，2005，9（3）：114–120.

[30] 徐华，蔡祖聪，李小平. 土壤 Eh 和温度对稻田甲烷排放季节变化的影响[J]. 农业环境保护，1999，18（4）：145–149.

[31] 纪洋，张晓艳，马静，等. 控释肥及其与尿素配合施用对水稻生长期 N_2O 排放的影响[J].应用生态学报，2011，22（8）：2031–2037.

[32] 徐星凯,周礼恺. 土壤源 CH_4 氧化的主要影响因子与减排措施[J]. 生态农业研究,1999，（2）：20–24.

[33] 傅志强，黄璜，谢伟，等. 高产水稻品种及种植方式对稻田甲烷排放的影响[J]. 应用生态学报，2009，20（12）：3003–3008.

[34] BARUAH K K，BOBY G P. Plant physiological and soil characteristics asspciated with methane and nitrous oxide emission from rice paddy[J]. Physiology and molecular boilogy plants，2010，16（1）：79–91.

[35] 朱玫，田洪海，李金龙，等. 大气甲烷的源和汇[J]. 环境保护科学报，1996，22（2）：5–9.

[36] 李玉娥，林而达. 减缓稻田甲烷的减排的技术研究[J]. 农村环境与发展，1995（2）：38–40.

[37] 李晶，王明星，陈德章. 水稻田甲烷的减排方法研究及评价[J]. 大气科学，1996，22（3）：354–362.

[38] 曹云英，许锦彪，朱庆森. 水稻植株状况对甲烷传输速率的影响及其品种间差异[J]. 华北农学报，2005，20（2）：105–109.

[39] 上官行健，王明星，陈德章，等. 稻田甲烷的传输[J]. 地球科学进展，1993（8）：13–22.

[40] 王增远，徐雨昌，李震，等. 水稻品种对稻田甲烷排放的影响[J]. 作物学报，1999，25（4）：441–446.

[41] 曹云英，朱庆森，郎有忠，等. 水稻品种及栽培措施对稻田甲烷排放的影响[J]. 江苏农业研究，2000，21（3）：22–27.

[42] 吴琼，王强盛. 稻田种养结合循环农业温室气体排放的调控与机制[J]. 中国生态农业学报，2018，10：633–642.

[43] 李香兰，徐华，蔡祖聪. 稻田 CH_4 和 N_2O 排放消长关系及其减排措施[J]. 农业环境科学学报，2008，27（6）：2123–2130.

[44] 徐华，邢光喜，蔡祖聪，等. 土壤水分状况和质地对稻田 N_2O 排放的影响[J]. 土壤学报，2000，4：499–505.

[45] 崔中利，王英，滕齐辉，等. 淹水和旱作稻田土壤中产甲烷菌的多样性分异[R]. 广州：第四次全国土壤生物与生物化学学术研讨会，2007：54–66.

[46] 闵航，陈中云，陈美慈. 水稻田土壤甲烷氧化活性及其环境影响因子的研究[J]. 土壤学报，2002，39（5）：686–692.

[47] 吕镇梅，闵航，陈中云，等. 水稻田土壤甲烷厌氧氧化在整个甲烷氧化中的贡献率[J]. 环境科学，2005，26（4）：13–17.

[48] 彭世彰，李道西，缴锡云，等. 节水灌溉模式下稻田甲烷排放的季节变化[J]. 浙江大学学报（农业与生命科学版），2006，5: 546–550.

[49] OO A Z，SUDO S，INUBUSHI K，et al. Methane and nitrous oxide emissions from conventional and modified rice cultivation systems in South India[J]. Agriculture ecosystems & environment，2018，252: 148–158.

[50] PENG S Z，YANG S H，XU J Z，et al. Field experiments on greenhouse gas emissions and nitrogen and phosphorus losses from rice paddy with efficient irrigation and drainage management[J]. Science China technological sciences，2011，54（6）：1581.

[51] 吴海宝，叶兆杰. 我国稻田甲烷排放量初步估算[J]. 中国环境科学，1993，13（1）：76–80.

[52] 陈宗良，邵可声，李德波，等. 控制稻田甲烷排放的农业管理措施研究[J]. 环境科学研究，1994，7（1）：1–10.

[53] 张稳，黄耀，郑循华，等. 稻田甲烷排放模型研究——模型灵敏度分析[J]. 生态学报，2006，26（5）：1359–1366.

[54] 李玉娥，林而达. 减缓稻田甲烷的减排的技术研究[J]. 农村环境与发展，1995，（2）：38–40.

[55] YAGI K，TSURUAT H，MINAMIK K. The effect of water management on methane emission from a Japanese rice paddy field: automate methane monitoring[J]. Global biogeochemical cycle，1996，10（2）：255–267.

[56] 彭世彰，杨士红，徐俊增，等. 高效灌排稻田温室气体排放与氮磷损失规律试验研究//Collection of 2009 International Forum on Water Resources and Sustainable Development[C]. 北京: 中国工程院，2009.

[57] 曹金留，任立涛，陈国庆，等. 水稻烤田期间甲烷排放规律研究[J]. 农村生态环境，1998，14（4）：1–4.

[58] 徐华，蔡祖聪，李小平. 烤田对种稻土壤甲烷排放的影响[J]. 土壤学报，2000，37

（1）：69–76.

[59] 李香兰，徐华，曹金留，等. 水分管理对水稻生长期 CH_4 排放的影响[J]. 土壤，2007，39（2）：238–242.

[60] 李香兰，徐华，蔡祖聪，等. 水稻生长后期水分管理对 CH_4 和 N_2O 排放的影响[J]. 生态环境学报，2009，18（1）：332–336.

[61] 荣湘民，袁正平，胡瑞芝，等. 稻作制有机肥地下水位对稻田甲烷排放的影响[J]. 农业环境保护，2001，20（6）：394–397.

[62] 徐华. 冬季土地管理对水稻生长期甲烷排放的影响[D]. 南京：中国科学院南京土壤研究所，1997.

[63] 邵美红，孙加焱，阮关海. 稻田温室气体排放与减排研究综述[J]. 浙江农业学报，2011，23（1）：181–187.

[64] XU H，XING G，CAI Z C，et al. Nitrous oxide emissions from there rice paddy fields in China[J]. Nutrient cycling in agroecosystems，1997，49（1–3）：23–28.

[65] 李香兰，马静，徐华，等. 水分管理对水稻生长期 CH_4 和 N_2O 排放季节变化的影响[J]. 农业环境科学学报，2008，27（2）：535–541.

[66] ZOU J W，LU Y Y，HUANG Y. Estimates of synthetic fertilizer N-induced direct nitrous oxide emission from Chinese croplands during 1980—2000[J]. Environmental pollution，2010，158（2）：631–635.

[67] BRUCE A L，MARIA A B，CAMERON M P，et al. Fertilizer management practices and greenhouse gas emissions from rice systems: a quantitative review and analysis[J]. Field crops research，2012，135: 10–21.

[68] LIOU R M，HUANG S N，LIN C W. Methane emission from fields with differences in nitrogen fertilizers and rice varieties in Taiwan paddy soils[J]. Chemosphere，2003，50（2）：237–246.

[69] WASSMANN R，SCHUETZ H. Quantification of methane emissions from Chinese rice fields （Zhejiang Province） as influenced by fertilizer treatment[J]. Biogeochemistry，1992，20: 83–101.

[70] LINDAU C W，BOLLICH P K. Methane emissions from Louisiana first and ratoon crop rice[J]. Soil science，1993，156: 42-48.

[71] CHEN Z L，LI D B. Features of CH_4 emission from rice fields in Beijing and Nanjing[J]. Chemophere，1993，26: 239-245.

[72] CICERONE R J，SHETTER F. Sources of atmospheric methane: measurements in rice paddies and a discussion[J]. Journal of geophysical research-atmospheres，1981，86: 7203-7209.

[73] LINDAU C W. Methane emssions from Louisianan rice field amended with nitrogen fertilizers[J]. bio Biology&chemistry，1994，26: 353-359.

[74] TAKAI Y. The mechanism of methane fermentation inflictded paddy soil[J]. soil science and plant nutrition，1970，16: 238-244.

[75] 蔡祖聪，颜晓元，徐华，等. 氮肥品种对甲烷排放的影响[J]. 土壤学报，1995（S2）: 136-142.

[76] KIMURA M，ASAI K，WANTANABE A，et al. Suppression of methane fluxes from flooded paddy soil with rice plants by foliar spray of nitrogen fertilizers[J]. Soil science and plant nutrition，1992，38（4）: 735-740.

[77] VERGE X P C，KIMPE C D，DESJARDINS R L. Agricultural production，greenhouse gas emissions and mitigation potential[J]. Agricultural and forest meteorology，2007，142（2-4）: 255-269.

[78] GROOTCJDE，V A，CLEEMPUTO V. Laboratory study of the emission of N_2O and CH_4 from a calcareous soil[J]. Soil science，1994，158: 355-364.

[79] VERMOESEN A，GROOTCJD E，NOLLET L，et al.Effect of ammonium and nitrate application on the NO and N_2O emission out of different soils[J]. Plant and soil，1996，181: 153-162.

[80] 张强，巨晓棠，张福锁. 应用修正的 IPCC 2006 方法对中国农田 N_2O 排放量重新估算[J]. 中国生态农业学报，2010，18（1）: 7-13.

[81] 李香兰，徐华，蔡祖聪. 稻田 CH_4 和 N_2O 排放消长关系及其减排措施[J]. 农业环境科

学学报，2008，27（6）：2123-2130.

[82] 蔡延江，王连峰，温丽燕，等. 培养实验研究长期不同施肥制度下中层黑土氧化亚氮的排放特征[J]. 农业环境科学学报，2008，27（2）：219-223.

[83] KUMARASWAMY S，RAMAKRISHNAN B，SETHUNATHAN N. Methane production and oxidation in an anoxic rice soil as influenced by inorganic redox species[J]. Journal of environmental quality，2001，30（6）：2195.

[84] 闵航，陈美慈. 水稻田的甲烷释放及其生物学机理[J]. 土壤学报，1993，30（2）：125-130.

[85] 秦晓波，李玉娥，刘克樱，等.长期施肥对湖南稻田甲烷排放的影响[J]. 中国农业气象，2006，27（1）：19-22.

[86] ZHOU M，ZHU B，WANG X，et al. Long-term field measurements of annual methane and nitrous oxide emissions from a Chinese subtropical wheat-rice rotation system[J]. Soil biology & biochemistry，2017，115: 21-34.

[87] 刘春海，傅民杰，吴凤日. 不同施肥类型对北方稻田土壤温室气体排放的影响[J]. 湖北农业科学，2016，55（7）：1653-1658.

[88] 邹建文，黄耀，宗良纲，等. 不同种类有机肥施用对稻田 CH_4 和 N_2O 排放的综合影响[J]. 环境科学，2003，24（4）：7-12.

[89] JEONG S T，KIMG W，HWANG H Y，et al. Beneficial effect of compost utilization on reducing greenhouse gas emissions in a rice cultivation system through the overall management chain[J]. Science of the total environment，2017，613/614: 613-614.

[90] 吴海宝，叶兆杰. 我国稻田甲烷排放量初步估算[J]. 中国环境科学，1993，13（1）：76-80.

[91] 田光明，何云峰，李勇先. 水肥管理对稻田土壤甲烷和氧化亚氮排放的影响[J]. 土壤与环境，2002，11（3）：294-298.

[92] 李平，郎漫，李淼，等. 不同施肥处理对东北黑土温室气体排放的短期影响[J]. 环境科学，2018，5: 1-9.

[93] 曹云英，朱庆森，郎有忠，等. 水稻品种及栽培措施对稻田甲烷排放的影响[J]. 扬州大

学学报（农业与生命科学版），2000，21（3）：22-27.

[94] 石生伟，李玉娥，李明德，等. 不同施肥处理下双季稻田 CH_4 和 N_2O 排放的全年观测研究[J]. 大气科学，2011，35（4）：707-720.

[95] 侯玉兰，王军，陈振楼，等. 崇明岛稻麦轮作系统稻田温室气体排放研究[J]. 农业环境科学学报，2013，31（9）：1862-1867.

[96] AHMAD S，LI C，DAI G，et al. Greenhouse gas emission from direct seeding paddy field under different rice tillage systems in central China[J]. Soil & tillage research，2009，106：54-61.

[97] 代光照，李成芳，曹凑贵，等. 免耕施肥对稻田甲烷与氧化亚氮排放及其温室效应的影响[J]. 应用生态学报，2009，20（9）：2166-2172.

[98] 白小琳，张海林，陈阜，等. 耕作措施对双季稻田 CH4 和 N2O 排放的影响[J]. 农业工程学报，2010，26（1）：282-289.

[99] 伍芬琳，张海林，李琳，等. 保护性耕作下双季稻农田甲烷排放特征及温室效应[J]. 中国农业科学，2008，9：2703-2709.

[100] 秦晓波，李玉娥，万运帆，等. 耕作方式和稻草还田对双季稻田 CH_4 和 N_2O 排放的影响[J]. 农业工程学报，2014，30（11）：216-224.

[101] FENG J F，CHEN C Q，ZHANG Y，et al. Impacts of cropping practices on yield-scaled greenhouse gas emissions from rice fields in China: a meta-analysis [J]. Agriculture，ecosystems & environment，2013，164：220-228.

[102] CAI Z，TSURUTA H，RONG X，et al. CH_4 emissions from rice paddies managed according to farmer's practice in Hunan，China[J]. Biogeochemistry，2001，56: 75-91.

[103] 江长胜，王跃思，郑循华，等. 耕作制度对川中丘陵区冬灌田 CH_4 和 N_2O 排放的影响[J]. 环境科学，2006，27（2）：207-213.

[104] 张岳芳，周炜，陈留根，等. 太湖地区不同水旱轮作方式下稻季甲烷和氧化亚氮排放研究[J]. 中国生态农业学报，2013，21（3）：290-296.

[105] 袁伟玲，曹凑贵，李成芳，等. 稻鸭、稻鱼共作生态系统 CH_4 和 N_2O 温室效应及经济效益评估[J]. 中国农业科学，2009，42（6）：2052-2060.

[106] 逯非，王效科，韩冰，等. 稻田秸秆还田：土壤固碳与甲烷增排[J]. 应用生态学报，2010，21（1）：99-108.

[107] 秦晓波，李玉娥，刘克樱，等. 不同施肥处理稻田甲烷和氧化亚氮排放特征[J]. 农业工程学报，2006，22（7）：143-148.

[108] ELISABETH J. The effects of land use，temperature and water level fluctuations on the emission of nitrous oxide (N₂O) carbon dioxide[D]. Reykjavik: University of Iceland，2008.

[109] 丁维新，蔡祖聪. 温度对甲烷产生和氧化的影响[J]. 应用生态学报，2003，14（4）：604-608.

[110] 郑循华，王明星，王跃思，等. 温度对农田 N₂O 产生与排放的影响[J]. 环境科学，1997，18（5）：1-5.

[111] 孟媛. 迎战碳中和[J]. 国企管理，2021（4）：100-103.

[112] 刘志海. 平板玻璃行业如何从低碳走向碳中和[J]. 玻璃，2021，48（3）：1-5.

[113] 靳惠怡，韩玥，李媛. 碳达峰、碳中和——大国雄心 建材行业须担当[J]. 中国建材，2021（2）：26-33.

[114] 王聪生. 未来能源与数字化转型[J]. 高科技与产业化，2021，27（2）：43-45.

[115] 杨子. "碳中和"背景下，再生铝将迎来重大机遇[J]. 资源再生，2021（2）：1.

[116] 刘志坚. 目标"碳中和" 茂源林业一直在行动[J]. 纸和造纸，2021，40（1）：67-68.

[117] 戈晶晶. 碳中和倒逼能源智慧发展[J]. 中国信息界，2021（1）：51-54.

[118] 张海波. 碳中和愿景引领下绿色金融发展展望[J]. 金融纵横，2021（1）：58-63.

[119] 徐拥军. 垃圾低碳化是实现"碳中和"的必然选择[J]. 张江科技评论，2021（1）：12-14.

[120] 罗阿华. 化企开启"碳中和"试水元年[J]. 中国石油和化工，2021（2）：46-49.

[121] 邢丽峰. 公共机构"碳达峰""碳中和"路径探析[J]. 中国机关后勤，2021（4）：29-31.

[122] 丁仲礼. 中国碳中和框架路线图研究[J]. 中国工业和信息化，2021（8）:54-61.

2 寒地水稻生产与稻田温室气体研究概况

2.1 寒地黑土概况

寒地黑土世界分布概况：世界上共有三大片黑土，其一分布在乌克兰的乌克兰大平原，面积约为 190 万 km^2；其二分布在美国密西西比河流域，面积约为 120 万 km^2，它们和东北黑土地一样，都分布在四季分明的寒温带；其三就分布在我国的黑龙江和吉林两省境内，总面积约有 101.85 万 km^2，北起黑龙江省的嫩江市、克东县，经海伦、绥化、哈尔滨等市县，向南沿京哈铁路断续延伸至吉林省四平市的南部边界，主要分布在我国黑龙江和吉林两省，辽宁北部占很小面积。寒地黑土分布在四季分明的寒温带，是温带湿润、半湿润地区的黑色土壤，由于植被茂盛、冬季寒冷，大量枯枝落叶难以腐化、分解，历经千百年形成了厚厚的腐殖质，也就是肥沃的黑土层。黑土有机质含量大约是黄土的 10 倍，是肥力最高、最适合农耕的土地，因此世界三大黑土区先后被开发成重要的粮食基地。

中国寒地黑土主要分布在小兴安岭两侧，大兴安岭中北部的东坡以及长白山地西缘的山前坡状起伏的台地慢冈，在三江平原和兴凯平原的高阶地也有分布。分布地区的年平均气温 $0.5 \sim 6.0\ ℃$，$\geq 10\ ℃$ 的积温为 $2\,100 \sim 2\,700\ ℃ \cdot d$，夏季温暖湿润，冬季漫长而寒冷，无霜期 $90 \sim 140\ d$，干燥度 $0.75 \sim 0.90$。年平均降水量 $450 \sim 650\ mm$，季节分布不均，其中 7—9 月占全年降水量一半以上，冬季雪量很少。季节性冻层普遍，土壤冻结深度达 $1.5 \sim 2.0\ m$，延续时间长达 $120 \sim 200\ d$。自然植被为林间杂类草甸，当地称为"五花草塘"，成土母质多为黄土状冲积物或冲积-洪积物。

寒地黑土在形态上最突出的特点如下：

（1）有一个深厚的黑色腐殖质层，从上而下逐渐过渡到淀积层和母质层。腐殖质层的厚度一般在 70 cm 上下，个别慢冈的下部可达 1 m 以上，坡度较大的部位却不足 30 cm。

（2）土壤结构性好，腐殖质层中大部分为粒状及团块状结构，水稳性团聚体可达70%~80%，土体疏松多孔。

（3）剖面中无钙积层，也无石灰性，但在淀积层有锈纹、锈斑和铁锰结核，这是黑土不同于黑钙土的重要特征。质地比较黏重，大部分为重壤土至轻黏土，但土层下部以轻黏土为主。一般呈微酸性至中性反应。表层有机质含量多为3%~6%，最高可达15%，而且分布比较深。氮、磷、钾的含量比较高。

黑龙江省是中国寒地粳稻种植区域的主体，位于中国的东北部，是中国位置最北、维度最高的省份，地貌主要以山地、台地、平原和水面构成。东北部为东北—西南走向的大兴安岭山地，北部为西北—东南走向的小兴安岭山地，东南部为东北—西南走向的张广才岭、老爷岭、完达山脉。东北部的三江平原、西部的松嫩平原，是中国最大的东北平原的一部分，平原占全省总面积的37.0%，海拔高度为50~200 m（韩贵清，2011）。全省土地面积4 437万 hm^2，现有耕地面积1 177.3万 hm^2，占全国耕地面积的9.1%，人均耕地面积4.65亩，列全国之首。黑龙江省对全国粮食产量的贡献，除了耕地面积为全国之最以外，更重要的是得益于肥沃的寒地黑土资源，拥有全国最大的黑土面积和耕地面积（表2-1）。

表2-1　全国黑土面积分布

省区	面积/万亩	占土类面积/%	耕地/万亩	占耕地面积/%
黑龙江	7 237.1	65.67	5 409.4	74.77
吉林	1 651.5	14.99	1 247.9	17.25
内蒙古	1 613.0	14.63	438.3	6.06
甘肃	495.3	4.50	118.1	1.63
辽宁	20.6	0.19	20.6	0.29
河北	2.3	0.02	—	—
全国	11 019.8	—	7 234.3	—

黑龙江省属于温带、寒温带之间的大陆性季风气候，年平均温度在-4~4 ℃，气温由南向北降低，南北差8 ℃。夏季气温高，降水多，光照时间长，适合农作物生长。太阳辐射资源丰富，年太阳辐射能为410~502 kJ/cm^2。春季风速最大，西南部大风日数最多。全省

境内江河湖泊众多，有黑龙江、乌苏里江、松花江、嫩江和绥芬河五大水系，现有湖泊、水库 6 000 余个，水面达 80 万 hm^2，年降水量 70%集中在农作物生长期，雨热同季，生物生长环境良好。

此外，寒地粳稻具有种植面积大、分布范围广的特点，由于特定的生态条件和地理优势，有发展外向型优质稻米基地的条件和潜力。近几年黑龙江省寒地粳稻面积已稳定在 6 000 万亩左右，不仅仅是中国粳稻种植面积最大的省份，而且形成了一批稻谷集中产区。全省 80 个市、县中，有 72 个市、县种植水稻，在 103 个国有农场中大多数农场种植水稻，已形成了大片的寒地粳稻集中产区。由此可见，寒地水稻在确保我国粮食安全，特别是大中城市居民"口粮安全"，提高粮食品质等方面具有举足轻重的地位和作用。

粮食安全是关系一个国家经济发展、社会稳定、民族生存和国家自立的重大战略问题。随着全球人口的不断增长、水资源的日益紧缺，经济发展对土地等重要资源的竞争及能源安全日趋严峻，我国粮食安全已上升到与经济安全、军事安全和信息安全等同等重要的地位，已成为关系中华民族未来发展的关键性问题（韩贵清，2011）。水稻生产在我国粮食安全保障中的地位至关重要，受水土资源短缺、气候变化和国际市场不稳定等因素的限制，进一步持续稳定地提高水稻单产是确保"口粮绝对安全"的根本出路。我国是世界上最大的水稻生产国，同时也是最大的碳排放国。实现稻田温室气体减排，不仅是我国应对气候变化的内在需要，也是履行国际公约义务的外在要求。因此，发展高产高效和环境友好的稻作技术对保障我国粮食安全和生态安全具有非常重要的意义（朱相成，2015）。

2.2 寒地水稻生产

寒地黑土的自然肥力很高，是中国最肥沃的土壤之一，黑土分布区是东北地区最重要的粮食生产基地。但往往由于经营管理不当，以致引起水土流失，土壤肥力很快减退，而且有春旱、秋涝和早霜的危害。为了保证耕种在黑土上的各种作物获得高额而稳定的产量，必须采取保土培肥和合理排灌等措施。

新中国成立以来，我国高度重视粮食安全问题，始终把农业放在发展国民经济的首位，千方百计促进粮食生产，取得了"以占世界 8%的耕地养活了占世界 24%的人口"的举世公认的成就，为世界粮食安全做出了巨大贡献。近年来，在工业化和城镇化进程不断加快、耕地面积逐年减少的情况下，我国仍实现了粮食产量的稳定增长，粮食自给率基本保持在95%以上。据国家统计局发布数据显示，2020年全国粮食总产量为13 390亿斤（1斤=0.5 kg），比上年增加113亿斤，增长近0.9%，粮食生产再获丰收，产量连续6年保持在1.3万亿斤以上。2020年黑龙江粮食播种面积和总产量都是全国第一，分别为1 443.8万 hm² 和7 541万 t。作为"中华大粮仓"，习近平总书记给予黑龙江维护国家粮食安全"压舱石"的高度评价。黑龙江作为粮食生产大省，坚决扛起维护国家粮食安全的重大政治责任，确保只要国家有需要，我们就能产得出、供得好，为"中国粮食""中国饭碗"做出龙江新贡献。据预测，到2030年我国人口将达到16亿，届时即使现有耕地面积不减少，粮食作物综合生产能力仍需提高55%，才能基本满足16亿人口的生活需要。

稻米是我国60%以上人口的主食，我国稻米消费量占全部粮食消费量的40%左右。水稻是我国最主要的粮食作物。以每10年作为一个时间段，通过分析1949—2009年全国水稻播种面积和产量的变化发现，我国水稻播种面积占全国粮食作物播种面积的比例在20%～30%波动，但其总产量占全国粮食作物总产量的比例却在37%～45%波动，这表明与其他粮食作物相比，水稻是具有高产性的作物，对于保证我国粮食安全起着重要的作用。

由于寒地所拥有的自然温光资源是有限的，因此，寒地水稻生产必须考虑其所处的生态环境条件，并对水稻不同的种植区域进行区划。水稻种植区划的原则是根据水稻生物学特性对生态条件的要求与生态环境条件可满足的程度等进行，以便于分区指导合理地利用自然资源、科学地安排水稻生产。根据水稻对生态条件的要求，通过对20世纪寒地水稻多年产量的分析，提出与水稻产量关系较密切的8个因子，分别为5—9月份平均气温、降水、水稻稳产度、水稻延迟型冷害减产幅度、水稻障碍型冷害出现概率、水稻单产和旱田作物单产比值、水利工程设计面积和干燥指数等。并根据区划的原则，将寒地稻作区划分为5个主区和4个亚区，分别为南部温暖半湿润稻作区、中部温和半湿润稻作区、西部温暖半干旱稻作区、北部冷凉稻作区和最北部高寒稻作区，其中中部温和半湿润稻作区和北部冷凉稻作区分别有两个亚区（张矢和徐一戎，1990）。

南部温暖半温润稻作区：位于黑龙江省南部，包括五常、哈尔滨市区、阿城、双城、东宁、宁安、牡丹江市区。区内有松花江、牡丹江、拉林河和绥芬河水系。主要有黑土、白浆土、暗棕壤土及草甸土等土壤类型。

中部温和半湿润稻作区：此区水稻面积大，为黑龙江省水稻主产区。全区分为两个亚区，即中部平原稻作区和半山间稻作区。①中部平原稻作区。主要位于黑龙江省中部松花江平原和东北部三江平原，包括绥化北林区、庆安、呼兰、巴彦、宾县、木兰、通河、依兰、汤原、桦川、集贤、绥滨、富锦、宝清、佳木斯市区、勃利、桦南、双鸭山市区、鸡西、鸡东、密山等地。区内有松花江、乌苏里江、呼兰河、汤旺河、倭肯河等水系。水资源丰富，热量资源也较适宜。②半山间稻作区。位于黑龙江省中部张广才岭、老爷岭山间及半山间的山谷地带，包括方正、延寿、尚志、海林、林口、穆棱。区内有牡丹江、蚂蚁河、穆棱河等水系。

西部温暖半干旱稻作区：位于黑龙江省西部半干旱地区，包括肇东、肇州、肇源、兰西、望奎、青冈、安达、明水、大庆市区、林甸、杜尔伯特、泰来、龙江、齐齐哈尔市区、甘南、富裕。此区地处嫩江流域草原地带。全区沙土、盐渍土面积较大。区内有嫩江、乌裕尔河、呼兰河水系。

北部冷凉稻作区：全区包括湿润冷凉和干旱冷凉两个稻作亚区。①湿润冷凉稻作区。位于黑龙江省北部丘陵起伏地带和三江平原东北部，包括海伦、绥棱、铁力、鹤岗市区、萝北、抚远、饶河、虎林、同江。区内主要河流有松花江、乌苏里江、呼兰河、汤旺河等水系。②干旱冷凉稻作区。位于黑龙江省北部克拜起伏平原地带，包括讷河、依安、克山、克东、拜泉。区内有嫩江、乌裕尔河水系，主要有淋溶黑钙土、黑土、草甸土土壤类型。

最北部高寒稻作区：位于黑龙江省最北部，包括黑河市区、呼玛、逊克、嘉荫、嫩江、德都、北安、伊春市区和孙吴。区内主要河流为黑龙江、嫩江水系。

通过 20 世纪划分的寒地稻作区划，姜丽霞等（2005）在分析气象因子与水稻生长发育关系的基础上，充分考虑寒地的气候形势、地域特征及耕作制度，利用 1971—2000 年的气象资料，计算寒地稳定通过 18 ℃的天数、≥10 ℃积温及稻田干燥度指数等指标，将寒地水稻种植区划进一步细划为 5 个区。一是最适宜种植区，包括三江平原中部、牡丹江西部、哈尔滨大部、依安、龙江等沿江河地区。该区是中晚熟、中熟品种水稻栽培的最适宜高产区。二是适宜种植区，包括松嫩平原东北部、三江平原大部分地区、牡丹江东部、通河、铁力、尚志、延寿、嫩江南部、绥化北部、哈尔滨市区、双城、阿城、宾县等地区。该区是中熟品种、早熟品种水稻栽培的适宜高产区。三是适宜种植但水资源不足区，包括齐齐哈尔市区、杜尔伯特、泰来、林甸、富裕、安达、兰西、肇州、肇源、肇东等地区。该区适合种植晚熟品种，若能保证水分充足，则是产量最高区。四是可种植区，包括小兴安岭山区和黑河地区。该区适合栽培早熟品种和极早熟品种，为水稻可种植非高产区。五是不可种植区，主要为大兴安岭地区。该区栽培极早熟品种也不易成熟，为水稻不可种植区。

由于 20 世纪 80 年代以来，气温上升、积温增加，对黑龙江省农业生产影响较大。曹萌萌等（2014）对黑龙江省积温时空变化及积温带的重新划分进行研究发现，90 年代中期，为了适应气候变暖，黑龙江省积温带划分为 6 个，分别为：第一积温带，活动积温为 2 700 ℃·d 以上；第二积温带，活动积温为 2 500~2 700 ℃·d；第三积温带，活动积温为 2 300~2 500 ℃·d；第四积温带，活动积温为 2 100~2 300 ℃·d；第五积温带，活动积温为 1 900~2 100 ℃·d；第六积温带，活动积温为 1 900 ℃·d 以下。20 世纪 80 年代以来，黑龙江省有些地区≥10 ℃积温已超过 3 000 ℃·d，出现积温区划与农业生产布局不一致的现象，造成部分气候资源浪费，原有的积温区划已不能适应当前农业经济发展的需要。重新划分后，黑龙江省 1981—2012 年≥10 ℃各积温带大致向北移、东扩一个积温带，全省大部分地区≥10℃积温达到 2 300 ℃·d。第一积温带变化极为显著，基本覆盖了原第一、二积温带及第三积温带部分地区；第二、三、四积温带北移覆盖了原第三、四、五积温带；第五、六积温带界限略有北移，面积缩小。这样有利于黑龙江省农业生产，对寒地水稻的高效生产起到了良好的保障作用。原有的积温区划分如下：

第一积温带，活动积温 2 700 ℃·d 以上：齐齐哈尔市的富拉尔基区、昂昂溪区、景星镇、泰来县；哈尔滨市的阿城区、双城区、呼兰区、宾县；大庆市的红岗区、大同区、肇源县、肇州县、杜尔伯特县；东宁市的三岔口镇；肇东市。

第二积温带，活动积温 2 500~2 700 ℃·d：齐齐哈尔市的龙江县，甘南县双河农场，富裕县富路镇、龙安桥镇；大庆市的林甸县；牡丹江市的海林市、宁安市兰岗镇；哈尔滨市的巴彦县，木兰县，五常市，方正县，依兰县；绥化市的青冈县，望奎县，兰西县，肇东市黎明乡；佳木斯市的桦南县，汤原县，桦川县，富锦市；鸡西市的鸡东县，密山市八五七农场、兴凯湖农场，虎林市八五零农场；双鸭山市的集贤县，友谊县，友谊农场，宝清县；七台河市的勃利县；红兴隆管理局所辖二九一农场。

第三积温带，活动积温 2 300~2 500 ℃·d：齐齐哈尔市的讷河市，依安县，克山县，拜泉县；绥化市的明水县，绥棱县，庆安县柳河农场；双鸭山市的尖山区、岭东区、宝山区、四方台区，宝清县八五三农场、八五二农场；牡丹江市的林口县，穆棱县；哈尔滨市的延寿县，尚志市，通河县；鹤岗市的绥滨县，宝泉岭农场；鸡西市的梨树区，虎林市庆丰农场；佳木斯市的同江市，富锦市大兴农场。

第四积温带，活动积温 2 100～2 300 ℃·d：黑龙江农垦九三管理局的鹤山农场，红五月农场，荣军农场；黑河市的逊克县，北安市赵光农场，五大连池市凤凰山农场；鸡西市的密山市八五五农场，虎林市东方红镇、云山农场；绥化市的海伦市海伦农场，红光农场；伊春市的伊美区、乌翠区、友好区、金林区，嘉荫县常胜乡，铁力市；哈尔滨市的尚志市苇河林业局，亚布力林业局；鹤岗市的萝北县；双鸭山市的饶河县红旗岭农场，胜利农场；佳木斯市的同江市青龙山农场、前进农场，富锦市创业农场。

第五积温带，活动积温 1 900～2 100 ℃·d：黑河市的孙吴县，嫩江市建边农场、嫩北农场、山河农场、七星泡农场，五大连池市二龙山农场、沾河林业局，北安市红星农场；大兴安岭地区呼玛县；佳木斯市同江市勤得利农场，抚远市的前锋农场，抚远市；双鸭山市的饶河县八五九农场；鹤岗市的萝北县四方山林场；伊春市的汤旺县，丰林县，嘉荫县马连林场；齐齐哈尔市的共和镇；牡丹江市的东宁市绥阳镇。

第六积温带，活动积温 1 900 ℃·d 以下：黑河市的爱辉区大岭林场，孙吴县辰清镇，五大连池市龙门农场，北安市长水河农场；大兴安岭地区。

东北稻区是我国水稻的主产区，更是优质粳稻的主要产区。20 世纪 80 年代以来，东北水稻发展迅速，稻谷产量占全国稻谷总产量的比例日益提高，从 1980 年的 3.02%增加到 2009 年的 13.25%。据了解，新中国成立初期，辽宁、吉林、黑龙江的水稻面积相当，随后辽宁省水稻种植面积迅速增加，位于三省之首，尤其在 1965—1985 年的 21 年间，其所占比例均在东北三省水稻种植面积的 40%以上。20 世纪 80 年代中期，黑龙江省农业科技人员在探索寒地稻作技术进程中，推广了一整套以水稻旱育稀植技术为主体的栽培措施，使得寒地水稻生产得以快速发展。到 1989 年时，黑龙江省水稻种植面积已稳步超过辽宁省，跃居东北三省首位。到 1993 年时，黑龙江省水稻总产量也超过了辽宁省，居东北三省首位。近年来，得益于国家对农业的重视以及种植水稻的高效益，水稻种植面积飞速增加，黑龙江省粳稻种植面积在 2010 年历史性地突破 290 万 hm²，占东北稻区水稻种植面积的比例进一步增加。此外，寒地粳稻具有种植面积大、分布范围广的特点，并占据特定的生态条件和地理优势，有发展外向型优质稻米基地的条件和潜力。近几年，黑龙江省寒地粳稻面积已稳定在 6 000 万亩左右，不仅是中国粳稻种植面积最大的省份，而且形成了一批稻谷集中产区。全省 80 个市、县中，有 72 个市、县种植水稻，在 103 个国有农场中大多数农场种植水稻，已形成了大片的寒地粳稻集中产区。由此可见，寒地水稻在确保我国粮食安全，特别是大中城市居民"口粮安全"，提高粮食品质等方面具有举足轻重的地位和作用。

粮食安全是关系一个国家经济发展、社会稳定、民族生存和国家自立的重大战略问题。随着全球人口的不断增长、水资源的日益紧缺，经济发展对土地等重要资源的竞争及能源安全日趋严峻，我国粮食安全已上升到与经济安全、军事安全和信息安全等同等重要的地位，已成为关系中华民族未来发展的关键性问题（韩贵清，2011）。水稻生产在我国粮食安全保障中的地位至关重要，受水土资源短缺、气候变化和国际市场不稳定等因素的限制，进一步持续稳定地提高水稻单产是确保"口粮绝对安全"的根本出路。我国是世界上最大的水稻生产国，同时也是最大的碳排放国。实现稻田温室气体减排，不仅是我国应对气候变化的内在需要，也是履行国际公约义务的外在要求。因此，发展高产高效和环境友好的稻作技术对保障我国粮食安全和生态安全具有非常重要的意义（朱相成，2015）。

2.3 温室气体的种类及特性

世界气象组织（WMO）和联合国环境规划署（UNEP）在 1988 年 11 月联合发起组建的政府间气候变化专门委员会（IPCC），是为各国政府和国际社会提供气候变化最新科学信息的权威机构。在其第二次评估报告中主要考虑了 CO_2、CH_4、N_2O、HFCs、PFCs 和 SF_6 6 种温室气体（吴兑，2003）。

在大气中能够产生自然温室效应的痕量气体主要有水汽、CO_2、CH_4、N_2O、O_3、CO 等，它们共同维持着地球温暖舒适的气候。1750 年工业革命以来，人类活动排放的温室气体主要是 CO_2，除此之外，目前发现的还有 CH_4、N_2O、氯氟碳化物、氢代氯氟碳化物、全氟化碳、六氟化硫。对气候变化影响最大的是 CO_2，它的生命期很长，一般认为 CO_2 在大气中的寿命是 120 年左右，最长可生存 200 年之久，因而最受各界的关注。

排放温室气体的人类活动主要包括以下几方面：①所有的化石能源燃烧活动排放 CO_2。

在化石能源中，煤含碳量最高，石油次之，天然气较低。②化石能源开采过程中的煤矿坑气、天然气泄漏排放 CO_2 和 CH_4。③水泥、石灰、化工等工业生产过程排放 CO_2。④水稻田、牛羊等反刍动物消化过程排放 CH_4。⑤土地利用变化减少了对 CO_2 的吸收。⑥废弃物堆填区排放 CH_4 和 N_2O。许多行业都在排放自然界本来并不存在、完全是人工合成的氢氟碳化物（HFCs）、氯氟碳化物（CFCs）、全氟碳化物（PFCs）、六氟化硫（SF_6）等（表2-2）。

表 2-2　人类活动排放的主要温室气体

温室气体种类	增温效应所占份额/%	在大气中的寿命/年
二氧化碳（CO_2）	63%	120
甲烷（CH_4）	15%	12
氧化亚氮（N_2O）	4%	114
氢氟碳化物（HFCs）	11%	260（以 CHF_3 为例）
全氟化碳（PFCs）		50 000（以 CF_4 为例）
六氟化硫（SF_6）	7%	3 200

大气中的温室气体（CO_2、CH_4、N_2O、CFCs、O_3）和水汽等，有透过太阳短波辐射、吸收或阻挡地面长波辐射的属性，因而使对流层和地表温度保持在一定水平上。这种温室效应对地球生物是至关重要的。随着工业时代的来临，各种温室气体的浓度一直在上升。1950 年前后，各种温室气体浓度增长的速度都突然加快。大气温室气体增加必然导致近地层温度上升，形成气候变暖趋势。瑞典物理学家 Arrhenius 在 1896 年首次研究温室气体与气温的关系，他用简化能量平衡模式，计算出地球表面温度与 CO_2 浓度成正比，指出 CO_2 浓度由 300 ppm（μL/L）增加到 600 ppm 后，气温将升高 5 ℃，但当时人类每年仅排放 500 万 t 矿物燃料，因而没有注意到大气 CO_2 增加会使全球变暖。1940 年前后人们才开始研究温室气体对气候的影响，并取得一些成果。1980 年后，这项工作随着气候加速变暖而引起全世界科技界和政界的普遍关注。

大气中的温室气体有相当一部分来源于人类活动，自工业化以来，人类每年烧掉大量矿物燃料，越来越多地向大气中释放 CO_2 等温室气体，目前全球每年矿物质排放量中有 6.6×10^{10} t碳。工农业生产和人们的生活也越来越多地排放 CH_4、N_2O 和 CFCs 等气体。

同时，人类一直在大量砍伐森林，其中热带森林损失的速度为每年 $9 \times 10^6 \sim 24.5 \times 10^6$ km^2，使绿色植物吸收的 CO_2 量逐年减少，导致大气中的 CO_2 等温室气体浓度逐年增加。全球大气 CO_2 浓度的增加始于 20 世纪，根据对冰岩芯气泡中和树木年轮中碳同位素的分析研究，推算出大气 CO_2 浓度在工业化之前的很长一段时间里大致稳定在（280 ± 10）ppm。1765 年 CO_2 浓度为 279 ppm，1860 年为 270 ppm，1900 年为 295.7 ppm。自 1958 年以来，在夏威夷 Mauna Loa 观测站观测到 CO_2 浓度的季节变化并呈逐年增加的趋势。1958 年 CO_2 浓度为 313 ppm，1970 年为 324.8 ppm，1984 年上升到 344 ppm，到 1990 年达 353.9 ppm。自从 1750 年以来，大气中的 CO_2 浓度上升了 31%，即使是在过去的 2 000 年中，这个增长速度也是惊人的。而在过去的 40 年里，CO_2 浓度则增加了约 70 ppm，年增长率约为 0.5%。人类排放的 CO_2 中，75% 是由于燃烧化石燃料（煤、石油）造成的。随着化石燃料消耗量的增加，CO_2 浓度也逐渐增加，两者的变化趋势相一致。然而观测到的 CO_2 的增加与矿物化石燃烧排放的 CO_2 和森林砍伐对 CO_2 汇的影响比较后发现，人为活动排放的 CO_2 只有 40% ～ 50% 留在大气中，把留在大气中的 CO_2 总量与人为排放总量之比称为气留比。气留比是逐年变化的，其变化与海面温度的年际变化有较高的相关性，表明海洋是另一部分人为排放 CO_2 的贮存库。

CH_4 也是重要的温室气体之一，它对地球增温效应的贡献约为 15%。在过去的 1 500 年中，其浓度一直保持在 500 ～ 750 ppb（nL/L），只是到了近 200 年才出现了大幅度的上升。分析资料表明，1765 年大气中 CH_4 浓度为 790 ppb；1900 年为 974 ppb；1960 年为 1 272 ppb；1990 年达到 1 717 ppb。在 1990 年前的大约 30 年中，大气中的 CH_4 以每年 0.75% ～ 1.00% 的速率增长。CH_4 在 21 世纪 70 年代中期后开始呈现出明显增长趋势，并与人口增长呈现正相关关系。在 150 年里，它的浓度上升了 1 060 ppb，并且仍然在增加。现在每年排入大气中的 CH_4 约为 4.25 亿 t，其浓度已由 790 ppb 增长到 1 750 ppb，年平均增长率约为 1.0%。这其中大约一半以上的 CH_4 是人工排放的。CH_4 的主要来源是垃圾堆填、反刍动物、土地开发和化石燃料的使用。大气中 CH_4 浓度的增长速度比 CO_2 还快，预计到 2030 年，大气中 CH_4 浓度将达到 2 340 ppb，有可能成为今后温室效应的主因。

大气中的痕量气体 N_2O 是一种公认的温室气体，它主要是由汽车尾气和一些工业企业排放到大气中的。研究表明，1765 年大气中 N_2O 的浓度为 285 ppb，而自工业革命以来，

大气中 N_2O 的浓度急剧增加，到 2000 年就已经达到了 310 ppb，而且还以每年 0.2%～0.3% 的速度增加。N_2O 在大气中的存留时间长，并可输送到平流层，同时，N_2O 也是导致臭氧层损耗的物质之一，其对温室效应的影响也越来越大。

温室气体中还有一些痕量气体 NO_x，即 NO 和 NO_2 的总称。人类活动可以直接向大气中排放 NO_2，但仅仅通过简单的源汇估算并不能确定它们在大气中的浓度，这是由于它们在大气中的光化学反应非常频繁，其他组分与它们的反应也会引起它们在大气中浓度的变化，人类活动还能通过其他影响大气的化学过程，进而影响它们的浓度变化。

大气中 O_3 浓度的变化是最早引起人们注意的全球尺度的大气成分浓度变化。尽管 O_3 在大气中的含量很少，但它对地球气候和地表生态系统的影响却非常大。大气 O_3 的重要性表现在两个方面：一是对辐射和气候的作用，二是在大气化学中的作用。从 1974 年在世界范围内开始的 O_3 总量系统观测进一步确认，O_3 含量不仅有较大的地区差异和很大的季节变化，而且有很大的年际波动。近 20 年发现的南极臭氧洞则是大气 O_3 变化的突出例子。英国于 1956 年建立哈利湾观测站开始对 O_3 总量进行观测。结果表明，从 20 世纪 70 年代中期到 1987 年 10 月 O_3 的总量几乎下降了 40%。在 O_3 总量持续减少的同时，对流层 O_3 含量在持续增加，这是由于产生 O_3 气体物质的人为排放增加，对流层 O_3 浓度比工业化以前大约增加了 1 倍。

大气中最重要的微量气体是水汽。水汽不仅在天气系统的发展中起着特别重要的作用，在地气辐射收支中也起着很大的作用。水汽的空间分布变化很大，随时间变化的幅度也很大。但是，水汽在大气中的寿命平均只有 10 d 左右，所以在较长时间尺度内的平均浓度没有变化。

CFCs 既是破坏臭氧层的主要物质，也是使气候变暖的重要温室气体。CFCs 是人为产生而排放到大气中的，工业化前大气中没有 CFCs，在 1978 年其浓度达 150 ppt（F–11，一氟三氯甲烷；ppt 表示万亿分之一）和 250 ppt（F–12，二氟二氯甲烷），而 1985 年则分别达到 220 ppt 和 370 ppt，年增长率为 3%～7%。F–11 和 F–12 是 CFCs 中具有最大危害性的气体，自这类物质在 1928 年合成、20 世纪 50 年代开始批量生产后，大气中 F–11 和 F–12 的浓度分别由 1960 年的 0.017 5 ppb 和 0.030 3 ppb 增加到 1990 年的 0.280 0 ppb 和 0.484 4 ppb，增加了十几倍。由于 CFCs 气体在大气中的寿命能保持 65～150 年，即使世界产量今后保持现有的生产水平,在相当一段时间内,大气中的CFCs浓度每年也要增加5%。工业合成的 CFCs 在对流层大气中相当稳定,是增温潜势很强的温室气体成分,能长期在对流层中积累并会不断向平流层中扩散,它们唯一的汇是向平流层输送并在那里进行光化学分解,其分解产物直接破坏臭氧层。为了保护臭氧层、稳定大气,1987 年签署的《蒙特利尔破坏臭氧层物质管制议定书》规定,发达国家和发展中国家分别于1996 年和2010 年停止 CFCs(代表性物质是氟利昂)的生产。

除此之外,CFCs 的替代品,氢代氯氟碳化物、氢氟碳化物、PFCs 以及 SF_6 等都是人造的温室气体,并且增温潜势都比较大,对温室效应增强的潜在影响不容忽视。

2.4 稻田主要温室气体及产生

2.4.1 稻田主要温室气体指标的确定

CO_2:对于表征稻田固碳的不同指标而言,一年生的水稻生长会吸收大气中的 CO_2,但其死亡后的多数残余物在短期内经过焚烧或(和)还田分解又以 CO_2 的形式返回到大气中,而少量残余物可能固存在土壤中。因此,在稻田中生物量碳库(BCP)和残余物碳库(DOCP)基本处于平衡状态,不能反映稻田管理技术的温室效应,并且多数稻田固碳研究对这两者也不予考虑。而对于 CO_2 排放量(CO_2–E),利用暗箱法直接测量稻田系统 CO_2 排放(包含土壤呼吸和农田作物地上呼吸)未考虑作物吸收的 CO_2、移出物分解的 CO_2 等因素,直接测量稻田表土 CO_2 排放则忽略了土壤碳投入(如作物根系分泌物和有机肥投入等)的影响。结果只是生态系统总呼吸或土壤呼吸,不能全面反映稻田生态系统碳平衡,存在片面性。三者都不具有代表性,不能作为评价指标。

CH_4 和 N_2O:全球范围内农业排放 CH_4 占人类活动造成的 CH_4 排放总量的50%,N_2O 占60%,并且 CH_4 和 N_2O 的全球增温潜势(GWP)在100 年时间尺度下分别为 CO_2 的25 倍和298 倍,因此需要将这两种温室气体纳入农田减排技术评价指标中。

土壤中的 CH_4 主要源于微生物在极度缺氧条件下的有机化合物分解过程,主要发生在种植水稻的淹水状态下。旱地 CH_4 多表现为汇,但其吸收量与水稻田 CH_4 排放量相差很多,对整体碳平衡的影响较小,因此按照主导性原则,对旱地排放可以忽略,仅考虑水稻田排放。

在 N_2O 排放中，农田管理中化肥和有机氮肥的 N_2O 直接排放系数都为 0.01（kg N_2O-N/kg N）。化肥和有机氮肥通过挥发和再沉降产生的间接排放系数分别为 0.001（kg N_2O-N/kg N）和 0.002（kg N_2O-N/kg N），通过淋溶/径流产生的间接排放系数都为 0.002 25（kg N_2O-N/kg N），其间接排放系数总和分别达到 0.003 25（kg N_2O-N/kg N）和 0.004 25（kg N_2O-N/kg N），故其排放量也不能完全忽略。虽然间接排放中的 NH_3 和 NO_x 等物质不易被全部监测，不具备可操作性，但也可以直接依据其排放系数来计算。以上是稻田主要的温室气体指标（王立刚和邱建军 等，2016）。

2.4.2 CH_4 气体的产生

CH_4 是由产 CH_4 菌在极度厌氧（Eh 值为 150 mV 左右）的环境中分解有机物产生的一种有机气体。稻田中 CH_4 的产生主要有两种途径，即产酸途径和不产酸途径。产酸途径是在某种细菌的作用下，土壤中有机物被分解为乙酸，乙酸再经过产 CH_4 菌的作用直接产生 CH_4 或者乙酸分解产生 CO_2 和 H_2，CO_2 和 H_2 再经过产 CH_4 菌的作用产生 CH_4；不产酸途径是有机物直接被产 CH_4 菌分解产生 CH_4。由于稻田淹水时间较长，为土壤创造还原性厌氧环境，有利于厌氧产 CH_4 菌的存活从而促进 CH_4 的排放，因此稻田被认为是重要的 CH_4 排放源。

稻田产生的 CH_4 不会完全排放到大气中，因为在 CH_4 排放之前稻田产生的 CH_4 有 80%～94%被氧化，其余的 CH_4 通过植株的通气组织、气泡以及分子扩散这 3 条途径排放到大气中。因此，CH_4 的排放不但受 CH_4 产生的影响，而且受 CH_4 的氧化以及传输途径的限制。

2.4.3 N_2O 气体的产生

土壤中 N_2O 是硝化作用与反硝化作用共同作用的结果。硝化作用是氨或铵盐在好氧条件下，通过硝化细菌的作用转化为硝酸盐，并在反应过程中释放 N_2O 的过程。如果土壤中 O_2 不足，在硝化作用中则不能将底物彻底氧化成 NO_3^-，N_2O 的生成量也会随之增加。反硝化作用是硝酸盐或硝态氮在厌氧条件下，通过反硝化细菌的作用还原产生 N_2、N_2O、NO 的过程。N_2 是反硝化作用的最终产物，但是在反硝化过程中可能会由于缺少还原酶而只能进行某些步骤，必然会产生 N_2O 这个中间产物（王晓萌 等，2018）。

2.5 温室气体监测方法

2.5.1 气体取样和测定方法

采用静态暗箱–气相色谱法进行气体样品的采集和测定。采样箱和底座由 PVC 不透光塑料板制成，采样箱长×宽×高为 50 cm×50 cm×50 cm（生育中期水稻株高增加之后使用 2 个采样箱），箱体表面依次用 2～3 cm 厚的海绵和铝箔玻纤布粘好，以保持采样期间箱内温度稳定，减少因阳光照射而引起的箱内温度变化。在箱体顶部打孔，放置温度计和采气用的硅胶管。硅胶管一端插入采样箱内部，另一端置于箱外与三通阀相连，三通阀的另一头连接注射器，用于采集气体样品。采样箱内部安装风扇，保证箱内空气流分布均匀。底座规格为 50 cm×50 cm×10 cm，底座下端埋入土壤中，只留 U 形凹槽在地表。

水稻移栽后将采样底座插入土层，每个小区埋一个底座。底座埋好并稳定一周后，选择晴朗天气的上午 9：00~11：00 进行取样，约每 7 d 采集一次气体样品，直到成熟期结束。采样时向底座凹槽注水以密封土壤与采样箱的连接，然后扣上采样箱，密封后用 50 mL 注射器每隔 0、5、10、15 min 采集气体样品，同时记录箱体内温度。

使用安捷伦气相色谱仪（Agilent 7890A，Agilent Technologies，USA）同时测定气体样品中的 CH_4 和 N_2O 含量，其中 CH_4 用 FID 检测器进行测定，N_2O 用 ECD 检测器进行测定。色谱仪的色谱配置和分析条件详见表 2-3。

表 2-3　色谱配置和分析条件

目标化合物	CH_4	N_2O
色谱柱	SS-2 m × 2 mm Porapak Q（80/100）	SS-2 m × 2 mm Porapak Q（80/100）
柱温/℃	50	50
检测器/温度/℃	FID，300 ℃	ECD，300 ℃
载气/流量/（cm³/min）	10%氩甲烷/35	高纯 N_2/25
燃气/流量/（cm³/min）	H_2/45 Air/400	H_2/45 Air/400
保留时间/min	1.75	3.35

CH_4 排放通量计算公式为：$F = \rho \times 273 / (273+T) \times H \times dC/dt$

其中，F 为排放通量；ρ 为标准大气压下的 CH_4 密度，为 $0.714\,kg/m^3$；T 为采样过程中采样箱内的平均温度，单位 ℃；H 是采样箱的箱体净高度，单位 m；dC/dt 是采样箱内温室气体浓度的变化率。对 4 个时间段的 CH_4 浓度进行线性拟合，回归系数 $R^2 \geqslant 0.9$ 时的斜率为 dC/dt。如果 $R^2 < 0.9$，将任意 3 个浓度数据按时间对应组合，相关系数最大者的斜率表示该组数据的 dC/dt，仍要求 $R^2 \geqslant 0.9$，否则，该组数据剔除。N_2O 的排放通量计算方法与 CH_4 的相同。生长季 CH_4 和 N_2O 累积排放量采用相邻两次结果平均求和法进行计算（Zou 等，2005）。

2.5.2　温室效应计算方法

综合全球增温潜势多被用来估算 CH_4、N_2O 等多种温室气体对气候变化的综合效应。计算公式：$GWP = 25 \times RCH_4 + 298 \times RN_2O$

式中，GWP 表示综合全球增温潜势，单位 $kg\,CO_2\text{-eq}/hm^2$；RCH_4 表示 CH_4 季节累积排放量；RN_2O 表示 N_2O 季节累积排放量。在 100 年尺度上，单分子 CH_4、N_2O 所引起的全球增温潜势分别为 CO_2 的 25 倍和 298 倍。

单位产量的全球增温潜势用来表示粮食单位产量下温室气体的排放量，是将环境效益和经济效益相统一的综合评价指标。计算公式：$GHGI = GWP/Output$

式中，GHGI 表示单位产量的全球增温潜势，单位 $kg\,CO_2\text{-eq}/kg$；GWP 表示综合全球增温潜势，单位 $kg\,CO_2\text{-eq}/hm^2$；Output 表示水稻产量，单位 kg/hm^2。

2.6　寒地稻田温室气体研究概况

我国作为水稻生产大国，科学家对稻田 CH_4 和 N_2O 排放通量、影响因素、总量估算以及减排措施等方面进行了大量的研究，但有关我国水稻主产区的东北寒地稻区的研究还相对较少。目前，主要针对不同品种、种植密度、水肥管理、秸秆还田和生物炭增施等方面已开展了一些相关研究，获得了初步的研究成果。

下面将前人已开展的一些主要研究进行归纳与总结。针对不同水稻品种，在三江平原对 3 个主栽水稻品种空育 131、龙粳 18、垦鉴稻 6 号生长季温室气体的排放研究发现，空育 131 较龙粳 18 和垦鉴稻 6 号的 CH_4 排放通量下降了 53.2% 和 27.8%，N_2O 排放通量提高了 53.7% 和 46.5%，3 个水稻品种 CH_4 排放与空气温度或土壤温度有普遍较高的正相关性（牟长城 等，2011）。在种植密度方面，通过三江平原的大田试验发现，与常规种植密度 24 穴/m^2 相比，超稀植 8 穴/m^2 的 CH_4 排放量、CH_4 和 N_2O 的综合全球增温潜势均显著降低，适当稀植 16 穴/m^2 的单位产量 CH_4 和 N_2O 的综合全球增温潜势最低，可见，适当稀植可以平衡三江平原的水稻产量和温室气体排放两者的关系（Chen 等，2013）。在水肥管理方面，于 2012—2013 年在哈尔滨采用田间试验方法，研究不同水肥管理对寒地稻田水稻产量和温室气体排放的影响，结果表明，间歇灌溉可显著降低 CH_4 的排放量，长期淹水 N_2O 排放量很小，但在水分消失之初 N_2O 排放量出现峰值；在低氮（75 kg/hm^2）条件下 CH_4 的排放量增加，但是在中氮（150 kg/hm^2）和高氮（225 kg/hm^2）条件下 CH_4 和 N_2O 排放量均不受影响；间歇灌溉增加水稻产量，且中氮（150 kg/hm^2）的产量最高。综合来看，采用间歇灌溉，施氮量 150 kg/hm^2 可作为寒地稻区减排丰产的理想水肥管理模式（Dong 等，2018）。2018 年，在哈尔滨采用田间试验方法，研究不同水氮管理对稻田 CH_4 和 N_2O 排放量的影响，结果表明，节水灌溉（控水灌溉和间歇灌溉）及氮肥增施抑制稻田 CH_4 的排放，虽促进了 N_2O 的排放，但降低了综合全球增温潜势，节水灌溉（控水灌溉和间歇灌溉）配合施用适量氮肥可提高水稻产量，综合考虑产量和温室气体排放，采用间歇灌溉、施氮量 120 kg/hm^2 为黑龙江省稻田 CH_4 和 N_2O 减排的最佳水肥管理措施（王晓萌，2019）。以黑土稻田为研究对象，采用盆栽试验研究 CH_4 控排的最优水肥配施方案，结果表明，氮肥的增加可明显降低 CH_4 生长季排放量，钾肥和磷肥作用不明显，灌水量在高水平时会促进 CH_4 生长季的排放。结合产量，筛选出稻田 CH_4 减排 20%～40% 的综合水肥优化施配方案为施氮量 114.72 kg/hm^2、施钾量 50.25 kg/hm^2、施磷量 37.51 kg/hm^2，分蘖末期土壤相对含水率为 80%（徐丹 等，2015）。针对秸秆还田，在哈尔滨采用定位小区连续定位观测结果表明，水稻田 CH_4 排放通量呈双峰变化趋势；秸秆不还田处理 CH_4 排放通量与气温显著相关，与土壤温度相关不显著，秸秆低量还田（6.25 t/hm^2）、高量还田（12.50 t/hm^2）处理 CH_4 排放通量与地表温度、5 cm 或 10 cm 土层温度极显著相关，与气温相关不显著。CH_4 排放通量和 CH_4 排放量随秸秆还田量增加而升高（龚振平 等，2015）。

在黑龙江省庆安国家重点灌溉试验站主要进行了以下节水灌溉方面的相关研究：①适

宜节水灌溉模式下寒地稻田 N_2O 排放及水稻产量研究（王孟雪和张忠学，2015）。通过设置控制灌溉、间歇灌溉、浅湿灌溉及淹灌 4 种水分管理模式，研究不同灌溉模式对寒地稻田 N_2O 排放的影响及 N_2O 排放对土壤环境要素的响应，同时测定水稻产量，结果表明，不同灌溉模式下 N_2O 排放的高峰均出现在水分交替频繁阶段，水稻生育阶段前期，各处理 N_2O 排放都处于较低水平，泡田期几乎无 N_2O 排放。与淹灌相比，间歇灌溉使 N_2O 排放总量增加 47.3%，控制灌溉和浅湿灌溉使 N_2O 排放总量减少 40.7% 和 39.6%。寒地稻田 N_2O 排放通量与土壤硝态氮含量关系密切，与土壤 10 cm 温度呈显著相关。各处理水稻产量以浅湿灌溉最低，其他方式差异不显著。在综合考虑水稻产量及稻田温室效应的需求下，控制灌溉为最佳灌溉方式。②不同灌溉模式下寒地稻田 CH_4 和 N_2O 排放及温室效应研究（王孟雪 等，2016）。对控制灌溉、间歇灌溉、浅湿灌溉及淹灌 4 种水分管理模式的 CH_4 和 N_2O 排放及温室效应进行研究，结果表明，不同灌溉模式下的 CH_4 和 N_2O 排放高峰均出现在水稻生长旺季，而休闲期内排放较少。相对于淹灌，浅湿灌溉稻田 CH_4 累积排放量降低了 27.2%，控制灌溉处理降低了 34%，间歇灌溉处理降低了 48.2%。长期淹灌稻田 N_2O 排放量比间歇灌溉稻田减少了 0.41 kg/hm^2，比控制灌溉稻田增加了 0.38 kg/hm^2，比浅湿灌溉稻田增加了 0.37 kg/hm^2。通过总体温室效应分析，节水灌溉模式能有效抑制温室气体的排放并显著地降低 CH_4 和 N_2O 的总温室效应。水稻生育期内，CH_4 排放量减少时期，N_2O 排放量有增加的趋势，综合考虑 CH_4 和 N_2O 排放的消长关系，才能有效减缓稻田温室气体的排放。③寒地黑土稻田 CH_4 排放的季节性变化及其 DNDC 模拟（Xu 等，2016）。通过利用静态箱法和 DNDC 模拟法研究控制灌溉和淹灌 2 种灌溉方式的稻田 CH_4 排放季节性变化，结果表明，不同灌溉方式的 CH_4 排放峰值存在明显的差异，而且生长期内控制灌溉 CH_4 的总排放量较淹灌约低 47%。DNDC 模型可能也会很好地模拟寒地稻区 CH_4 的排放特征。因此，控制灌溉是减少稻田 CH_4 排放的一种有效灌溉方式，而且 DNDC 模型可能也是评估寒地稻区 CH_4 排放量的强有力工具。④不同灌溉模式对寒地水稻田碳排放、耗水量及产量的影响（张忠明 等，2018）。在试验站进行了不同节水减排灌溉模式的筛选，通过对当地常规灌溉、控制灌溉、"薄、浅、湿、晒"灌溉、叶龄模式灌溉、"浅、湿"灌溉和干湿交替灌溉 5 种水稻灌溉模式的比较，综合结果来看，干湿交替灌溉在减排、节水及增产方面与其他处理相比较更均衡，为该试验条件下的最优处理。⑤不同灌溉模式寒地稻田 CH_4 和 N_2O 排放特征及增温潜势分析（王长明 等，2019）。通过设置控制灌溉、间歇灌溉和淹灌 3 种灌溉方式，结果发现，稻田 CH_4 排放主要集中在分蘖期、拔节孕穗期和抽穗开花期。与淹灌相比，控制灌溉、间歇灌溉能显著减少 CH_4 排放量，其中控制灌溉减少了 56.29%，间歇灌溉减少了 26.59%。土壤干湿交替的晒田期和施加穗肥 7 d 后是稻田 N_2O 排放的主要时期，返青期有明显的负排放现象发生。控制灌溉和间歇灌溉 N_2O 排放量与淹水灌溉相比分别增加了 55.6% 和 56.0%。淹水灌溉稻田 CH_4 排放量与 5 cm 土壤层温度呈显著正相关，控制灌溉稻田 N_2O 排放量与 15 cm 土壤层温度呈显著正相关。不同深度土壤层温度、气温对间歇灌溉稻田 CH_4 和 N_2O 排放均有显著影响。控制灌溉既降低了增温潜势又增加了籽粒产量，是一种较优的灌溉模式。⑥不同水分和氮肥管理方式对寒地稻田温室气体排放、产量和耗水量的影响（Nie 等，2019）。通过设置控制灌溉和淹灌 2 种灌溉方式和 4 种氮肥施用水平，研究不同灌溉模式和施氮量对寒地稻田温室气体排放、水稻产量和耗水量的影响，结果表明，与淹灌相比，控制灌溉显著降低 CH_4 排放量 19.42% ~ 46.94%，而 N_2O 排放量增加 5.66% ~ 11.85%。在两种灌溉方式下，施用氮肥可显著增加 N_2O 排放量，而不同氮肥处理的 CH_4 排放量差异很小。与淹灌相比，控制灌溉下适当施用氮肥可显著增加每穗粒数、结实率和千粒重，最终增加产量。在两种灌溉方式下，耗水量随着施氮量的增加而增加，而且控制灌溉的总耗水量显著低于淹灌。通过对水分、温室气体排放和产量的综合分析发现，控制灌溉下施用 135 kg/hm² 氮肥的水分生产率最高，单位产量的全球增温潜势最低，并维持一定的产量，为寒地稻田高产、节水、减排提供重要的理论依据和技术指导。⑦水、肥和生物炭相互作用对东北寒地稻田 N_2O 减排的影响研究（Lin 等，2019a）。结果表明，3 个因子对 N_2O 排放量影响的大小顺序依次为氮肥＞生物炭＞水分；水分灌溉和生物炭抑制 N_2O 的排放，而氮肥促进 N_2O 的排放，具体表现为水分＋氮肥促进 N_2O 的排放，水分＋生物炭抑制 N_2O 的排放，氮肥＋生物炭促进 N_2O 的排放，通过对 N_2O 排放量增加不超过 10% 和产量的综合分析发现，水分灌溉量 4 252 ~ 5 531 kg/hm²、氮肥施用量 103.30 ~ 117.35 kg/hm²、生物炭施用量 15.12 ~ 24.42 t/hm² 为最优方式。⑧水、肥和生物炭调控模式对东北稻田温室气体综合增温潜势的影响（Lin 等，2019b）。结果表明，3 个因子对温室气体的综合增温潜势影响的大小顺序依次为生物炭＞氮肥＞水分；随着水分灌溉量的增加，温室气体的综合增温潜势先增加后下降，随着氮肥和生物炭的增加，温室气体的综合增温潜势降低，两因子互作的温室气体综合增温潜势大小顺序依次为水分＋生物炭＞氮肥＋生物炭＞水分＋氮肥。通过对温室气体综合增温潜势减少 20%～40% 和产量的综合分析发现，水分灌溉 4 591～5 420 kg/hm²、氮肥施用量 100.11～112.54 kg/hm²、生物炭施用量 21.29～22.14 t/hm² 为最优方式。⑨秸秆还田下水氮耦合对黑土稻田 CH_4 排放与产量的影响（张忠学 等，2020）。研究结果表明，秸秆还田下常规淹灌 CH_4 排放通量、累积排放量显著高于控制灌溉，且随着施氮量的增加，CH_4 排放通量、累积排放量显著增加；与对照相比，常规淹灌增施氮肥使 CH_4 累积排放量显著增加 16.24%，产量降低了 2.01%；在常规淹灌下适当减施氮肥不但对产量无显著影响，还使 CH_4 累积排放量显著降低了 18.59%；若采取控制灌溉减量施氮，与对照相比，则使 CH_4 累积排放量显著降低了 62.71%，产量显著提高了 21.16%。通过相关性分析发现，施氮量、灌溉方式以及二者的交互作用对 CH_4 排放量影响显著；水氮耦合下稻田土壤铵态氮含量、秸秆腐解率与 CH_4 排放量呈显著正相关，土壤氧化还原电位与 CH_4 排放量呈显著负相关。综合减排效益分析，秸秆还田下采用控制灌溉并适量减施氮肥可以使经济效益最大化，达到节水、减排、增产的目的。以上的相关结论为我国寒地稻田温室气体减排研究提供了理论依据，为我国稻田减排、丰产、增效的综合调控和国际谈判提供了科学指导和技术支撑。

主要参考文献

[1] 韩贵清. 中国寒地粳稻[M]. 北京: 中国农业出版社，2011.

[2] 朱相成. 增密减氮对东北水稻产量和氮肥效率及温室气体排放的影响[D]. 北京：中国农业科学院作物科学研究所，2015.

[3] 张矢，徐一戎. 寒地稻作[M]. 黑龙江: 黑龙江科学技术出版社，1990.

[4] 姜丽霞，王萍，南瑞，等. 黑龙江省水稻区划细划的初步研究[J]. 东北农业大学学报，2015，36（4）：523–528.

[5] 曹萌萌，李俏，张立友，等. 黑龙江省积温时空变化及积温带的重新划分[J]. 中国农业气象，2014，35（5）：492–496.

[6] 吴兑. 温室气体与温室效应[M]. 北京: 气象出版社，2003.

[7] 王立刚，邱建军. 农业源温室气体监测技术规程与控制技术研究[M]. 北京: 科学出版

社，2016.

[8] 王晓萌，孙羽，王麒，等. 稻田温室气体排放与减排研究进展[J]. 黑龙江农业科学，2018（7）：149-154.

[9] ZOU J W, HUANG Y, JIANG J Y, et al. A 3-year field measurement of methane and nitrous oxide emissions from rice paddies in China: effects of water regime，crop residue，and fertilizer application[J]. Global biogeochemical cycles，2005，19: 1-9.

[10] 牟长城，陶祥云，黄忠文，等. 水稻品种对三江平原稻田温室气体排放的影响[J]. 东北林业大学学报，2011，39（11）：89-92，107.

[11] CHEN W W, WANG Y Y, ZHAO Z C, et al. The effect of planting density on carbon dioxide，methane and nitrous oxide emissions from a cold paddy field in the Sanjiang Plain，northeast China[J]. Agriculture，ecosystems and environment，2013，178: 64-70.

[12] DONG W J, GUO J, XU L J, et al. Water regime-nitrogen fertilizer incorporation interaction: field study on methane and nitrous oxide emissions from a rice agroecosystem in Harbin，China[J]. Journal of environmental sciences，2018，64: 289-297.

[13] 王晓萌. 水肥运筹对黑龙江省稻田 CH_4 和 N_2O 排放影响的研究[D]. 哈尔滨：东北农业大学，2019.

[14] 徐丹，张忠学，林彦宇. 黑土稻田 CH_4 控排的水肥优化盆栽试验[J]. 干旱区资源与环境，2015，29（4）：175-180.

[15] 龚振平，颜双双，闫超，等. 寒地水稻秸秆还田和温度对稻田甲烷排放的影响[J]. 东北农业大学学报，2015，46（12）：8-15.

[16] 王孟雪，张忠学. 适宜节水灌溉模式抑制寒地稻田 N_2O 排放增加水稻产量[J]. 农业工程学报，2015，31（15）：72-79.

[17] 王孟雪，张忠学，吕纯波，等. 不同灌溉模式下寒地稻田 CH_4 和 N_2O 排放及温室效应研究[J]. 水土保持研究，2016，23（2）：95-100.

[18] XU D, ZHANG Z X, LIN Y Y. Seasonal changes of methane emission on black soil rice field in cold region and its DNDC simulation[J]. International journal of environmental engineering，2016，8（1）：1-11.

[19] 张忠明，王忠波，张忠学，等. 不同灌溉模式对寒地水稻田碳排放、耗水量及产量的影响[J]. 灌溉排水学报，2018，37（11）：1–7.

[20] 王长明，张忠学，吕纯波，等. 不同灌溉模式寒地稻田 CH_4 和 N_2O 排放特征及增温潜势分析[J]. 灌溉排水学报，2019，38（1）：14–20，68.

[21] NIE T Z，CHEN P，ZHANG Z X，et al. Effects of different types of water and nitrogen fertilizer management on greenhouse gas emissions，yield，and water consumption of paddy fields in cold region of China[J]. International journal of environmental research of public health，2019，16: 1639.

[22] LIN Y Y，YI S J，ZHANG Z X，et al. Study on the effect of water，fertilizer and biochar interaction on N_2O emission reduction in paddy fields of northeast China[J]. Nature environment and pollution technology，2019a，18（3）：955–961.

[23] LIN Y Y，YI S J，ZHANG Z X，et al. Effects of water and fertilizer and biochar regulating models on the comprehensive warming potential of greenhouse gas in paddy fields in northeast China[J]. Fresenius environmental bulletin，2019b，28（5）：4013–4020.

[24] 张忠学，韩羽，齐智娟，等. 秸秆还田下水氮耦合对黑土稻田 CH_4 排放与产量的影响[J]. 农业机械学报，2020，51（7）：254–262.

3 寒地稻田不同品种与温室气体排放

不同水稻品种在生理结构、根系分泌物数量和组分、分蘖数量、养分利用效率等因素上存在差异，也许会对 CH_4 和 N_2O 的排放产生重要影响（Butterbach-Bahl 等，1997；Yao 等，2000；孙会峰 等，2015）。江苏不同历史时期代表性水稻的 CH_4 排放通量大体随品种的演化而减少，这主要是与水稻根的氧化力有关，且呈现负相关（曹云英 等，2000；尚杰 等，2015）。根条数、根长度改变，即根数、根量的变化及石蜡封根的室内水培苗试验结果都表明，根系对稻株 CH_4 传输起着关键作用，即根系是传输稻株 CH_4 的关键部位，根的活跃吸收部位根尖部起最主要的作用。同时，在品种演进过程中，根氧化力是造成品种间 CH_4 传输速率不同的主要原因（曹云英 等，2005）。这与大田中 CH_4 排放量与根活力趋势相反并不矛盾，大田中的情况比较复杂，还涉及 CH_4 氧化的问题。植株茎蘖数对 CH_4 传输也有影响，在一定的范围内，通过实验室手段研究发现，植株茎蘖数越多，CH_4 传输速率越大。此外，不同水稻品种的 N_2O 排放也存在显著差异，早稻 N_2O 排放与根体积、地上部干重呈显著正相关，晚稻 N_2O 排放与分蘖数、地上部干重呈极显著负相关（傅志强 等，2011）。在具体的水稻品种选择上，既要保证一定的水稻产量，又要相对减少 CH_4 和 N_2O 的排放，最终降低温室气体排放强度。高产低 CH_4 水稻品种的种植是减排稻田温室气体潜在的重要措施，推广种植较少温室气体排放的水稻品种是控制稻田温室气体排放的有效措施之一。本章将选取在寒地稻区不同区域推广种植的主栽水稻品种为研究对象，在哈尔滨试验点选取当地不同类型的主栽品种 8 个，其中包含多穗型、大穗型、高秆、矮秆、耐低氮、耐高氮、根系发达和根系不发达品种各 1 个，在二九一农场试验点选取当地的主栽品种 8 个，通过研究其 CH_4 和 N_2O 的排放情况以及引起的综合温室效应、水稻生物量的积累、产量及其构成等，探讨不同品种的稻田温室气体排放以及产量形成的差异，主要就是通过比较筛选出适合当地、具有较低温室气体排放量并保证一定产量的水稻品种，为当地推广种植低碳高产水稻品种提供理论依据和技术参考，为我国寒地水稻生产力及稻田温室气体减排的综合调控和应对策略提供科学依据和技术支撑。

3.1 材料与方法

试验点 1 为哈尔滨市道外区民主乡黑龙江省农业科学院国家级现代农业示范区（45°49′N，126°48′E，海拔 117 m）试验基地，该区域属东北单季稻稻作区，为温带大陆性季风气候。年平均日照时数为 2 668.9 h，无霜期平均 131~146 d，年降水量 508~583 mm，≥10 ℃有效积温 2 600~2 700 ℃·d。供试小区土壤为黑钙土，土壤主要理化性质为全氮 1.2 g/kg、全磷 0.5 g/kg、全钾 18.6 g/kg、碱解氮 82.4 mg/kg、有效磷 19.8 mg/kg、速效钾 147.8 mg/kg、土壤有机质 23.2 g/kg 和 pH 8.6。

试验于 2015—2016 年进行，在田间条件下随机区组设计，选取当地 8 个主栽品种，垦稻 10 号（多穗型）与东农 423（大穗型）、龙庆稻 1 号（高秆）与垦鉴稻 6 号（矮秆）、东农 425（耐低氮）与松粳 14（耐高氮）、龙稻 5 号（根系发达）与绥粳 9 号（根系不发达），不同品种作为处理，3 次重复，24 个小区，每个小区面积（5×8）m² 左右。两年分别于 5 月 16 日和 18 日插秧，每穴栽插 3 ~ 4 株，株行距为 30.0 cm×13.3 cm。各小区施尿素（养分含量 46%）折合成纯氮为 180 kg/hm²，氮肥以基肥：分蘖肥：穗肥=5：3：2 施入，P_2O_5（70 kg/hm²）和 K_2O（50 kg/hm²）做基肥一次性施用。

试验点 2 为黑龙江省二九一农场（46°52′N，130°48′E，海拔 65 m）试验基地，该区域属东北单季稻稻作区，为温带大陆性季风气候。无霜期平均 120 d，常年有效积温 2 500 ℃左右。供试小区土壤为黑土，土壤主要理化性质为全氮 2.4 g/kg、全磷 1.8 g/kg、全钾 22.7 g/kg、碱解氮 181.1 mg/kg、有效磷 75.0 mg/kg、速效钾 235.4 mg/kg、土壤有机质 40.1 g/kg 和 pH 7.1。

试验于 2015—2016 年进行，在田间条件下随机区组设计，选取当地的主栽品种，2015年供试品种为垦稻 25、垦稻 27、龙粳 26、龙粳 31、垦粳 3 号、垦粳 5 号和空育 131 共 7个品种。2016 年在上一年的试验基础上，结合当地大面积种植的主栽品种，选用龙粳 26、龙粳 31、龙粳 46 和垦粳 5 号共 4 个品种。不同品种作为处理，3 次重复，24 个小区，每个小区面积（5×8）m² 左右。两年分别于 5 月 16 日和 15 日插秧，每穴栽插 3~4 株，株行距为 30.0 cm×13.3 cm。各小区施尿素（养分含量 46%）折合成纯氮为 180 kg/hm²，氮肥以基肥：分蘖肥：穗肥=5：3：2 施入，P_2O_5（70 kg/hm²）和 K_2O（50 kg/hm²）做基肥一次性施用。

3.2 CH₄ 排放特征

不同品种 2015 年哈尔滨试验点 CH₄ 排放通量季节变化特征呈先上升后逐渐下降的变化趋势（图 3-1）。随着水稻的生长，在拔节孕穗期达到峰值[46.87 mg/（m²·h）]，然后开始逐渐下降。不同品种 CH₄ 平均排放通量的大小顺序为：绥粳 9 号>龙稻 5 号>东农 423>垦稻 10 号>垦鉴稻 6 号>东农 425>松粳 14>龙庆稻 1 号。

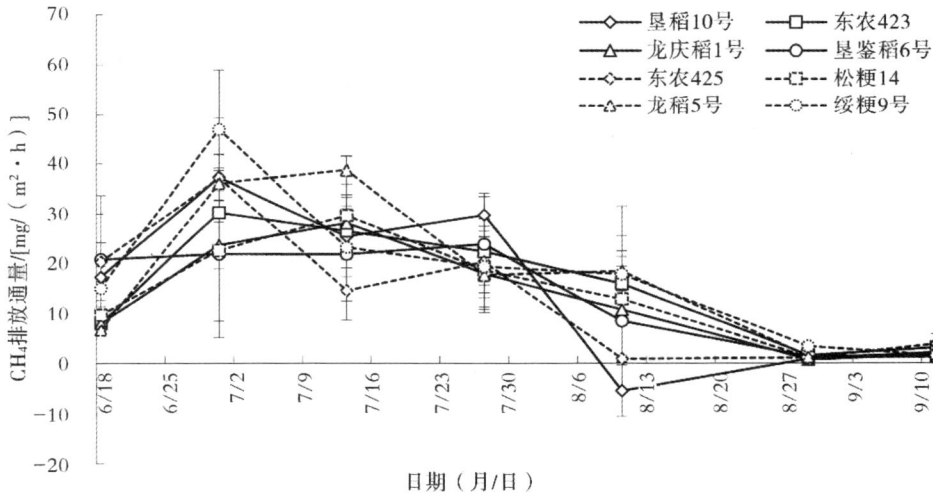

图 3-1　2015 年不同品种 CH₄ 排放通量的变化特征（哈尔滨）

不同品种 2016 年哈尔滨试验点 CH₄ 排放通量季节变化特征一致，呈先升高后下降再升高再下降的趋势（图 3-2）。随着水稻的生长，在分蘖盛期第一次出现峰值[32.70 mg/（m²·h）]，之后迅速下降，在拔节孕穗期达到第二次峰值[42.80 mg/（m²·h）]，然后开始急剧下降，齐穗期以后 CH₄ 排放通量保持较低水平。总体上，不同品种 CH₄ 平均排放通量顺序为：东农 425>松粳 14>垦鉴稻 6 号>龙稻 5 号>龙庆稻 1 号>垦稻 10 号>绥粳 9 号>东农 423。

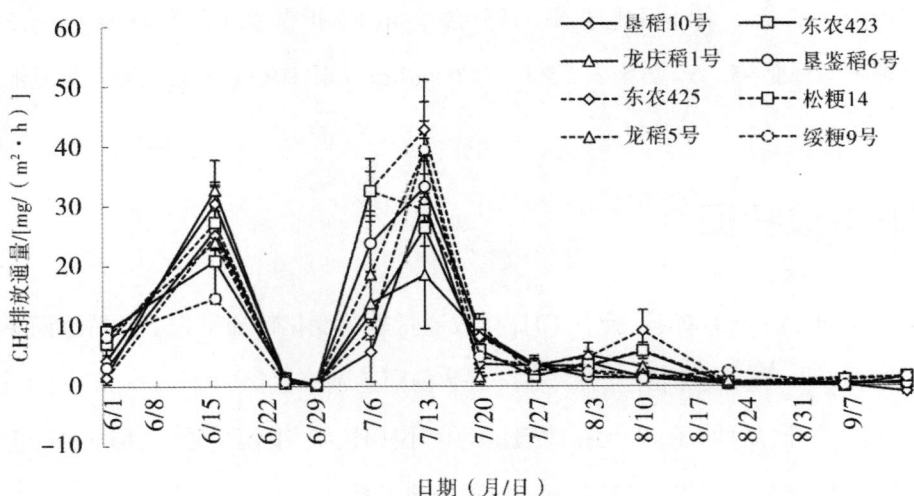

图 3-2　2016 年不同品种 CH_4 排放通量的变化特征（哈尔滨）

图 3-3 显示的是不同品种 2015 年二九一农场试验点 CH_4 排放通量季节变化特征，变化趋势基本一致，呈现先下降后升高再下降的趋势。随着水稻的生长，在分蘖期（6 月 5 日）CH_4 排放通量较高，最高达到 16.66 mg/（$m^2 \cdot h$），之后迅速下降，在拔节孕穗期（7 月 21）日达到峰值[12.86 mg/（$m^2 \cdot h$）]，然后开始急剧下降，齐穗期以后 CH_4 排放通量几乎接近于零。总体而言，不同品种 CH_4 平均排放通量顺序依次为：垦粳 3 号>空育 131>垦稻 27>龙粳 31>龙粳 26>垦稻 25>垦粳 5 号。

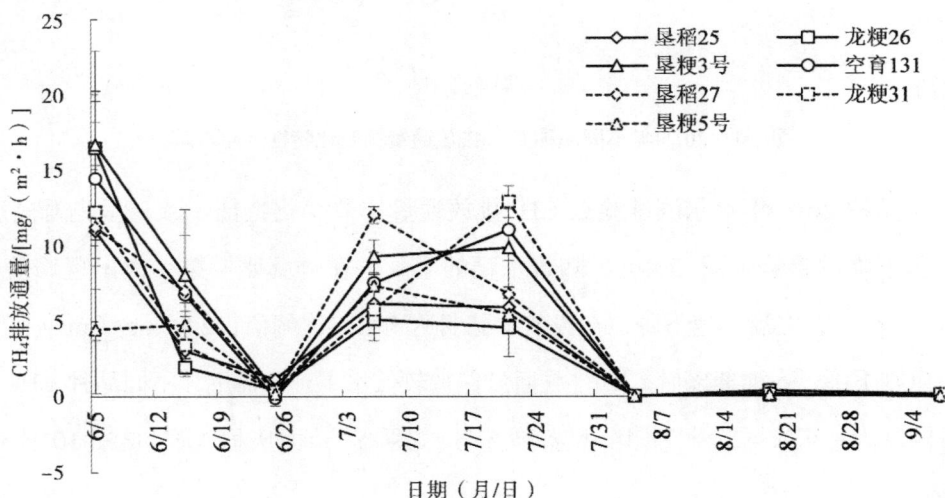

图 3-3　2015 年不同品种 CH_4 排放通量的变化特征（二九一农场）

由图 3-4 可知，不同品种 2016 年二九一农场试验点 CH_4 排放通量季节变化特征呈先下降后升高再下降的趋势。随着水稻的生长，在分蘖盛期（6 月 20 日）CH_4 排放通量维持在一定水平，之后逐渐下降，在灌浆期（8 月 10 日）达到峰值[18.31 mg/（$m^2 \cdot h$）]，然后开始迅速下降。总之，不同品种 CH_4 平均排放通量顺序依次为：龙粳 31>龙粳 46>龙粳 26>垦粳 5 号。

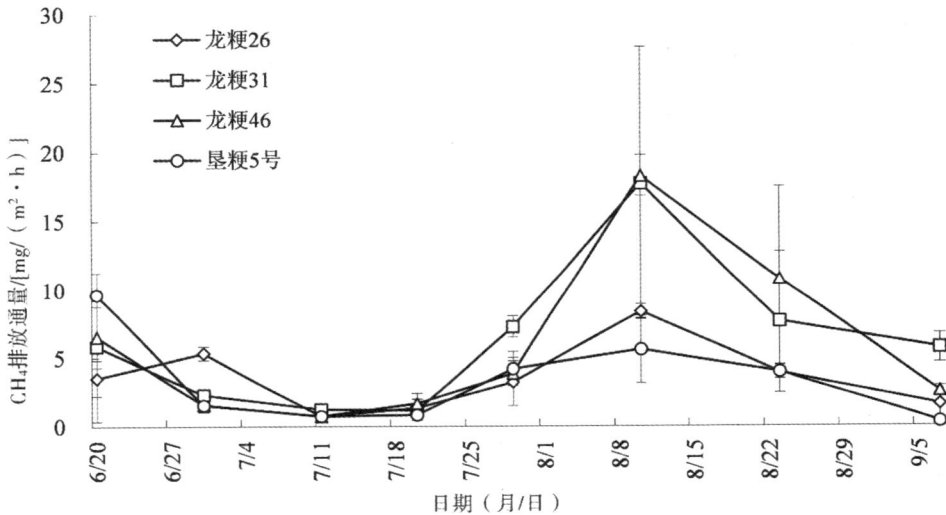

图 3-4　2016 年不同品种 CH_4 排放通量的变化特征（二九一农场）

3.3 N_2O 排放特征

不同品种 2015 年哈尔滨试验点 N_2O 排放通量季节变化特征呈先升高后下降再升高再下降的趋势（图 3-5）。随着水稻的生长，在拔节孕穗期第一次出现峰值[224.35 μg/（$m^2 \cdot h$）]，之后急剧下降，在抽穗灌浆期第二次出现峰值[274.76 μg/（$m^2 \cdot h$）]，随后逐渐下降。对于整个生育期而言，不同品种 N_2O 平均排放通量依次为：东农 425>龙稻 5 号>绥粳 9 号>东农 423>垦鉴稻 6 号>龙庆稻 1 号>松粳 14 >垦稻 10 号。

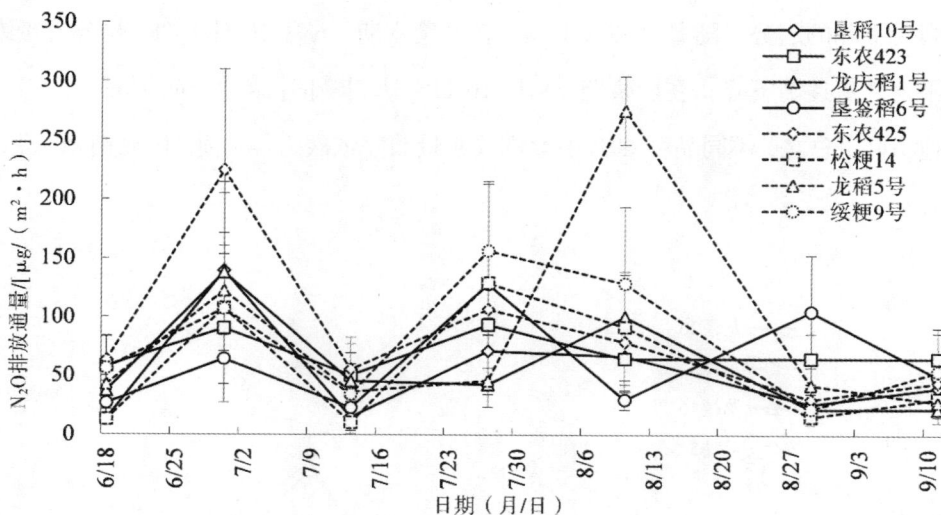

图 3-5　2015 年不同品种 N_2O 排放通量的变化特征（哈尔滨）

由图 3-6 可知，不同品种 2016 年哈尔滨试验点 N_2O 排放通量季节变化特征呈先升高后下降的趋势。水稻生长前期，即 7 月 18 日前，不同品种的 N_2O 排放通量均较低，且呈现缓慢上升的态势，从 7 月 25 日到 8 月 8 日，N_2O 排放通量增速加快，在 8 月 8 日达到峰值[494.52 $\mu g/（m^2 \cdot h）$]，之后大部分品种的 N_2O 排放通量开始下降。总体来讲，不同品种 N_2O 平均排放通量从大到小依次为：松粳 14>东农 425>绥粳 9 号>垦鉴稻 6 号>垦稻 10>龙庆稻 1 号>龙稻 5 号>东农 423。

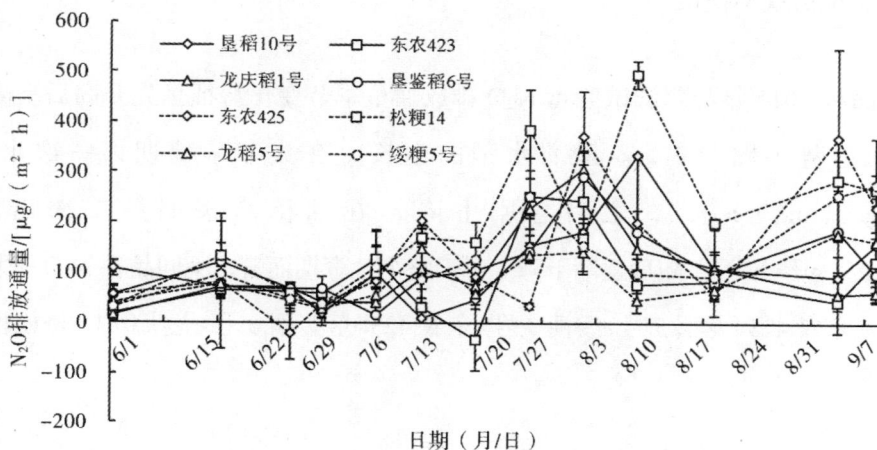

图 3-6　2016 年不同品种 N_2O 排放通量的变化特征（哈尔滨）

从图 3-7 可知，不同品种 2015 年二九一农场试验点 N_2O 排放通量季节变化特征呈波动式变化趋势。随着水稻的生长，在灌浆期（8 月 19 日）之前，不同品种的 N_2O 排放通量均较低，之后龙粳 31、垦粳 3 号和垦稻 27 的 N_2O 排放通量较高，且垦稻 27 为 537.45 μg/（m^2·h），达到最高。整个生育期，垦粳 5 号的 N_2O 平均排放通量[39.97 μg/（m^2·h）]最低，其次是龙粳 26，平均排放通量为 73.48 μg/（m^2·h），其他品种的 N_2O 平均排放通量均较高，最高的是垦稻 27[183.67 μg/（m^2·h）]。

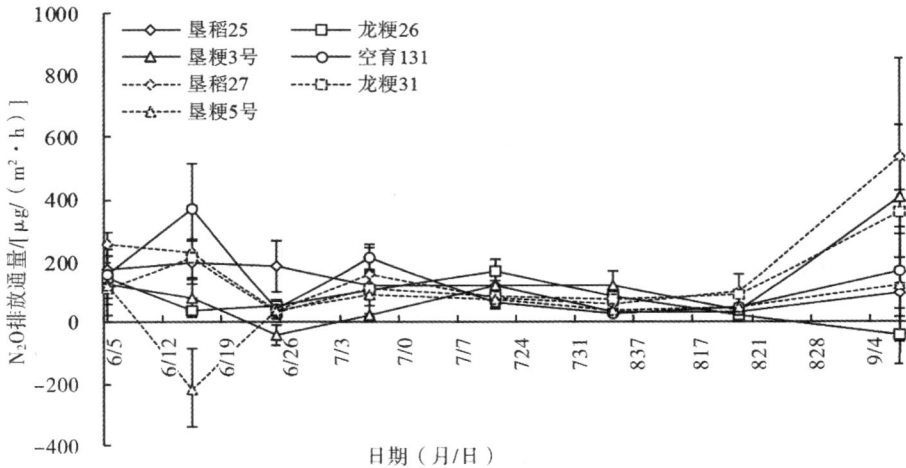

图 3-7　2015 年不同品种 N_2O 排放通量的变化特征（二九一农场）

由图 3-8 可知，不同品种 2016 年二九一农场试验点 N_2O 排放通量季节变化特征呈先升高后下降的趋势。龙粳 46，水稻生长前期，即 7 月 11 日前，N_2O 排放通量均较低，之后 N_2O 排放通量增速加快，在 7 月 20 日达到峰值[220.29 μg/（m^2·h）]，之后开始急剧下降，在灌浆期有小幅回升，随后迅速降低。其他 3 个品种，N_2O 排放通量变化趋势一致。在灌浆期（8 月 10 日）之前，N_2O 排放通量缓慢上升，之后增速较快，在 8 月 23 日达到峰值[183.37 μg/（m^2·h）]，之后急剧下降。通过整个生育期来看，4 个品种的 N_2O 平均排放通量从大到小依次为：龙粳 46>龙粳 26>垦粳 5 号>龙粳 31。

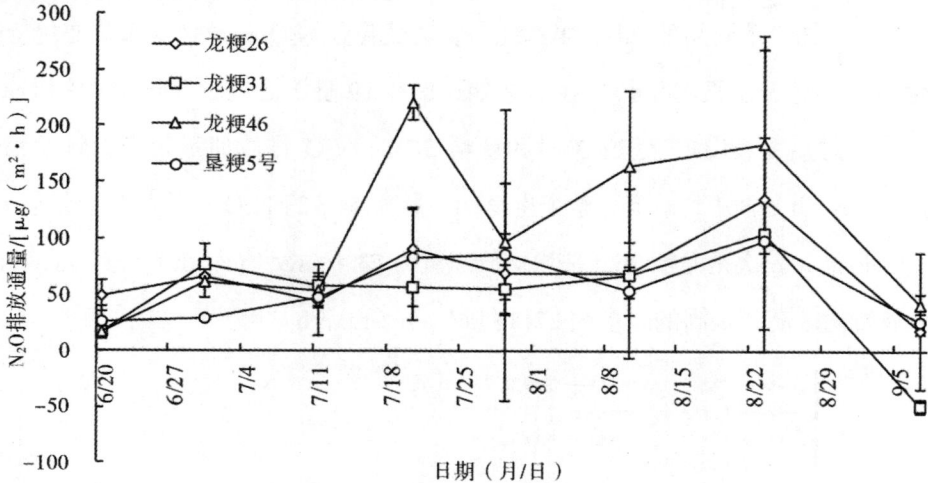

图 3-8　2016 年不同品种 N_2O 排放通量的变化特征（二九一农场）

3.4 综合温室效应

2015—2016 年哈尔滨试验点不同品种 CH_4 和 N_2O 排放量以及综合全球增温潜势的变化特征见表 3-1。对于 2015 年的哈尔滨试验点，绥粳 9 号的 CH_4 排放量最高，龙庆稻 1 号的 CH_4 排放量最低，且相差 32.0%，差异达显著水平；与绥粳 9 号相比，松粳 14、垦鉴稻 6 号、垦稻 10 号、东农 425、龙稻 5 号和东农 423 的 CH_4 排放量分别降低 6.2%、11.6%、13.0%、13.7%、14.5%和 20.0%，且差异均不显著。龙稻 5 号和东农 425 的 N_2O 排放量较绥粳 9 号分别降低 18.5%和 21.5%，差异均不显著，而东农 423、松粳 14、垦鉴稻 6 号、龙庆稻 1 号和垦稻 10 号的 N_2O 排放量较绥粳 9 号分别显著降低 29.2%、33.6%、40.9%、45.0%和 54.7%。绥粳 9 号的综合全球增温潜势最高，龙庆稻 1 号的综合全球增温潜势最低，且相差 32.9%，差异显著；与绥粳 9 号相比，松粳 14、垦鉴稻 6 号、东农 425、龙稻 5 号、垦稻 10 号和东农 423 的综合全球增温潜势分别降低 8.0%、13.5%、14.2%、14.7%、15.7%和 20.6%，且差异均未达显著水平。

对于 2016 年的哈尔滨试验点，松粳 14 的 CH_4 排放量最高，龙庆稻 1 号的 CH_4 排放量最低；与松粳 14 相比，东农 425、龙稻 5 号、垦鉴稻 6 号、绥粳 9 号、东农 423、垦稻 10 号和龙庆稻 1 号的 CH_4 排放量分别降低 1.7%、16.7%、17.0%、21.7%、22.8%、24.4%和 25.8%，除东农 425 的差异不显著外，其他差异均显著。东农 425、绥粳 9 号、垦稻 10 号、垦鉴稻 6 号、龙庆稻 1 号、龙稻 5 号和东农 423 的 N$_2$O 排放量较松粳 14 分别降低 27.3%、33.1%、35.1%、37.4%、48.3%、51.3%和 53.5%，且差异均达显著水平，其中，龙稻 5 号、东农 423 的 N$_2$O 排放量与东农 425、绥粳 9 号、垦稻 10 号、垦鉴稻 6 号差异均达到显著水平。与松粳 14 相比，东农 425、垦鉴稻 6 号、龙稻 5 号、绥粳 9 号、垦稻 10 号、东农 423 和龙庆稻 1 号的综合全球增温潜势分别降低 6.2%、20.6%、22.8%、23.8%、26.3%、28.2%和 29.7%，除东农 425 的差异不显著外，其他差异均显著。

表 3-1 不同品种 CH$_4$ 和 N$_2$O 排放量以及综合全球增温潜势的变化（哈尔滨）

年份	处理	CH$_4$ 排放量/（kg/hm^2）	N$_2$O 排放量/（kg/hm^2）	综合全球增温潜势/（kg CO$_2$-eq/hm^2）
2015	垦稻 10 号	446.68 ± 8.63ab	1.35 ± 0.16c	11 570.4 ± 256.9ab
	东农 423	410.55 ± 27.95ab	2.11 ± 0.08bc	10 893.6 ± 713.8ab
	龙庆稻 1 号	348.80 ± 72.41b	1.64 ± 0.40bc	9 208.7 ± 1 752.1b
	垦鉴稻 6 号	453.75 ± 64.45ab	1.76 ± 0.19bc	11 867.1 ± 1 610.0ab
	东农 425	442.74 ± 77.38ab	2.34 ± 0.43ab	11 765.0 ± 1 808.9ab
	松粳 14	481.47 ± 21.54ab	1.98 ± 0.31bc	12 626.7 ± 386.4ab
	龙稻 5 号	439.09 ± 16.45ab	2.43 ± 0.13ab	11 702.4 ± 415.4ab
	绥粳 9 号	513.30 ± 43.92a	2.98 ± 0.51a	13 719.9 ± 1 124.1a
2016	垦稻 10 号	195.53 ± 10.92b	3.00 ± 0.25b	5 782.4 ± 277.8b
	东农 423	199.65 ± 9.33b	2.15 ± 0.16d	5 631.1 ± 232.1b
	龙庆稻 1 号	191.96 ± 22.09b	2.39 ± 0.15cd	5 510.7 ± 582.2b
	垦鉴稻 6 号	214.69 ± 13.50b	2.89 ± 0.28bc	6 227.0 ± 297.0b
	东农 425	254.37 ± 15.09a	3.36 ± 0.07b	7 361.5 ± 391.4a
	松粳 14	258.68 ± 13.16a	4.62 ± 0.03a	7 844.1 ± 325.3a
	龙稻 5 号	215.41 ± 13.33b	2.25 ± 0.04d	6 055.5 ± 181.8b
	绥粳 9 号	202.44 ± 2.95b	3.08 ± 0.25b	5 979.8 ± 101.0b

注：同列数据中不同小写字母表示 5%的显著差异。下同。

表 3-2 显示的是 2015—2016 年二九一农场试验点不同品种 CH$_4$ 和 N$_2$O 排放量以及综合全球增温潜势的变化特征。对于 2015 年的二九一农场试验点，垦粳 3 号的 CH$_4$ 排放量

最高，垦粳 5 号 CH_4 排放量最低，且相差 55.8%，差异达显著水平；与垦稻 3 号相比，空育 131、垦稻 27、龙粳 31、龙粳 26 和垦稻 25 的 CH_4 排放量分别降低 10.6%、20.5%、20.7%、25.0%和 36.0%，且差异均不显著。垦粳 5 号、龙粳 26 和龙粳 31 的 N_2O 排放量较垦稻 27 分别显著降低 50.4%、60.7%和 68.1%，空育 131、垦粳 3 号和垦稻 25 的 N_2O 排放量较垦稻 27 分别降低 36.1%、36.3%和 39.9%，且差异均不显著。与垦粳 3 号相比，垦粳 5 号的综合全球增温潜势降低 49.4%，且差异达显著水平；垦稻 27、空育 131、龙粳 31、龙粳 26 和垦稻 25 的综合全球增温潜势分别降低 6.0%、8.5%、26.2%、27.5%和 30.3%，差异均不显著。

对于 2016 年的二九一农场试验点，与龙粳 31 相比，龙粳 46、垦粳 5 号和龙粳 26 的 CH_4 排放量分别降低 1.8%、16.4%和 42.1%，且差异均不显著。龙粳 31、龙粳 26 和垦粳 5 号的 N_2O 排放量较龙粳 46 分别降低 20.7%、23.5%和 36.9%，且差异均未达显著水平。与龙粳 46 相比，龙粳 31、垦粳 5 号和龙粳 26 的综合全球增温潜势分别降低 1.3%、17.9%和 38.6%，且差异均不显著。

表 3-2　不同品种 CH_4 和 N_2O 排放量以及综合全球增温潜势的变化（二九一农场）

年份	品牌	CH_4 排放量/ （kg/hm²）	N_2O 排放量/ （kg/hm²）	综合全球增温潜势/ （kg CO_2-eq/hm²）
2015	垦稻 25	117.96 ± 48.44ab	3.38 ± 0.48ab	3 956.1 ± 1 081.1ab
	龙粳 26	138.17 ± 22.72ab	2.22 ± 0.55b	4 114.7 ± 495.8ab
	垦粳 3 号	184.24 ± 22.42a	3.58 ± 0.87ab	5 673.9 ± 693.7a
	空育 131	164.80 ± 40.18ab	3.59 ± 0.55ab	5 189.7 ± 1 010.7a
	垦稻 27	146.45 ± 28.29ab	5.62 ± 0.52a	5 335.0 ± 600.9a
	龙粳 31	146.06 ± 17.85ab	1.79 ± 0.41b	4 186.3 ± 90.1ab
	垦粳 5 号	81.47 ± 15.60b	2.79 ± 0.31b	2 869.3 ± 129.5b
2016	龙粳 26	94.49 ± 3.65a	1.66 ± 0.26a	2 857.7 ± 103.0a
	龙粳 31	163.28 ± 48.58a	1.72 ± 0.60a	4 593.7 ± 1 310.0a
	龙粳 46	160.31 ± 28.62a	2.18 ± 0.26a	4 656.0 ± 767.4a
	垦粳 5 号	136.58 ± 5.44a	1.37 ± 0.26a	3 821.5 ± 206.1a

3.5 产量形成及单位产量的全球增温潜势

3.5.1 生物量的变化

图 3-9 显示的是不同水稻品种 2015—2016 年哈尔滨试验点生物量的变化。对于 2015 年试验,从图中可以看出,龙稻 5 号的生物量最大,较绥粳 9 号和垦鉴稻 6 号分别显著提高 17.4% 和 20.7%;较东农 425、龙庆稻 1 号、东农 423、垦稻 10 号和松粳 14 分别提高 0.6%、1.1%、3.0%、4.3% 和 14.4%,且差异均不显著。对于 2016 年试验,龙庆稻 1 号生物量最大,较绥粳 9 号、东农 423 和垦鉴稻 6 号分别增加 18.4%、19.8% 和 28.1%,差异均显著;较垦稻 10 号、东农 425、龙稻 5 号和松粳 14 分别增加 2.8%、6.6%、12.1% 和 14.2%,且差异均不显著。总体上,龙庆稻 1 号、垦稻 10 号、东农 425 和龙稻 5 号具有较高的生物量。

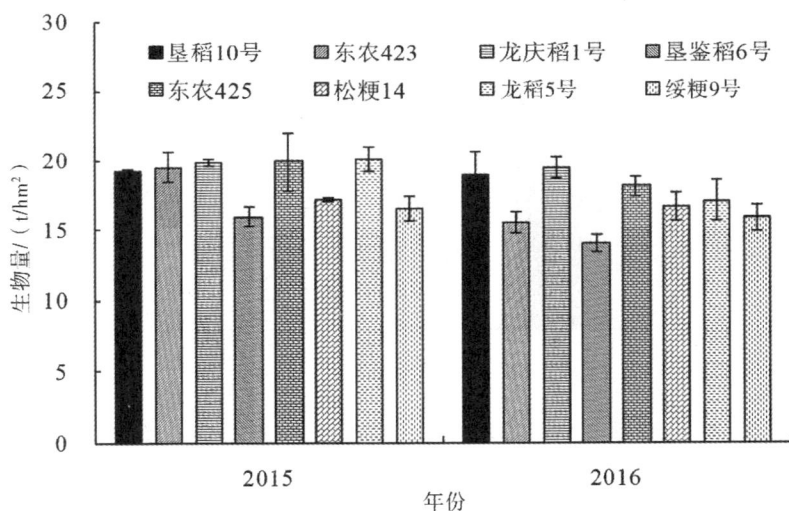

图 3-9 2015—2016 年不同水稻品种生物量的变化(哈尔滨)

图 3-10 显示的是不同水稻品种 2015 年二九一农场试验点生物量的变化。从图中可知,垦粳 5 号的生物量最大,较垦稻 25 和垦稻 27 分别显著提高 17.4% 和 26.2%;较龙粳 31、龙粳 26、垦粳 3 号和空育 131 分别提高 0.6%、2.4%、7.6% 和 10.7%,且差异均不显著。垦粳 5 号、龙粳 31 和龙粳 26 有较高的生物量。

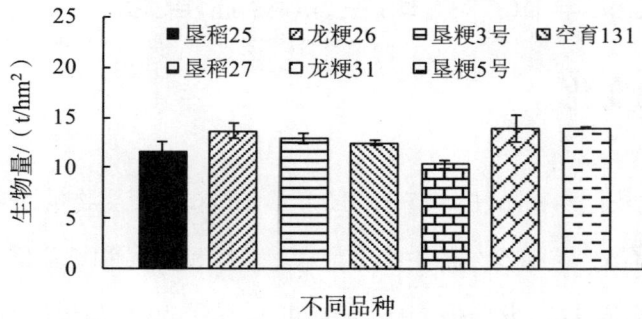

图 3-10　2015 年不同水稻品种生物量的变化（二九一农场）

图 3-11 呈现的是不同水稻品种 2016 年二九一农场试验点生物量的变化。从图中可知，4 个品种的生物量大小顺序为：龙粳 31>龙粳 26>垦粳 5 号>龙粳 46，且品种间均无显著性差异。

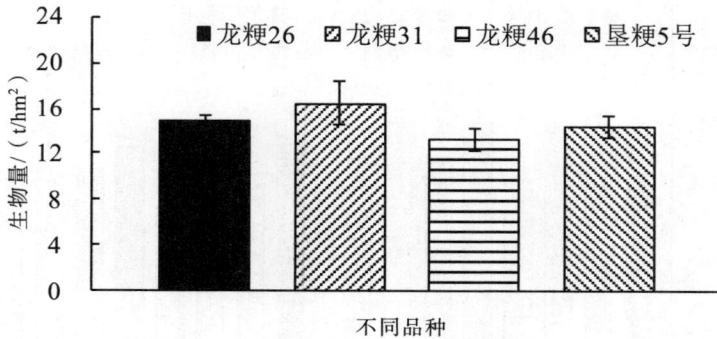

图 3-11　2016 年不同水稻品种生物量的变化（二九一农场）

3.5.2　产量及其构成

3.5.2.1　产量变化

图 3-12 呈现的是不同水稻品种 2015—2016 年哈尔滨试验点产量的变化。对于 2015 年试验，从图中可知，龙稻 5 号的产量最高，较东农 423、龙庆稻 1 号、垦稻 10 号、松粳 14、绥粳 9 号、东农 425 和垦鉴稻 6 号分别提高 1.5%、1.7%、3.2%、3.9%、7.1%、11.9%和15.2%，且差异均不显著。对于 2016 年试验，龙庆稻 1 号产量最高，较垦稻 10 号增加 16.9%，差异显著；较龙稻 5 号、东农 425、松粳 14、垦鉴稻 6 号、东农 425 和绥粳 9 号分别增加

0.6%、7.0%、8.0%、8.6%、10.1%和12.7%，且差异均不显著。总体上，龙稻5号、龙庆稻1号和东农423具有较高的产量。

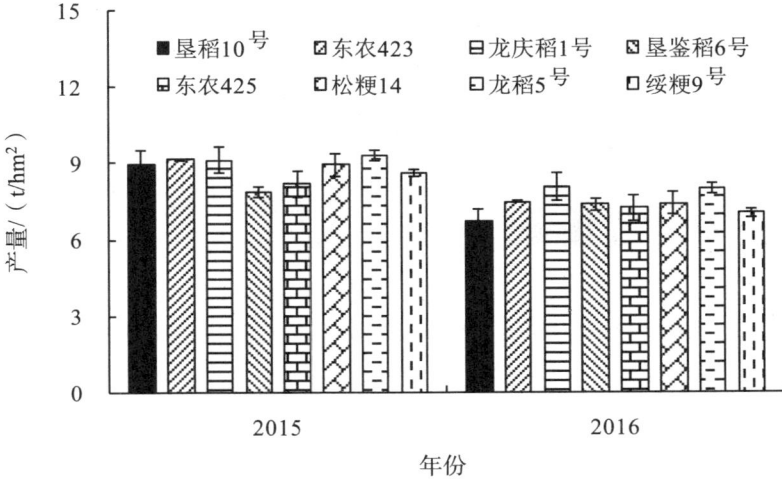

图 3-12　2015—2016 年不同水稻品种产量的变化（哈尔滨）

图 3-13 显示的是不同水稻品种 2015 年二九一农场试验点产量的变化。从图中可知，龙粳 31 的产量最高，较垦粳 3 号和垦粳 5 号分别提高 2.3%和 3.7%；较空育 131、垦稻 27、龙粳 26 和垦稻 25 分别提高 19.3%、21.6%、24.5%和 25.6%，且差异均达显著水平。总之，龙粳 31、垦粳 3 号和垦粳 5 号有较高的产量。

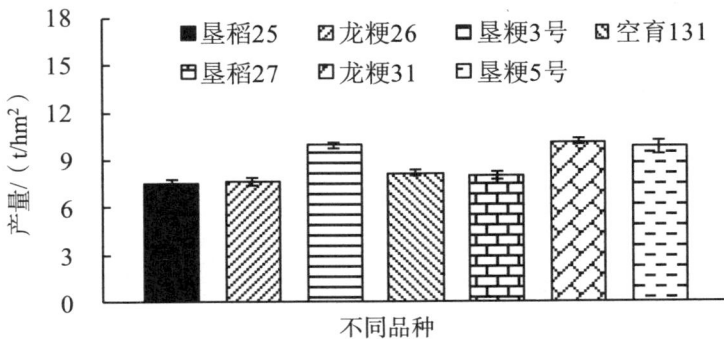

图 3-13　2015 年不同水稻品种产量的变化（二九一农场）

图 3-14 呈现的是不同水稻品种 2016 年二九一农场试验点产量的变化。从图中可知，4个品种的产量高低依次为：龙粳 31>垦粳 5 号>龙粳 26>龙粳 46，且品种间均无显著性

差异。

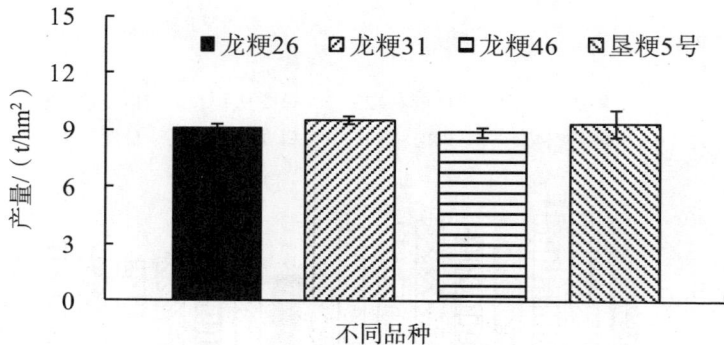

图 3-14 2016 年不同水稻品种产量的变化（二九一农场）

3.5.2.2 产量构成

表 3-3 呈现的是不同水稻品种 2015—2016 年哈尔滨试验点产量构成的变化。对于 2015 年试验，垦鉴稻 6 号的有效穗数最多，较垦稻 10 号提高 5.6%；较龙庆稻 1 号、松粳 14、绥粳 9 号、龙稻 5 号、东农 425 和东农 423 分别提高 17.6%、18.4%、19.4%、20.8%、21.3% 和 23.2%，且差异均达显著水平。龙庆稻 1 号的每穗粒数最高，较东农 423 和松粳 14 分别增加 0.5% 和 6.0%，且差异均不显著；与龙庆稻 1 号相比，绥粳 9 号、龙稻 5 号、东农 425、垦稻 10 号和垦鉴稻 6 号的每穗粒数分别降低 12.7%、17.5%、22.4%、26.6% 和 38.6%，且差异均显著。与绥粳 9 号相比，垦鉴稻 6 号、龙庆稻 1 号、龙稻 5 号、垦稻 10 号、松粳 14、东农 425 和东农 423 的结实率分别显著降低 1.9%、2.6%、2.7%、2.8%、3.9%、7.8% 和 9.8%。相对于东农 425，东农 423、垦鉴稻 6 号、龙庆稻 1 号、垦稻 10 号、龙稻 5 号、绥粳 9 号和松粳 14 的千粒重分别下降 1.3%、4.3%、5.4%、6.5%、7.0%、7.5% 和 10.4%，且差异均达到显著水平。

对于 2016 年试验，垦鉴稻 6 号的有效穗数最多，较龙庆稻 1 号增加 5.1%，且差异不显著；与垦鉴稻 6 号相比，垦稻 10 号、松粳 14、绥粳 9 号、东农 423、东农 425 和龙稻 5 号的有效穗数分别下降 9.3%、11.9%、14.4%、16.6%、17.6% 和 20.7%，且差异均达到显著水平。龙稻 5 号的每穗粒数最多，较龙庆稻 1 号、东农 423、东农 425 和松粳 14 分别增加 0.8%、1.2%、1.9% 和 6.9%，且差异均不显著；较绥粳 9 号、垦稻 10 号和垦鉴稻 6 号分别增加 13.8%、24.4%和 32.7%，且差异均显著。龙稻 5 号的结实率最高，较绥粳 9 号增加 1.3%；龙庆稻 1 号、东农 425、垦鉴稻 6 号、垦稻 10 号、东农 423 和松粳 14 的结实率较龙稻 5 号分别显著降低 2.1%、2.1%、2.3%、2.8%、4.5%和 5.0%。东农 425 与东农 423 的千粒重接近；与东农 425 相比，垦鉴稻 6 号、龙稻 5 号、龙庆稻 1 号、绥粳 9 号、垦稻 10 号和松粳 14 的千粒重分别降低 3.6%、5.2%、6.1%、6.2%、7.1%和 12.7%，且差异均显著。综合考虑两年的试验数据发现，龙庆稻 1 号具有较高的有效穗数、每穗粒数、千粒重和结实率；龙稻 5 号具有较高的每穗粒数、千粒重和结实率；东农 423 的每穗粒数和千粒重较高。

表 3-3　不同水稻品种产量构成的变化（哈尔滨）

年份	品种	有效穗数/（10^4/hm²）	每穗粒数	结实率/ %	千粒重/g
2015	垦稻 10 号	492.18 ± 20.09a	81.43 ± 3.17e	94.75 ± 0.33bc	26.46 ± 0.09e
	东农 423	400.42 ± 17.70b	110.38 ± 3.02a	87.91 ± 1.08e	27.91 ± 0.05b
	龙庆稻 1 号	429.61 ± 23.67b	110.92 ± 2.27a	94.95 ± 0.37bc	26.77 ± 0.14d
	垦鉴稻 6 号	521.38 ± 21.83a	68.13 ± 2.57f	95.65 ± 0.36b	27.06 ± 0.04c
	东农 425	410.43 ± 16.97b	86.03 ± 2.34de	89.81 ± 0.69d	28.29 ± 0.11a
	松粳 14	425.44 ± 17.70b	104.20 ± 3.38ab	93.67 ± 0.31c	25.35 ± 0.14g
	龙稻 5 号	412.93 ± 12.51b	91.51 ± 2.08cd	94.86 ± 0.28bc	26.32 ± 0.10ef
	绥粳 9 号	420.44 ± 36.61b	96.84 ± 3.66bc	97.45 ± 0.34a	26.16 ± 0.12f
2016	垦稻 10 号	446.30 ± 15.04bc	76.77 ± 2.22c	94.53 ± 0.73bc	25.87 ± 0.07e
	东农 423	410.43 ± 20.33cd	100.37 ± 3.98a	92.91 ± 0.31cd	27.85 ± 0.12a
	龙庆稻 1 号	467.15 ± 10.55ab	100.76 ± 2.89a	95.24 ± 1.10b	26.15 ± 0.02d
	垦鉴稻 6 号	492.18 ± 10.55a	68.37 ± 1.36d	95.05 ± 0.79b	26.85 ± 0.03b
	东农 425	405.42 ± 14.59cd	99.70 ± 3.66a	95.20 ± 0.47b	27.86 ± 0.10a
	松粳 14	433.78 ± 8.34bcd	94.56 ± 1.69ab	92.36 ± 0.32d	24.32 ± 0.08f
	龙稻 5 号	390.41 ± 10.01d	101.59 ± 1.17a	97.27 ± 0.24a	26.42 ± 0.06c
	绥粳 9 号	421.27 ± 20.85cd	87.58 ± 3.04b	95.99 ± 0.45ab	26.14 ± 0.07d

表 3-4 显示的是不同水稻品种 2015—2016 年二九一农场试验点产量构成的变化。对于 2015 年试验，与空育 131 相比，其他品种的有效穗数均呈下降趋势，且降幅在 3.3% ~ 7.3%。

龙粳31的每穗粒数最多,较垦粳5号增加3.2%;较垦稻25、垦粳3号、垦稻27、空育131和龙粳26分别显著增加8.4%、8.5%、15.6%、19.8%和27.1%。与龙粳31相比,空育131、垦稻25、龙粳26、垦粳3号、垦稻27和垦粳5号的结实率分别下降1.7%、1.9%、2.6%、4.6%、4.9%和5.4%,且差异均显著。龙粳26、垦粳5号、空育131、龙粳31、垦稻25和垦稻27的千粒重较垦粳3号分别下降1.5%、1.6%、3.5%、4.0%、5.1%和11.4%,且差异均达显著水平。

对于2016年试验,垦粳5号较龙粳26和龙粳31的有效穗数分别增加1.1%和2.7%,且差异均不显著;较龙粳46增加16.3%,差异显著。与龙粳46相比,龙粳31、垦粳5号和龙粳26的每穗粒数分别显著降低8.8%、10.4%和11.6%。龙粳31较龙粳46、龙粳26和垦粳5号的结实率分别提高2.0%、2.2%和3.5%,且差异均不显著。与龙粳26相比,龙粳46和垦粳5号的千粒重分别下降0.4%和1.5%,龙粳31的千粒重则下降4.5%,且差异达到显著水平。综合分析可知,龙粳31具有较高的每穗粒数和结实率,垦粳5号则具有较高的每穗粒数和千粒重。

表3-4 不同水稻品种产量构成的变化(二九一农场)

年份	品种	有效穗数/ ($10^4/hm^2$)	每穗粒数	结实率/%	千粒重/g
2015	垦稻25	442.13 ± 4.41a	89.05 ± 0.95bc	94.58 ± 0.18b	26.59 ± 0.13d
	龙粳26	458.81 ± 7.27a	70.92 ± 4.09e	93.92 ± 0.87b	27.60 ± 0.05b
	垦粳3号	444.88 ± 5.59a	88.97 ± 2.77bc	91.99 ± 0.45c	28.02 ± 0.10a
	空育131	474.24 ± 9.45a	77.93 ± 0.65de	94.74 ± 0.19b	27.04 ± 0.11c
	垦稻27	457.14 ± 7.27a	82.02 ± 0.98cd	91.66 ± 0.39c	24.83 ± 0.18e
	龙粳31	439.62 ± 13.43a	97.22 ± 3.16a	96.42 ± 0.60a	26.90 ± 0.26cd
	垦粳5号	442.13 ± 16.68a	94.14 ± 1.13ab	91.22 ± 0.37c	27.57 ± 0.10b
2016	龙粳26	517.22 ± 21.27a	81.29 ± 1.70b	94.54 ± 0.79a	27.76 ± 0.22a
	龙粳31	508.84 ± 25.71a	83.90 ± 2.41b	96.66 ± 0.37a	26.50 ± 0.05b
	龙粳46	437.96 ± 21.06b	91.97 ± 2.38a	94.70 ± 0.87a	27.65 ± 0.08a
	垦粳5号	522.98 ± 13.54a	82.43 ± 1.70b	93.27 ± 1.88a	27.34 ± 0.06a

3.5.3 单位产量的全球增温潜势

由表 3-5 可知，对于 2015 年哈尔滨试验，与绥粳 9 号相比，垦鉴稻 6 号、东农 425、松粳 14、垦稻 10 号、龙稻 5 号、龙庆稻 1 号和东农 423 的单位产量全球增温潜势分别降低 6.8%、10.6%、12.4%、19.9%、22.4%、24.8%和 26.1%，且差异均不显著。对于 2016 年哈尔滨试验，与松粳 14 相比，东农 425 和垦稻 10 号的单位产量全球增温潜势分别下降 4.7%和 17.9%，且差异均不显著；绥粳 9 号、垦鉴稻 6 号、龙稻 5 号、东农 423 和龙庆稻 1 号的单位产量全球增温潜势分别下降 19.8%、20.8%、29.2%、29.2%和 35.8%，且差异均达到显著水平。分析两年的数据可知，龙庆稻 1 号、东农 423 和龙稻 5 号的单位产量全球增温潜势均较低。

表 3-5　不同水稻品种单位产量全球增温潜势的变化（哈尔滨）

年份	品种	单位产量全球增温潜势/ （kg CO_2-eq/kg）
2015	垦稻 10 号	1.29 ± 0.07a
	东农 423	1.19 ± 0.10a
	龙庆稻 1 号	1.21 ± 0.25a
	垦鉴稻 6 号	1.50 ± 0.20a
	东农 425	1.44 ± 0.24a
	松粳 14	1.41 ± 0.05a
	龙稻 5 号	1.25 ± 0.05a
	绥粳 9 号	1.61 ± 0.23a
2016	垦稻 10 号	0.87 ± 0.10abc
	东农 423	0.75 ± 0.04c
	龙庆稻 1 号	0.68 ± 0.06c
	垦鉴稻 6 号	0.84 ± 0.06bc
	东农 425	1.01 ± 0.02ab
	松粳 14	1.06 ± 0.09a

续表

年份	品种	单位产量全球增温潜势/ （kg CO_2-eq/kg）
2016	龙稻 5 号	0.75 ± 0.01c
	绥粳 9 号	0.85 ± 0.01bc

由表 3-6 可见，对于 2015 年二九一农场试验，与垦稻 27 相比，垦粳 5 号的单位产量全球增温潜势降低 56.7%，且差异显著；空育 131、垦粳 3 号、龙粳 26、垦稻 25 和龙粳 31 的单位产量全球增温潜势分别降低 6.1%、13.6%、19.7%、21.2%和 37.9%，且差异均未达显著水平。对于 2016 年二九一农场试验，龙粳 31、垦粳 5 号和龙粳 26 的单位产量全球增温潜势较龙粳 46 分别降低 9.4%、22.6%和 41.5%，且差异均未达显著水平。总体上，垦粳 5 号和龙粳 31 具有较低的单位产量全球增温潜势。

表 3-6　不同水稻品种单位产量全球增温潜势的变化（二九一农场）

年份	品种	单位产量全球增温潜势/ （kg CO_2-eq/kg）
2015	垦稻 25	0.52 ± 0.13ab
	龙粳 26	0.53 ± 0.05ab
	垦粳 3 号	0.57 ± 0.07a
	空育 131	0.62 ± 0.11a
	垦稻 27	0.67 ± 0.07a
	龙粳 31	0.41 ± 0.01ab
	垦粳 5 号	0.29 ± 0.02b
2016	龙粳 26	0.31 ± 0.02a
	龙粳 31	0.48 ± 0.14a
	龙粳 46	0.53 ± 0.11a
	垦粳 5 号	0.41 ± 0.03a

3.6 讨论与小结

CH₄ 和 N₂O 是除 CO_2 以外最重要的两种温室气体。在 100 年的时间尺度内，CH_4 和 N_2O 的增温潜势分别是 CO_2 的 25 倍和 298 倍（孙会峰 等，2015）。世界银行统计数据表明，2005 年全球的 CH_4 和 N 的排放量分别达到 66.07 亿 t 和 37.89 亿 t CO_2 当量（尚杰 等，2015）。中国是世界上最重要的水稻生产国，水稻收获面积和生产量分别占世界的 22% 和 38%，故在全球稻田 CH_4 排放方面占有重要地位（Farrell 等，2000；牟长城 等，2011）。

不同品种水稻主要从生物学特性和生长需求两个方面影响 CH_4 和 N_2O 的排放。一是水稻的生物特性，如产量、株高、分蘖、叶面积、叶绿素、生长期等，决定水稻生物量积累过程中温室气体排放量。水稻的产量与 CH_4 排放量存在显著的线性正相关关系，在常规灌溉条件下，不管是常规品种还是杂交品种，粳稻的 CH_4、N_2O 累积排放量和产量都要高于籼稻，与常规品种粳稻或籼稻相比，杂交品种的 CH_4 累积排放量和产量相对较高，但 N_2O 累积排放量相对较低（孙会峰 等，2015），水稻的单位产量全球增温潜势与 CH_4、N_2O 排放量和产量有关。由于 N_2O 的排放较少，单位产量全球增温潜势主要取决于水稻产量和 CH_4 的排放量，因此，在具体的水稻品种选择上，既要保证一定的水稻产量，又要相对减少 CH_4 的排放，可最终降低单位产量的全球增温潜势。本研究发现，在哈尔滨试验点，龙庆稻 1 号、东农 423 和龙稻 5 号的产量相对较高，而单位产量的全球增温潜势相对较低。在二九一农场试验点，垦粳 5 号和龙粳 31 的产量相对较高，而单位产量的全球增温潜势相对较低。水稻植株体在稻田 CH_4 排放过程中起着非常重要的作用，有 80%~95% 的稻田 CH_4 是通过水稻的通气组织排放到大气中的（Seiler 等，1984；Yu 等，1997；徐雨昌 等，1999）。一方面，水稻通过根系分泌物和凋落物为温室气体产生提供反应底物，另一方面，水稻体内通气组织是 CH_4 和 N_2O 的主要传输途径。因此，水稻的生长和发育进程以及两者在品种间的差异是温室气体排放季节变化和品种间排放差异的主要原因之一（Holzapfel-Pschom 等，1993；Wassmann 等，2000；贾伯军和蔡祖聪，2003）。有研究认为，分蘖期两品种间的 CH_4 排放差异不明显，主要由于生长前期植株较小，根系均不发达，品种间生物量基本无差异，受土壤的影响较大（Kaushik 和 Baruah，2008）。通常情况下，稻田 CH_4 排放量和水稻的植物总重量成反比关系，即具有较大植物总重量的水稻品种的稻田 CH_4 排放较小。这是因为水稻生物量大，吸收与固定的碳量高，从而减少了 CH_4 的排放量（李晶 等，1997）。盆栽试验表明，强大的根系和发育良好的通气组织显著增加 O_2 的输送，从而促进 CH_4 氧化，不仅利于水稻增产，也有助于稻田 CH_4 的减排（王丽丽等，2013）。相关大田试验也有类似的结果，可能的原因是根系发达、根体积大、根系活力大，促进了根系氧化能力和泌氧能力，根际 Eh 值上升，抑制产 CH_4 菌活性，同时增强了 CH_4 氧化菌活性，促进了 CH_4 的氧化，从而导致 CH_4 排放通量减少；同时，根系活力强，与微生物竞争 NO_3^-，减弱了反硝化作用，从而减少了 N_2O 的产生量，排放量也相应减少（傅志强 等，2012）。然而也有不同的研究结果，大田试验发现，根量大的水稻品种，CH_4 排放通量高，稻田气泡排放 CH_4 强度大，土壤水溶液中水溶 CH_4 浓度也高（王增远 等，1999）。还有室内培养试验也发现，植株生长健壮，叶片多、根系发达、茎蘖多，植株 CH_4 传输速率就大（曹云英 等，2005）。二是水稻的生长需求环境，如氮肥施用量、灌水条件、温度、光照、秸秆还田等，也对 CH_4 和 N_2O 的排放有一定的影响。运用修正的 IPCC 2006 方法计算出化学氮肥对我国农田 N_2O 排放量的贡献率达到 77.64%（张强 等，2010；尚杰 等，2015）。稻田作为 CH_4 和 N_2O 的重要排放源，研究推广最适合种植的较低温室气体排放的品种是控制稻田温室气体排放的有效措施之一。

主要参考文献

[1] 孙会峰，周胜，陈桂发，等. 水稻品种对稻田 CH_4 和 N_2O 排放的影响[J]. 农业环境科学学报，2015，34（8）：1595–1602.

[2] 牟长城，陶祥云，黄忠文，等. 水稻品种对三江平原稻田温室气体排放的影响[J]. 东北林业大学学报，2011，39（11）：89–92，107.

[3] FARRELL L E，ROMAN J，SUNQUIST M E. Dietary separation of sympatric carnivores identified by molecular analysis of scats [J]. Molecular ecology，2000，9: 1583–1590.

[4] 徐雨昌，王增远，李震，等. 不同水稻品种对稻田甲烷排放量的影响[J]. 植物营养与肥料学报，1999，5（1）：93–96.

[5] HOLZAPFEL P A，CONRAD R，SEILER W. Effect of vegetation on the emission of methane

from submerged paddy soil[J]. Plant and soil，1993，92: 223–233.

[6] WASSMANN R，LANTIN R S，NEUE H U，et al. Characterization of methane emissions from rice fields in Asia. III. Mitigation options and future research needs [J]. Nutrient cycling in agroecosystems，2000，58（1/3）: 23–36.

[7] 贾伯军，蔡祖聪. 水稻植株对稻田甲烷排放的影响[J]. 应用生态学报，2003，14（11）: 2049–2053.

[8] SEILER W，HOLZAPFEL P A，CONRAD R，et al. Methane emission from rice paddies[J]. Journal of atmospheric chemistry，1984，1: 241–268.

[9] YU K W，WANG Z P，CHEN G X. Nitrous oxide and methane transport through rice plants[J]. Biology and fertility of soils，1997，24（3）: 341–343.

[10] 张强，巨晓棠，张福锁. 应用修正的 IPCC 2006 方法对中国农田 N_2O 排放量重新估算[J]. 中国生态农业学报，2010，18（1）: 7–13.

[11] 尚杰，杨果，于法稳. 中国农业温室气体排放量测算及影响因素研究[J]. 中国生态农业学报，2015，23（3）: 354–364.

[12] BUTTERBACH B K，PAPEN H，RENNENBERG H. Impact of gas transport through rice cultivars on methane emission from rice paddy fields[J]. Plant，cell and environment，1997，20（9）: 1175–1183.

[13] YAO H，YAGI K，NOUCHI I. Importance of physical plant properties on methane transport through several rice cultivars[J]. Plant and soil，2000，222（1/2）: 83–93.

[14] 曹云英，朱庆森，郎有忠，等. 水稻品种及栽培措施对稻田甲烷排放的影响[J]. 江苏农业科学，2000，21（3）: 22–27.

[15] 曹云英，许锦彪，朱庆森. 水稻植株状况对甲烷传输速率的影响及其品种间差异[J]. 华北农学报，2005，20（2）: 105–109.

[16] 王增远，徐雨昌，李震，等. 水稻品种对稻田甲烷排放的影响[J]. 作物学报，1999，25（4）: 441–446.

[17] 傅志强，黄璜，朱华武，等. 水稻 CH_4 和 N_2O 的排放及其与植株特性的相关性[J]. 湖南农业大学学报（自然科学版），2011，37（4）: 356–360.

[18] KAUSHIK D，BARUAH K K. A comparison of growth and photosynthetic characteristics of two improved rice cultivars on methane emission from rained agroecosystem of northeast India[J]. Agric ecosyst environ，2008，124: 105–113.

[19] 李晶，王明星，陈德章. 水稻田甲烷的减排方法研究[J]. 中国农业气象，1997，18（6）：9–14.

[20] 王丽丽，闫晓君，江瑜，等. 超级稻宁粳 1 号与常规粳稻 CH_4 排放特征的比较分析[J]. 中国水稻科学，2013，27（4）：413–418.

[21] 傅志强，朱华武，陈灿，等. 水稻根系生物特性与稻田温室气体排放相关性研究[J]. 农业环境科学学报，2012，30（12）：2416–2421.

4 寒地稻田不同栽培方式与温室气体排放

水稻生产中种植方式主要有育秧移栽、塑盘育秧抛栽、直播、机插秧等。水稻直播技术分水直播和旱直播，农田应用主要以水直播为主，即直接将种子播在本田的一种轻简栽培方式，水直播的播种方式为漫撒籽、条播和穴播，旱直播的播种方式为条播和穴播。水稻直播在很大程度上节省水资源，同时改变根系分泌或残体的组成和总量来影响土壤结构，增强土壤的通气性，改变产 CH_4 菌的极端厌氧环境，能显著减少稻田 CH_4 的排放（彭世彰等，2007）；节水灌溉提高了土壤的氧化还原电位，而且土壤的热溶性变小，为 N_2O 的产生创造了良好的条件，导致其显著增加（Kreye 等，2007；孙彦坤 等，2008；杨士红 等，2008；曹凌贵 等，2014）。

机插秧是通过营养土软盘育秧、流水线营养土硬盘育秧、淤泥软盘育秧等育秧方式所培育出带土毯状的秧苗，由插秧机对带土的秧苗切块来实现分秧与插秧。我国机插秧主要存在育秧播种量较大、秧苗素质差、秧龄弹性小、机插效果差、漏插率高、机插秧群体难调控等方面的问题（孙如银 等，2014）。机插秧通过改变秧苗地上部分干重、茎基宽、根系盘结力等性状，影响水稻的生育期，进而影响光合生产及物质积累时间的长短，并间接影响灌浆期环境因素和籽粒的灌浆进程，同时影响温室气体的排放。此外，由于抛秧栽培齐穗后根量大，表层（0~7 cm）土壤氧化活力高于手插秧栽培（陈小荣和潘晓华，2000；吴朝晖 等，2008；伍丹丹 等，2014），有利于温室气体的减排。与手插相比，机插处理的水稻营养生长时间（播种至穗分化所经历时间）缩短了 11 d，直播缩短了 16 d。同时，3 种处理整个生育期内的有效积温（≥10 ℃）不同，机插较手插有效积温减少了 50.9 ℃，而直播更是减少了 341.8 ℃（王端飞 等，2011；伍丹丹 等，2014）。水稻分蘖期至幼穗分化前，这一阶段水稻生长旺盛且通气组织发达，稻田 CH_4 排放量占全生育期排放总量的 39%~

52%，是控制稻田 CH₄ 排放的关键时期（李香兰 等，2007；李香兰 等，2008）。本章将主要从不同栽培方式对寒地稻田温室气体排放、水稻生物量的积累、产量及其构成以及生育进程的影响结果来探讨不同栽培方式与稻田温室气体排放及产量形成的关系，阐明水稻丰产、节本、增效与稻田温室气体减排的调控理论与技术，为直播稻的发展提供环境学支撑具有非常重要的现实意义，为提高我国寒地水稻生产力及稻田减排、节本、增效的综合调控和应对策略提供科学依据和技术支撑。

4.1 材料与方法

试验点为哈尔滨市道外区民主乡黑龙江省农业科学院国家级现代农业示范区（45°49′N，126°48′E，海拔 117 m）试验基地，该区域属东北单季稻稻作区，为温带大陆性季风气候。年平均日照时数为 2 668.9 h，无霜期平均 131~146 d，年降水量 508~583 mm，≥10 ℃有效积温 2 600~2 700 ℃·d。供试小区土壤为黑钙土，土壤主要理化性质为全氮 1.2 g/kg、全磷 0.5 g/kg、全钾 18.6 g/kg、碱解氮 82.4 mg/kg、有效磷 19.8 mg/kg、速效钾 147.8 mg/kg、土壤有机质 23.2 g/kg 和 pH 8.6。

试验于 2015—2016 年进行，选用当地主栽的品种（龙稻 5 号）进行田间试验，采用随机区组设计，2015 年设置人工插秧和旱直播 2 个处理，3 次重复，6 个小区，每个小区面积（8×10）m²左右。人工插秧于 5 月 16 日移栽，每穴栽插 3~4 株，株行距为 30.0 cm×13.3 cm。各小区施尿素（养分含量 46%）折合成纯氮为 180 kg/hm²，氮肥以基肥：分蘖肥：穗肥=5：3：2 施入，P_2O_5（70 kg/hm²）和 K_2O（50 kg/hm²）做基肥一次性施用。旱直播应用罗锡文院士团队研发的 2BDH-10 型水稻精量旱穴播机播种，于 4 月 25 日播种，播种量为 10 kg/亩，播种深度均为 1-2 cm，播种株行距为 20 cm×11 cm，播前进行了种子催芽，芽种阴干后播种。各小区施尿素（养分含量 46%）折合成纯氮为 150 kg/hm²，氮肥以基肥：分蘖肥：穗肥=5：3：2 施入，P_2O_5（75 kg/hm²）和 K_2O（65 kg/hm²）做基肥一次性施用。3 叶 1 心期后逐渐建立水层管理。2016 年设置人工插秧、机插秧和旱直播 3 个处理，3 次重复，9 个小区，每个小区面积（8×10）m²左右。人工插秧和机插秧分别于 5 月 16 日和 17 日移栽，每穴栽插 3~4 株，株行距均为 30.0 cm×13.3 cm。人工插秧和机插秧各小区均施尿素（养分含量 46%）折合成纯氮为 195 kg/hm²，氮肥以基肥：分蘖肥：穗肥=5：3：2 施入，P_2O_5

（90 kg/hm²）和 K$_2$O（70 kg/hm²）做基肥一次性施用。旱直播应用罗锡文院士团队研发的 2BDH–10 型水稻精量旱穴播机播种，于 4 月 30 日播种，播种量为 12.5 kg/亩，播种深度均为 1~2 cm，播种株行距均为 20 cm×11 cm，播前进行了种子催芽，芽种阴干后播种。各小区施尿素（养分含量 46%）折合成纯氮为 195 kg/hm²，磷肥为 P$_2$O$_5$（90 kg/hm²），钾肥为 K$_2$O（75 kg/hm²），氮肥以基肥：分蘖肥=6：4 施入，全部的磷肥和 80% 的钾肥均作为基肥一次性施入，另外 20% 的钾肥作为穗肥施入。3 叶 1 心期后逐渐建立水层管理。

4.2 CH$_4$ 排放特征

在 2015 年，不同栽培方式 CH$_4$ 排放通量季节变化特征呈先下降后上升再逐渐下降的变化趋势（图 4-1）。随着水稻的生长，在拔节孕穗期达到峰值[8.59 mg/（m²·h）]，然后开始急剧下降。旱直播的 CH$_4$ 平均排放通量较人工插秧明显降低 44.6%。

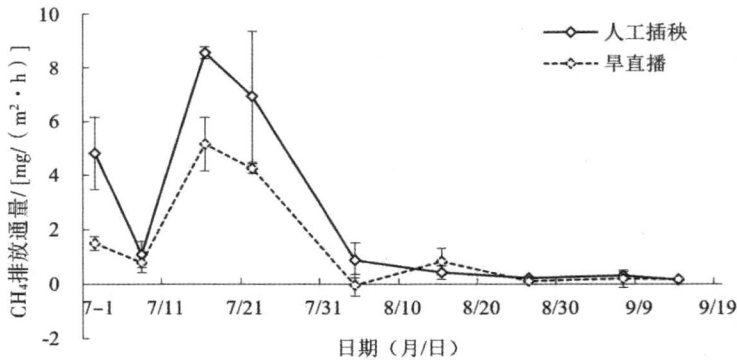

图 4-1　不同栽培方式对 2015 年 CH$_4$ 排放通量的影响

在 2016 年，不同栽培方式 CH$_4$ 排放通量季节变化特征一致，呈先升高后下降再升高再下降的趋势（图 4-2）。随着水稻的生长，在分蘖盛期第一次出现峰值[12.61 mg/（m²·h）]，之后迅速下降，在拔节孕穗期达到第二次峰值[19.59 mg/（m²·h）]，然后开始急剧下降，齐穗期以后 CH$_4$ 排放通量保持较低水平。旱直播的 CH$_4$ 平均排放通量较人工插秧和机插秧分别降低 38.0% 和 13.4%。

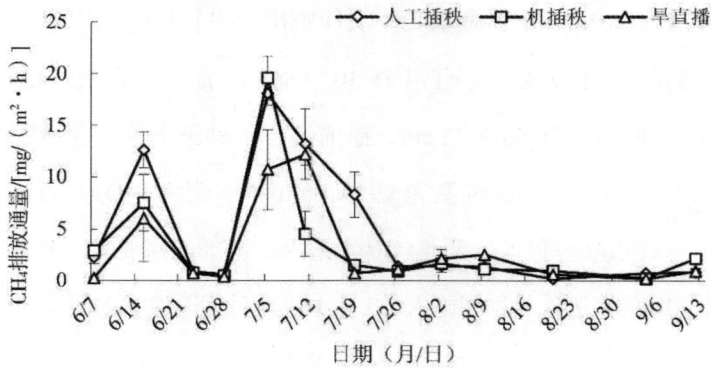

图 4-2　不同栽培方式对 2016 年 CH_4 排放通量的影响

4.3 N_2O 排放特征

在 2015 年，不同栽培方式的 N_2O 排放通量具有相同的变化趋势（图 4-3），两种栽培方式均表现为在抽穗后出现一个小的排放高峰，其中人工插秧在 8 月 4 日出现峰值 [12.41 μg/(m^2·h)]，而旱直播在 8 月 15 日出现峰值[10.01 μg/(m^2·h)]。在整个生育期，两种栽培方式的 N_2O 平均排放通量无明显差异。

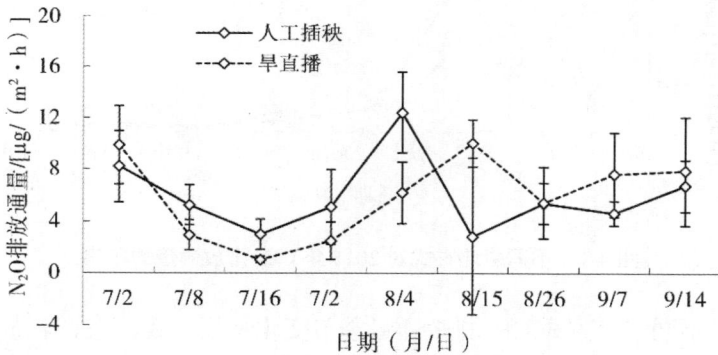

图 4-3　不同栽培方式对 2015 年 N_2O 排放通量的影响

在 2016 年，不同栽培方式的 N_2O 排放通量季节变化呈现"锯齿状"的变化模式（图 4-4）。在水稻生长前期，三种栽培方式 N_2O 排放通量均较低，在抽穗后出现排放峰值 [236.33 μg/(m^2·h)]，之后又逐渐下降。在整个生育期，旱直播的 N_2O 平均排放通量较人工插秧和机插秧分别增加 17.9%和 25.4%。

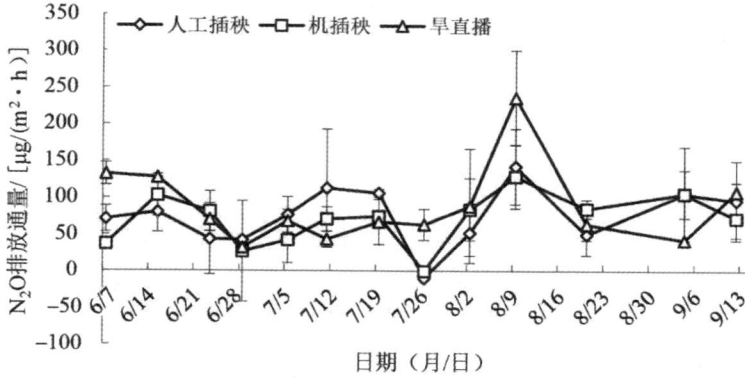

图 4-4　不同栽培方式对 2016 年 N_2O 排放通量的影响

4.4　综合温室效应

表 4-1 为不同栽培方式 CH_4 和 N_2O 的排放量以及综合全球增温潜势的变化。在 2015 年，与人工插秧相比，旱直播的 CH_4 排放量和综合全球增温潜势分别降低 52.2%和50.3%，差异均显著；而 N_2O 排放量无明显变化。在 2016 年，旱直播的 CH_4 排放量较人工插秧和机插秧分别降低 39.9%和 21.8%，且与人工插秧的差异达到显著水平；尽管旱直播的 N_2O 排放量较人工插秧和机插秧分别增加 25.9%和 45.4%，但旱直播的综合全球增温潜势较人工插秧和机插秧分别降低 27.1%和 7.3%。

表 4-1　不同栽培方式 CH_4 和 N_2O 排放量以及综合全球增温潜势的变化

年份	栽培方式	CH_4 排放量/（kg/hm²）	N_2O 排放量/（kg/hm²）	综合全球增温潜势/（kg CO_2-eq/hm²）
2015	人工插秧	83.34 ± 11.58a	0.20 ± 0.11a	2 143.11 ± 169.35a
	旱直播	39.84 ± 2.17b	0.24 ± 0.08a	1 066.00 ± 73.48b
2016	人工插秧	117.45 ± 9.43a	2.39 ± 0.41a	3 648.65 ± 328.92a
	机插秧	90.19 ± 8.19ab	2.07 ± 0.24a	2 871.78 ± 253.13a
	旱直播	70.53 ± 3.60b	3.01 ± 0.26a	2 661.09 ± 157.28a

4.5 产量形成及单位产量的全球增温潜势

4.5.1 生育进程特征

不同栽培方式下的水稻生育进程如表 4-2 所示。不同的栽培方式下水稻的生育期长短有明显差异，人工插秧与机插秧生育进程基本一致，而旱直播与两种插秧方式的始穗期相差天数、成熟期相差天数之间呈极显著差异。2015 年旱直播比人工插秧的始穗日期推迟 17 d，成熟日期推迟 15 d，可见，旱直播始穗到成熟的天数较人工插秧缩短了 2 d。2016 年旱直播比人工插秧和机插秧的始穗日期分别推迟 9 d 和 7 d，成熟日期分别推迟 13 d 和 12 d，说明旱直播始穗到成熟的天数较人工插秧和机插秧分别延长了 4 d 和 5 d。成熟期相差天数的差异主要是由始穗期相差天数的差异造成的。由于黑龙江省 4 月份气温相对较低，插秧稻需要到 4 月中旬左右在塑料大棚进行旱育秧，1 个月后秧苗一般长到 3 叶 1 心期再进行移栽；旱直播稻在 4 月下旬播种，虽然种子播下去了，但是当时气温还比较低，要等到气温逐渐回升后，种子才开始发芽，逐渐长到 3 叶 1 心才开始建立水层，影响了水稻的生长发育，从而导致旱直播稻始穗日期推迟。

表 4-2   不同栽培方式对水稻生育进程的影响

年份	栽培方式	播种日期/ （月/日）	移栽日期/ （月/日）	始穗日期/ （月/日）	始穗期相 差天数/d	成熟日期/ （月/日）	成熟期相 差天数/d	始穗到成 熟天数/d
2015	人工插秧	4/16	5/16	7/25	17	9/15	15	52
	旱直播	4/25	—	8/11	—	9/30	—	50
2016	人工插秧	4/16	5/16	7/27	9	9/18	13	53
	机插秧	4/16	5/17	7/29	7	9/19	12	52
	旱直播	4/30	—	8/5	—	10/1	—	57

4.5.2 生物量的变化

2015 年成熟期旱直播处理的生物量较人工插秧处理降低 5.3%，经方差分析，两个处理间差异不显著（图 4-5）。

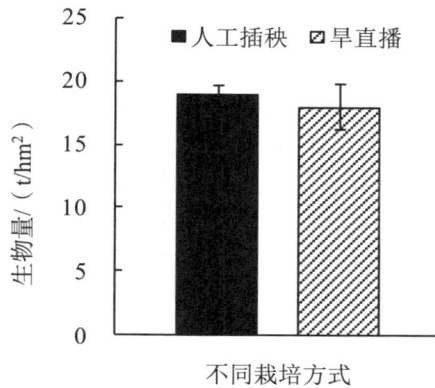

图 4-5　不同栽培方式对 2015 年水稻生物量的影响

2016 年不同栽培方式下的水稻生物量如图 4-6 所示。从试验结果可以看出，成熟期旱直播处理的生物量比人工插秧和机插秧处理分别降低 13.9%和 7.4%，且处理间差异均未达显著水平。

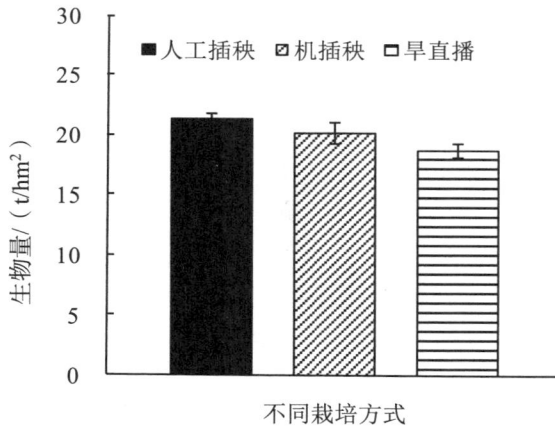

图 4-6　不同栽培方式对 2016 年水稻生物量的影响

4.5.3 产量及其构成

4.5.3.1 产量变化

由图 4-7 可知，2015 年旱直播处理的产量较人工插秧处理降低 6.0%，且差异未达到显著水平。

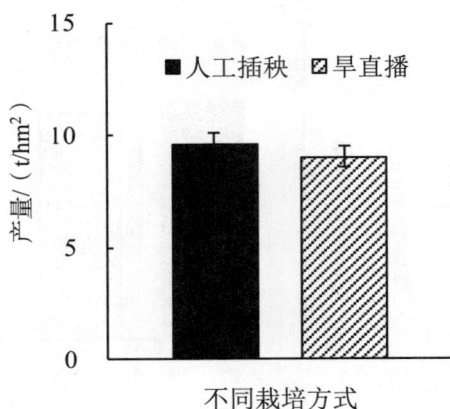

图 4-7　不同栽培方式对 2015 年水稻产量的影响

2016 年不同栽培方式下的水稻产量如图 4-8 所示。从试验结果分析可知，旱直播处理的产量较人工插秧和机插秧处理分别下降 5.5% 和 5.9%，且差异均未达显著水平。

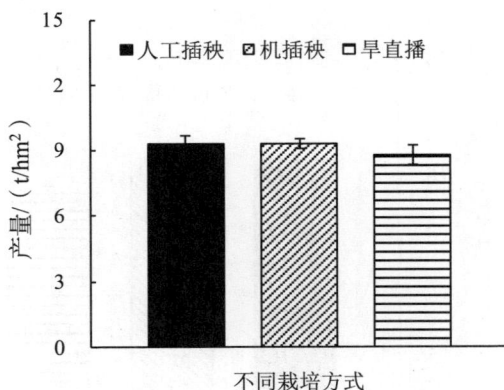

图 4-8　不同栽培方式对 2016 年水稻产量的影响

4.5.3.2 产量构成

表 4-3 呈现的是 2015—2016 年不同栽培方式对水稻产量构成的影响。对于 2015 年试验，与人工插秧相比，旱直播的有效穗数和结实率分别显著降低 17.8% 和 5.3%，但每穗粒数和千粒重分别增加 11.4% 和 7.3%，且千粒重的差异达到显著水平。对于 2016 年试验，旱直播较人工插秧和机插秧的有效穗数分别降低 8.1% 和 7.3%，每穗粒数分别降低 5.8% 和 7.1%，且所有差异均不显著。3 种栽培方式的结实率大小顺序为：人工插秧>旱直播>机插

秧，且旱直播较机插秧的结实率提高 3.0%，差异达到显著水平。旱直播较人工插秧和机插秧的千粒重分别显著增加 5.0% 和 10.6%，且人工插秧和机插秧的千粒重差异也达到显著水平。通过两年数据发现，人工插秧较旱直播有效穗数和结实率增加，而千粒重下降。

表 4-3　不同栽培方式对水稻产量构成的影响

年份	栽培方式	有效穗数/ （10⁴/hm²）	每穗粒数	结实率/%	千粒重/g
2015	人工插秧	454.64 ± 26.97a	88.92 ± 5.21a	96.99 ± 0.33a	26.21 ± 0.03b
	旱直播	373.76 ± 13.36b	99.08 ± 2.11a	91.81 ± 0.75b	28.12 ± 0.11a
2016	人工插秧	421.27 ± 11.94a	99.42 ± 2.02a	96.81 ± 0.97a	24.95 ± 0.06b
	机插秧	418.29 ± 11.84a	100.61 ± 2.94a	92.97 ± 0.68b	23.47 ± 0.03c
	旱直播	389.64 ± 20.09a	93.92 ± 2.22a	95.87 ± 0.63a	26.26 ± 0.02a

4.5.4　单位产量的全球增温潜势

从表 4-4 可知，2015 年旱直播的单位产量全球增温潜势较人工插秧显著降低 45.5%。2016 年旱直播的单位产量全球增温潜势较人工插秧降低 22.5%，而与机插秧的单位产量全球增温潜势保持一致。

表 4-4　不同栽培方式单位产量全球增温潜势的变化

年份	栽培方式	单位产量全球增温潜势/ （kg CO₂-eq/kg）
2015	人工插秧	0.22 ± 0.02a
	旱直播	0.12 ± 0.01b
2016	人工插秧	0.40 ± 0.05a
	机插秧	0.31 ± 0.04a
	旱直播	0.31 ± 0.03a

4.6　讨论与小结

CH_4 的温室效应贡献率达 26%，主要来源于厌氧环境的生物工程，在稻田中在缺氧环境下由产甲烷菌或生物体腐败产生。产甲烷菌（*Methanogenus*），是专性厌氧菌，属于古菌域，广域古菌界，宽广古生菌门，自养型或混合营养型，生长缓慢，在人工培养条件下需经过十几天甚至几十天才能长出菌落。产甲烷菌体内有辅酶 M、辅酶 F420、辅酶 F842、辅酶 B、辅酶 THSPt 等辅因子，这些辅因子都是其他原核生物或真核生物中不存在的，它们决定了代谢途径中 CH_4 生成的关键步骤。减少稻田 CH_4 的排放，是在保证水稻产量的前提下，改变产甲烷菌的生存环境，抑制其活性。

直播稻在很大程度上可以节省水资源，改变根系分泌或残体的组成和总量来影响土壤结构，增强土壤的通气性，改变产甲烷菌的极端厌氧环境，能显著降低稻田 CH_4 的排放。同时，直播稻可以减少大量的劳动力资源，为其在全球范围内广泛的发展应用创造了有利条件。美国、澳大利亚和欧洲诸国在 20 世纪 70 年代以后几乎全部实行机械化直播种稻。亚洲作为水稻主产区，直播稻面积已达到 2 900 万 hm^2，约占亚洲水稻总面积的 21%（傅志强和黄璜，2008）。中国工程院院士、华南农业大学罗锡文教授在 2016 年水稻机械化直播技术研讨会上指出，目前我国估计有超过 30% 的水稻种植面积采用直播。黑龙江省作为我国水稻的主产区，2017 年水稻直播面积占全省水稻种植面积的 8% ~ 10%（张喜娟 等，2018年）。本研究结果发现，旱直播的 CH_4 排放通量和排放量均显著低于人工插秧，CH_4 排放通量和排放量均明显低于机插秧。宋帆（2019）也得出相同的结果，发现 SN9903 和 BJ3 两个品种在移栽处理下 CH_4 累积排放量均显著高于旱直播处理。CH_4 排放与根系活力、根系吸收能力呈显著正相关；根系活力对移栽稻全生育期 CH_4 排放影响较大，相关性显著，但直播稻并不显著；直播稻全生育期的 CH_4 排放通量与根系吸收能力呈显著正相关，而移栽稻在生长中后期受根系吸收能力的影响较大（傅志强和黄璜，2008）。

N_2O 是《京都议定书》规定的 6 种温室气体之一，是大气中一种含量十分低的痕量温室气体，滞留时间较长，已成为全球生态环境科学研究的热点，其单分子增温潜势是 CO_2 的 298 倍（IPCC，2007），对全球变暖的贡献占全部温室气体总贡献的 5% ~ 10%（谢建治等，1999），每年以 0.2% ~ 0.3% 的速度增长（叶欣 等，2005）。N_2O 的环境效应有两方面，一是破坏臭氧层，引起臭氧空洞，使太阳紫外辐射增强，引起人类和其他生物眼睛、皮肤等的伤害，并损害免疫系统；二是大气中的 N_2O 吸收地表的长波热辐射，产生温室效应。陆地生态系统土壤排放的 N_2O 占大气中 N_2O 的 60% ~ 80%（IPCC，2007；王丽芹 等，2015）。我国是水稻生产大国，水稻种植面积达 4.5 亿亩，占世界稻田面积的 27%，占我国粮食作物耕地面积的 34%，因此，稻田系统减排潜力巨大。在土壤中，N_2O 是由硝化、反硝化微生物产生的，土壤 pH 是影响土壤硝化和反硝化的重要因子。过量氮肥促进微生物活动，通过硝化、反硝化过程使氮素转化为 N_2O。农田生态系统 N_2O 排放量取决于农作物自身的生理特征以及土壤的氧化还原特性。改变土壤的物理、化学和生物学结构，可以调控 N_2O 的排放。本研究发现，旱直播的 N_2O 排放通量和排放量均高于人工插秧和机插秧，但是综合全球增温潜势均低于人工插秧和机插秧，主要是由于旱直播的 CH_4 排放量低。本研究还发现，旱直播的单位产量全球增温潜势低于人工插秧，这是由综合全球增温潜势和产量共同决定的，而且在旱直播下的产量也低于人工插秧，但差异不显著。另有研究发现，SN9903 品种的 N_2O 生育期累积排放量旱直播显著高于移栽，BJ3 品种在旱直播和移栽处理下 N_2O 生育期累积排放量没有差异（宋帆，2019），可见，旱直播对不同品种 N_2O 排放量的影响不同。

主要参考文献

[1] 彭世彰，李道西，徐俊增，等. 节水灌溉模式对稻田 CH_4 排放规律的影响[J]. 环境科学，2007，28（1）：9–13.

[2] KREYE C，DITTERT K，ZHENG X H，et al. Fluxes of methane and nitrous oxide in water-saving rice production in north China[J]. Nutrient cycling agroecosystems，2007，77（3）：293–304.

[3] 孙彦坤，曹印龙，付强，等. 寒地井灌稻区节水灌溉条件下土壤温度变化及水稻产量效应[J]. 灌溉排水学报，2008，27（6）：67–70.

[4] 杨士红，彭世彰，徐俊增. 控制灌溉稻田部分土壤环境因子变化规律[J]. 节水灌溉，2008，12：1–4，8.

[5] 曹凑贵，李成芳，展茗，等. 低碳稻作理论与实践[M]. 北京：科学出版社，2014.

[6] 孙如银，吴文革，陈刚，等. 不同育秧方式对机插中籼水稻秧苗素质和产量性状的影响[J]. 安徽农业科学，2014，42（4）：1024–1026.

[7] 陈小荣，潘晓华. 两系杂交水稻抛秧栽培的根系特征[J]. 杂交水稻，2000，15（增刊）：44–45.

[8] 吴朝晖,周建群,青先国,等. 水稻根系研究的现状及展望[J]. 湖南农业科学,2008（6）: 21-24.

[9] 伍丹丹,谢小兵,陈佳娜,等. 种植方式对水稻生长发育和产量的影响[J]. 作物研究, 2014，28（1）：92-96.

[10] 王端飞,耿春苗,李刚华,等. 栽培方式对宁粳 3 号产量形成的影响[J]. 南京农业大学学报，2011，34（6）：1-6.

[11] 李香兰,徐华,曹金柳,等. 水分管理对水稻生长期 CH_4 排放的影响[J]. 土壤,2007, 39（2）：238-242.

[12] 李香兰. 稻田 CH_4 和 N_2O 排放消长关系及其减排措施[J]. 农业环境科学学报,2008, 27（6）：2123-2130.

[13] 傅志强,黄璜. 种植方式对水稻 CH_4 排放的影响[J]. 农业环境科学学报,2008,27（6）: 2513-2517.

[14] 张喜娟,来永才,曾山,等. 寒地水稻直播栽培机理与技术[M]. 北京：中国农业出版社，2018.

[15] 宋帆. 北方旱直播粳稻品种筛选及对其温室气体减排研究[D]. 沈阳：沈阳农业大学, 2019.

[16] SUSAN S, DAHE Q, MARTIN M, et al. Climate change 2007: the physical science basis. [M]. Cambridge：Cambridge University Press，2007.

[17] 谢建治,尹君,王殿武,等. 田间土壤反硝化作用动态初探[J]. 农业环境保护，1999, 18（6）：272-274.

[18] 叶欣,李俊,王迎红,等. 华北平原典型农田土壤氧化亚氮的排放特征[J]. 农业环境科学学报，2005，24（6）：1186-1191.

[19] 王丽芹,齐玉春,董云社,等. 冻融作用对陆地生态系统氮循环关键过程的影响效应及其机制[J]. 应用生态学报，2015，26（11）：3532-3544.

5 寒地稻田水肥管理与温室气体排放

全球变暖是人类社会面临的最重要的环境问题之一，CH_4 和 N_2O 是影响区域与全球变暖和气候变化的两种重要的温室气体。全球变暖不仅加剧区域气候变化，而且还严重影响全球生态、区域经济发展和人类的生存环境。水稻是世界三大粮食作物之一，占粮食作物面积的 1/3。我国是水稻生产大国，水稻种植面积达 4.5 亿亩，占世界稻田面积的 27%，占我国粮食作物耕地面积的 34%，黑龙江省松嫩、三江两大平原属于我国重要的商品粮生产基地，稻米是我国重要的口粮，水稻生产力的高低对于确保我国粮食安全起到至关重要的作用。此外，在保证水稻生产力的同时，稻田生态系统 CH_4 和 N_2O 的排放也备受关注。研究表明，肥料施用和水分管理方式对稻田 CH_4 和 N_2O 排放具有非常重要的影响。本章将主要从水、肥管理模式对寒地稻田温室气体排放、水稻生物量的积累、产量及其构成以及根系形态特征的影响结果来探讨水肥与稻田温室气体排放及产量形成的关系，阐明水稻丰产高效与稻田温室气体减排的调控理论与技术，为提高我国寒地水稻生产力及稻田节能减排的综合调控和应对策略提供科学依据和技术支撑。

5.1 材料与方法

试验在哈尔滨市道外区民主乡黑龙江省农业科学院国家级现代农业示范区（45°49′ N，126°48′ E，海拔 117 m）试验田进行，该区域属东北单季稻稻作区，为温带大陆性季风气候。年平均日照时数为 2 668.9 h，无霜期平均 131~146 d，年降水量 508~583 mm，≥10 ℃有效积温 2 600~2 700 ℃·d。供试小区土壤为黑钙土，土壤主要理化性质为全氮 2.1 g/kg、全磷 1.5 g/kg、全钾 18.0 g/kg、碱解氮 111.8 mg/kg、有效磷 25.6 mg/kg、速效钾 145.3 mg/kg、土壤有机质 31.5 g/kg 和 pH 8.3。

试验于 2012—2013 年进行，在田间条件下采用裂区设计，主处理为长期淹水（记为 W0，自水稻移栽后田间始终保持一定深度的水层，直到收获前一周落干）和间歇灌溉（记为 W1，淹水–烤田–淹水–干湿交替灌溉，直到收获前一周落干）2 个水平，副处理为氮肥施用，施尿素（养分含量 46%）折合成纯氮分别为 0 kg/hm²（记为 N0，常规对照）、75 kg/hm²（记为 N1，高产施氮量的 1/2 倍）、150 kg/hm²（记为 N2，高产施氮量）和 225 kg/hm²（记为 N3，高产施氮量的 3/2 倍）4 个水平。试验进行中，将采用自动温度记录仪全生育期监测作物冠层气温和土壤（地下 5 cm）温度，同时记录水稻全生育期的降雨情况。在 2012 年，水稻全生育期的降雨量为 429.5 mm，冠层和土壤温度分别为 21.8 ℃和 20.8 ℃（图 5-1）；在 2013 年，水稻全生育期的降雨量为 347.7 mm，冠层和土壤温度分别为 22.5 ℃和 21.2 ℃（图 5-2）。

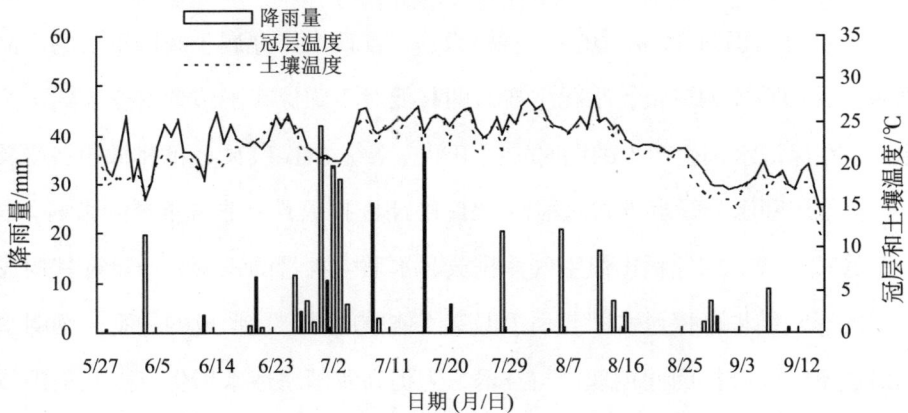

图 5-1　2012 年不同水肥管理全生育期的降量雨以及冠层和土壤温度

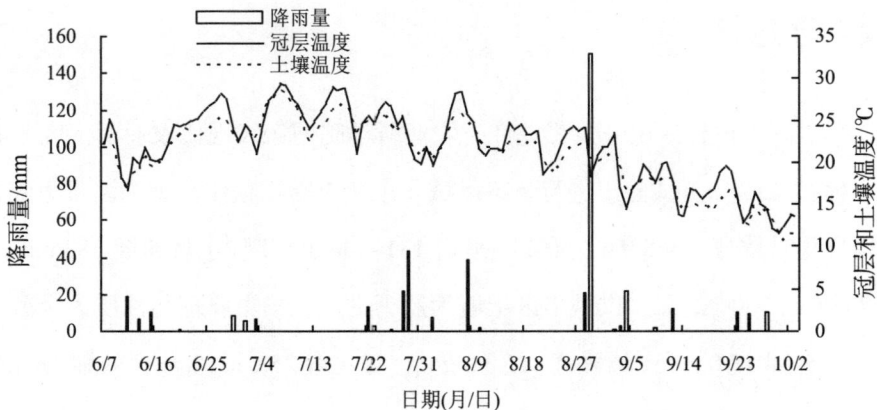

图 5-2　2013 年不同水肥管理全生育期的降雨量以及冠层和土壤温度

田间小区试验共计 8 个处理，3 次重复，24 个小区，小区面积 150 m²，小区间用田埂（宽 40 cm）隔开并用塑料薄膜包裹，以防止串水串肥，整个生育期的灌水方式采用单排单灌。供试水稻品种为龙稻 5 号，2012 年于 6 月 5 日插秧，2013 年于 5 月 25 日插秧，每穴栽插 3 株，株行距为 30.0 cm×13.3 cm，各小区的纯氮肥以基肥：分蘖肥：穗肥=5：3：2 施入，P_2O_5（70 kg/hm²）和 K_2O（50 kg/hm²）作基肥一次性施用。

5.2 CH₄ 排放特征

稻田季节性 CH_4 排放通量存在一定的规律，在分蘖盛期和拔节孕穗期出现两个峰值，其他生育时期排放较少（图 5-3 和图 5-4）。两年的试验结果表明，除 N3 处理外，间歇灌溉处理在相同氮肥处理下的平均 CH_4 排放通量均低于长期淹水条件，降幅在 12.0%～27.2%，且 N2 处理的降幅最大。对于不同氮肥而言，N1 处理下，CH_4 排放通量平均显著增加了 55.6%，而 N2 和 N3 水平下，平均分别显著降低 22.3% 和 22.6%。

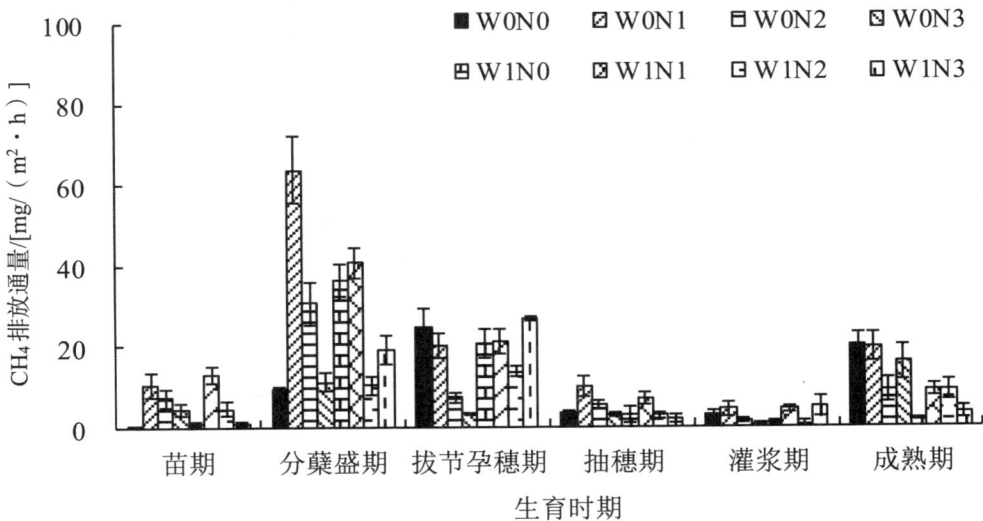

图 5-3　不同水肥管理对 2012 年稻田 CH_4 排放通量的影响

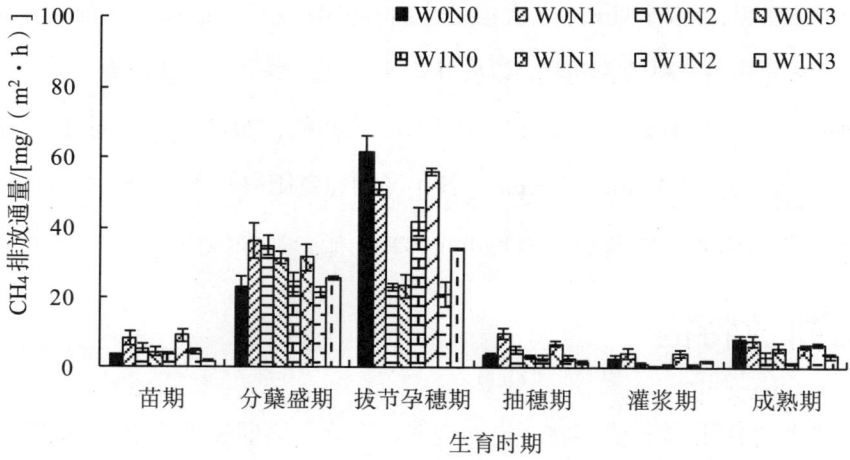

图 5-4　不同水肥管理对 2013 年稻田 CH_4 排放通量的影响

5.3 N_2O 排放特征

不同水肥管理对稻田 N_2O 排放通量的影响如图 5-5 和图 5-6 所示。除分蘗盛期和抽穗期出现两个峰值外，其他生育期均呈现"锯齿状"。两种水分处理的 N_2O 排放通量无明显差异。从整个生育期来讲，氮肥处理对稻田 N_2O 排放通量有促进作用，且 N1、N2 和 N3 处理的 N_2O 平均排放通量较 N0 处理分别高 25.9%、88.2%和 92.4%。

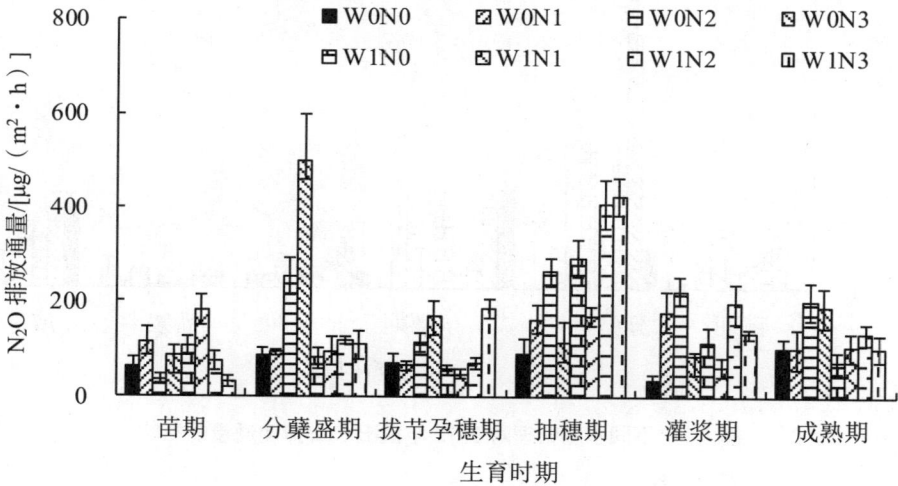

图 5-5　不同水肥管理对 2012 年稻田 N_2O 排放通量的影响

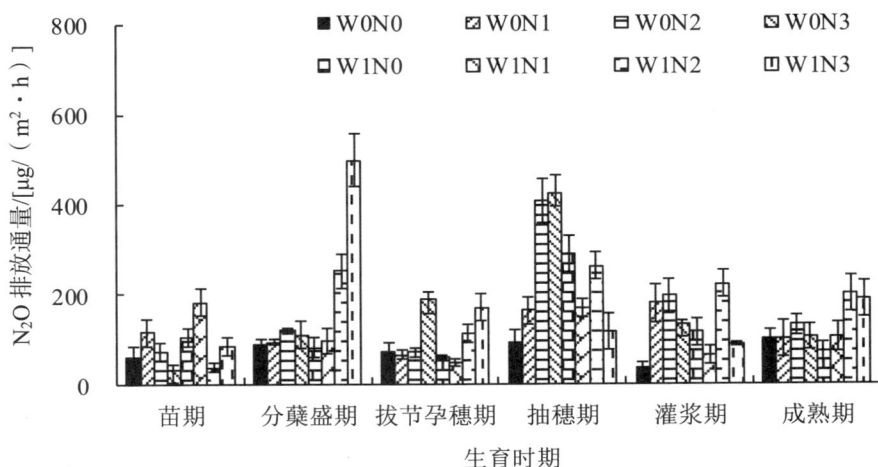

图 5-6　不同水肥管理对 2013 年稻田 N_2O 排放通量的影响

5.4 综合温室效应

表 5-1 为不同水肥管理条件下 CH_4 和 N_2O 的季节排放量以及综合全球增温潜势的变化。在 N0、N1、N2 和 N3 条件下，间歇灌溉处理的 CH_4 季节排放量比淹水灌溉平均分别低 10.5%、10.8%、10.6%和 1.6%。间歇灌溉对其他氮肥水平下 N_2O 季节排放量均有所提高，变化幅度为 5.8%～89.3%。试验中，在 N0、N1、N2 和 N3 条件下，间歇灌溉处理的综合全球增温潜势较淹水灌溉平均分别低 3.4%、9.8%、7.7%和 0.5%。

从不同施氮量来看，与 N0 水平比较，N1 水平的 CH_4 季节排放量和综合全球增温潜势平均分别增加 64.5%和 58.7%，N2 和 N3 水平的 CH_4 季节排放量平均分别下降 24.0%和 17.5%，综合全球增温潜势平均分别下降 14.3%和 10.0%，N2 水平下降幅度更大。N1、N2 和 N3 处理的 N_2O 季节排放量较 N0 处理平均分别显著增加 24.1%、89.5%和 78.0%。

表 5-1　不同水肥管理对水稻生长季 CH_4 和 N_2O 的排放及综合全球增温潜势的影响

年份	处理	季节性 CH_4 排放量/（kg/hm²）	季节性 N_2O 排放量/（kg/hm²）	综合全球增温潜势/（kgCO₂-eq/hm²）
2012	W0N0	211.8 ± 20.8c	1.69 ± 0.04e	5 797.6 ± 531.6c
	W0N1	475.1 ± 25.2a	2.67 ± 0.07d	12 673.1 ± 624.7a
	W0N2	174.6 ± 31.4c	4.34 ± 0.17a	5 658.7 ± 777.5c
	W0N3	192.2 ± 25.3c	3.87 ± 0.12b	5 958.5 ± 601.1c

续表

年份	处理	季节性 CH_4 排放量/ （kg/hm²）	季节性 N_2O 排放量/ （kg/hm²）	综合全球增温潜势/ （kgCO$_2$-eq/hm²）
2012	W1N0	226.6 ± 7.7c	3.70 ± 0.11b	6 768.4 ± 187.6c
	W1N1	382.7 ± 7.3b	3.16 ± 0.11c	10 507.8 ± 183.2b
	W1N2	170.0 ± 6.2c	4.53 ± 0.13a	5 599.1 ± 153.2c
	W1N3	185.5 ± 12.7c	3.74 ± 0.14b	5 751.7 ± 322.8 c
2013	W0N0	463.2 ± 29.9a	2.03 ± 0.08d	12 185.1 ± 771.2a
	W0N1	520.3 ± 39.8a	3.24 ± 0.10c	13 972.3 ± 1 025.5a
	W0N2	319.1 ± 26.3b	4.54 ± 0.10b	9 331.4 ± 686.8b
	W0N3	305.0 ± 25.6b	4.50 ± 0.09b	8 967.4 ± 668.2b
	W1N0	333.9 ± 24.9b	3.24 ± 0.09c	9 310.9 ± 649.3b
	W1N1	508.6 ± 24.6a	3.02 ± 0.09c	13 613.3 ± 643.5a
	W1N2	259.7 ± 23.9b	5.03 ± 0.11a	7 990.1 ± 631.0b
	W1N3	306.0 ± 8.5b	5.19 ± 0.13a	9 196.1 ± 251.4b

5.5 产量形成及单位产量的全球增温潜势

5.5.1 生物量的变化

由图 5-7 可见，在不同生育时期，间歇灌溉处理的地上生物量平均大于长期淹水处理；与对照相比，其他氮肥处理的地上生物量均显著提高，且 N2 处理的提高幅度最大。在分蘖期和拔节期，两种水分处理的地上生物量差异均不太明显，而氮肥处理下的地上生物量均显著高于对照。在抽穗期，间歇灌溉的地上生物量较长期淹水在 N0、N1、N2 和 N3 水平下平均分别提高 18.0%、6.3%、7.4%和 10.4%；相对于 N0，N1、N2 和 N3 处理的地上生物量平均分别显著增加 42.3%、120.4%和 87.5%。在成熟期，间歇灌溉的地上生物量较长期淹水均有所提高；与 N0 比较，N1、N2 和 N3 处理的地上生物量平均分别显著增加 55.1%、110.0%和 94.0%。

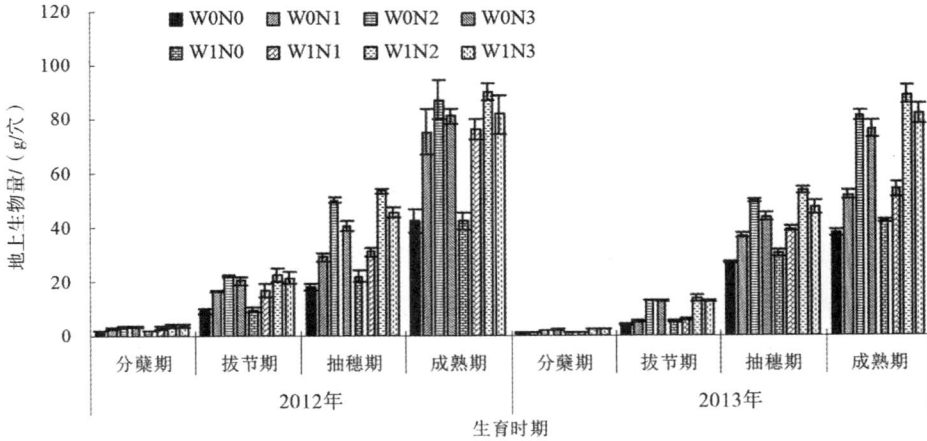

图 5-7　不同水肥管理对水稻地上部生物量的影响

5.5.2 产量及其构成

5.5.2.1 产量变化

图 5-8 为不同水肥管理对水稻产量的影响，从中可以发现，间歇灌溉处理的产量平均高于长期淹水处理，增幅范围为 2.2%~6.3%；N1、N2 和 N3 处理的产量较对照分别显著提高 74.3%、102.7%和 94.7%，且 N2 处理的提高幅度最大。

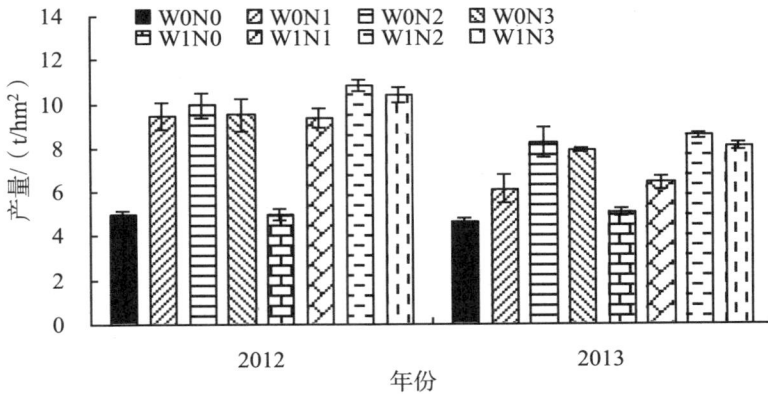

图 5-8　不同水肥管理对水稻产量的影响

5.5.2.2 产量构成

表 5-2 为不同水肥管理对水稻产量构成的影响。由表可见，在相同施氮量条件下，间

歇灌溉处理的单位面积有效穗数比淹水灌溉平均高 2.0%～9.3%。在 2012 年，水分处理之间的每穗粒数没有显著差异，而在 2013 年，间歇灌溉处理的每穗粒数较淹水灌溉多 0.9%～10.4%，其中 N2 和 N3 处理下的差异达显著水平，且 N2 处理的差异最大。不同水分条件下的结实率、千粒重和收获指数均没有显著差异。

不同施氮量对提高水稻单位面积有效穗数的作用均达到显著水平，N1、N2 和 N3 处理较 N0 处理的单位面积有效穗数两年平均分别提高 35.9%、75.1% 和 61.4%。不同氮肥处理的每穗粒数均有所提高，其中 2012 年各处理的差异均显著，2013 年长期淹水条件下的 N3 处理和间歇灌溉条件下的 N2 和 N3 处理的差异均显著。在 2012 年，各氮肥处理的结实率呈下降趋势，而 2013 年则正好相反，且显著提高，增幅达 0.6%～1.3%。不同氮肥处理的千粒重均显著下降，降幅平均达 3.8%～6.8%。同时，不同氮肥处理的收获指数呈下降的趋势。

表 5-2　不同水肥管理对水稻产量构成的影响

年份	处理	有效穗数/ （10^4/hm^2）	每穗粒数	结实率/%	千粒重/g	收获指数/%
2012	W0N0	282.76 ± 17.82d	78.14 ± 2.80b	95.81 ± 0.27a	25.57 ± 0.06a	52.87 ± 5.20a
	W0N1	442.13 ± 12.63c	106.72 ± 3.74a	94.78 ± 1.20a	23.98 ± 0.14b	50.75 ± 5.87a
	W0N2	545.71 ± 39.25ab	113.86 ± 5.90a	91.51 ± 2.42a	23.07 ± 0.38b	42.80 ± 2.30a
	W0N3	491.82 ± 16.07bc	108.18 ± 9.54a	92.77 ± 2.13a	23.12 ± 0.49b	46.61 ± 3.74a
	W1N0	318.33 ± 3.03d	73.48 ± 3.16b	95.18 ± 0.36a	25.82 ± 0.35a	49.16 ± 3.92a
	W1N1	451.60 ± 3.16c	107.11 ± 0.69a	94.59 ± 0.83a	23.92 ± 0.08b	49.20 ± 4.45a
	W1N2	576.03 ± 8.75a	114.10 ± 5.74a	91.50 ± 2.25a	23.34 ± 0.55b	45.81 ± 3.56a
	W1N3	510.34 ± 32.49b	104.85 ± 1.51a	92.35 ± 1.58a	23.53 ± 0.39b	46.66 ± 1.65a
2013	W0N0	235.5 ± 4.87c	85.05 ± 0.87c	95.45 ± 0.16c	27.37 ± 0.03a	48.44 ± 2.99a
	W0N1	294.75 ± 17.53b	86.56 ± 0.81bc	95.65 ± 0.28bc	27.07 ± 0.28a	46.56 ± 4.75abc
	W0N2	390.20 ± 14.85a	88.67 ± 1.65bc	96.25 ± 0.25ab	26.33 ± 0.15b	40.12 ± 3.17abc
	W0N3	376.16 ± 2.81a	90.95 ± 1.64b	96.64 ± 0.33a	26.10 ± 0.12b	41.24 ± 1.94abc
	W1N0	249.84 ± 2.81c	86.45 ± 0.98bc	95.47 ± 0.23c	27.13 ± 0.03a	47.48 ± 1.02ab
	W1N1	300.37 ± 20.24b	87.31 ± 1.60bc	96.34 ± 0.14a	26.97 ± 0.09a	46.85 ± 1.14abc
	W1N2	401.42 ± 12.24a	97.90 ± 1.82a	96.78 ± 0.11a	26.00 ± 0.12b	38.18 ± 1.66c
	W1N3	378.97 ± 7.29a	96.04 ± 2.33a	96.85 ± 0.09a	26.00 ± 0.06b	39.14 ± 1.02bc

5.5.3 单位产量的全球增温潜势

表 5-3 为不同水肥管理条件下单位产量全球增温潜势的变化。试验中，在 N0、N1、N2 和 N3 条件下，间歇灌溉处理的单位产量全球增温潜势较淹水灌溉平均分别低 6.0%、16.1%、11.5%和 1.1%。

从不同施氮量来看，N1、N2 和 N3 处理的单位产量全球增温潜势较 N0 处理平均分别下降 1.8%、54.4%和 48.5%，N2 处理下降的幅度最大。

表 5-3　不同水肥管理对水稻单位产量全球增温潜势的影响

年份	处理	单位产量全球增温潜势/ （kg CO_2-eq/kg）
2012	W0N0	1.16 ± 0.08ab
	W0N1	1.35 ± 0.15a
	W0N2	0.57 ± 0.08c
	W0N3	0.64 ± 0.09c
	W1N0	1.37 ± 0.11a
	W1N1	1.01 ± 0.04b
	W1N2	0.54 ± 0.01c
	W1N3	0.62 ± 0.06c
2013	W0N0	2.62 ± 0.15a
	W0N1	2.28 ± 0.04ab
	W0N2	1.13 ± 0.03c
	W0N3	1.13 ± 0.13c
	W1N0	1.83 ± 0.09b
	W1N1	2.12 ± 0.05b
	W1N2	0.93 ± 0.12c
	W1N3	1.14 ± 0.04c

5.6 根系形态特征

如表 5-4 所示，在所有的氮肥水平下，水稻拔节孕穗期采取间歇灌溉处理的根长、根表面积和根直径均高于淹水灌溉，且 N2 和 N3 处理下的根表面积和根直径均达到显著水平。几种氮肥处理下间歇灌溉的根体积和根干重较淹水灌溉的分别高 2.2%～13.5%和10.2%～25.6%，且 N1 处理的根体积和根干重均达到显著差异。N0、N1 和 N2 处理下间歇灌溉的根长密度低于淹水灌溉，而 N3 处理则相反，所有差异均未达显著水平。

N1、N2 和 N3 这 3 种处理均与 N0 处理间的根系形态指标达到显著差异。根长、根表面积、根直径、根体积和根干重均显著增加，且 N2 处理的增幅最大，以上各指标增幅依次分别为 43.2%、93.6%、126.7%、104.1%和143.6%；与 N0 处理相比，N1、N2 和 N3 处理的根长密度分别下降 9.1%、30.2%和 29.9%。

表 5-4　不同水肥管理对水稻根系形态特征的影响

处理	根长/cm	根表面积/cm²	平均直径/mm	单位体积根长/（cm/m³）	根体积/cm³	根干重/（g/穴）
W0N0	2 275.4 ± 125.2c	425.9 ± 21.3e	0.57 ± 0.02e	308.6 ± 27.9a	7.42 ± 0.27e	0.46 ± 0.06e
W0N1	2 608.5 ± 71.6b	521.8 ± 19.5d	0.68 ± 0.04de	284.9 ± 18.9a	9.21 ± 0.38d	0.69 ± 0.06d
W0N2	3 234.6 ± 106.9a	792.6 ± 15.5bc	1.30 ± 0.13b	209.4 ± 11.5b	15.49 ± 0.55a	1.14 ± 0.06ab
W0N3	3 012.0 ± 50.3a	764.9 ± 30.8c	1.10 ± 0.08c	202.3 ± 4.1b	14.89 ± 0.10b	1.05 ± 0.08b
W1N0	2 301.0 ± 110.9c	428.0 ± 15.6e	0.67 ± 0.02de	288.2 ± 24.1a	8.03 ± 0.30e	0.53 ± 0.01e
W1N1	2 692.9 ± 80.6b	549.4 ± 24.2d	0.81 ± 0.01d	258.1 ± 10.1ab	10.45 ± 0.30c	0.87 ± 0.04c
W1N2	3 318.7 ± 108.6a	860.4 ± 8.5a	1.52 ± 0.05a	207.0 ± 4.1b	16.03 ± 0.26a	1.27 ± 0.04a
W1N3	3 276.2 ± 87.5a	839.1 ± 16.9ab	1.33 ± 0.06b	215.3 ± 4.3b	15.22 ± 0.17ab	1.16 ± 0.03ab

5.7 讨论与小结

本研究发现，间歇灌溉的水稻产量高于同样氮肥处理的长期淹水，从不同的施氮水平来看，随着施氮量的增加，产量先增加后下降，在 N2（150 kg/hm²）处理的水稻产量达最高。因此，推荐该积温带广泛采用 W1N2（间歇灌溉、施氮量为 150 kg/hm²）的田间管理措施，可以显著提高该区域的水稻产量。成熟期地上生物量的积累对于籽粒产量的形成具有非常大的贡献。我们的研究也表明，间歇灌溉比长期淹水有更多的地上生物量，不同的施氮水平与地上部生物量之间的关系与其对产量的影响规律相一致，也表现为 N2（150 kg/hm²）处理的水稻地上生物量最大。此外，间歇灌溉比长期淹水有更多的单位面积有效穗数、穗粒数，这是间歇灌溉形成增产的主要原因，不同的施氮水平有更多的单位面积有效穗数和穗粒数是导致水稻不同程度增产的重要因素。

稻田系统是 CH_4 最重要的排放源之一，约占 CH_4 总排放量的 17%左右（Wuebbles 和 Hayhoe，2002）在全球温室气体的估算中具有重要的作用。稻田土壤 CH_4 的排放是土壤中 CH_4 产生、氧化和向大气传输 3 个过程共同作用的综合结果（马静 等，2010）。我国大多数稻作区由传统的长期淹水转变为前期淹水、中期晒田与后期干湿交替的方式（Zou 等，2009）。灌溉通过显著改变土壤通气状况、土壤水分状况以及促进水稻根系植株的生长等，对 CH_4 的排放会产生直接或间接的影响（李道西，2010）。在厌氧条件下，比如水稻生长在长期淹水条件下会产生大量的 CH_4 气体（Mosier 等，1998；Sass 等，1999）。我们研究发现，间歇灌溉下的 CH_4 排放通量低于淹水灌溉。此外，水稻生长期排水和烤田可以改善土壤的供氧状况，因此会降低稻田 CH_4 的排放量，长期淹水灌溉的稻田 CH_4 排放量明显高于间歇灌溉的稻田 CH_4 排放量也是这个原因。还有研究显示（Cai，1997；Mishra 等，1997；Zou 等，2005），中期烤田能有效减缓稻田 CH_4 的排放，通常能减少35%~70%。另有研究发现，与间歇灌溉相比，稻田持续淹水显著增加 CH_4 的排放而降低 N_2O 的排放（卢维盛 等，1997；Zheng 等，2000；Zou 等，2007）。袁伟玲等（2008）的研究也表明，稻田间歇灌溉的 CH_4 排放通量明显低于长期淹灌，而 N_2O 累积排放量则正好相反，并且能有效地抑制温室气体排放和显著降低 CH_4 和 N_2O 的温室效应。还有研究表明，控制灌溉能显著降低 CH_4 和 N_2O 综合排放的全球增温潜势（彭世彰 等，2007；彭世彰 等，2010）。但也有一些研究认为，排水晒田不会增加稻田 N_2O 的排放（Yagi 等，1996）。另外，N_2O 的产生主要是通过土壤和肥料中微生物的硝化和反硝化作用过（程廖松婷 等，2014）。水分通过影响土壤和肥料中的微生物过程从而影响 N_2O 的产生和排放。通常情况，稻田土壤的 N_2O 排放主要集中在水分变化剧烈的干湿交替阶段。最新的模拟研究表明（卢静 等，2014），稻田落干开始后 4 h 时 N_2O 释放量就明显增加，在 24 h 时 N_2O 的释放量比淹水条件增加了 5 倍多。本研究也发现，间歇灌溉下 N2 和 N3 处理在抽穗期 N_2O 排放通量增加明显。

我国稻田 N_2O 的排放量为 $356×10^8$ g，约占农田总排放量的 9%，而化肥消耗量的增加是我国农田 N_2O 排放量增加的一个主要因素（邢光熹 等，2000）。N_2O 的产生是硝化、反硝化作用的中间产物（李香兰 等，2008）。此外，氮肥是作物高产的重要条件，但过量施用氮肥是目前我国稻田生产的主要特征（廖西元 等，2007；张福锁 等，2008）。过量氮肥的施用不仅降低氮肥的利用效率、造成氮素损失、严重影响环境，而且还促进了土壤 N_2O 的排放，同时也不同程度地影响 CH_4 的产生、再氧化和向大气传输这 3 个过程，从而影响稻田 CH_4 的排放。已有研究发现，氮肥进入土壤后很快水解成 NH_4^+–N，但它对稻田 CH_4 排放量的影响随氮肥施用量的变化而变化，有的随氮肥施用量的增加而增加（Lindau 等，1991；Banik 等，1996；石英尧 等，2007），有的随氮肥施用量的增加而减少（Cai 等，1997；Li 等，1997；Zou 等，2005）。而 Ma 等（2007）的观测结果显示，在 N0、$200\,kg/hm^2$、$270\,kg/hm^2$ 三个尿素施用水平中，N 施用量为 $200\,kg/hm^2$ 时，稻田 CH_4 的排放量最低。正如本研究结果显示，N1 处理下 CH_4 排放通量增加，而 N2 和 N3 处理下，CH_4 排放通量均显著降低。此外，均衡氮肥管理既能增加水稻的氮肥利用效率、满足水稻的正常生长需求，还可降低 N_2O 的排放（Bouwman，2001）。无机氮肥施用量能显著影响稻田土壤 N_2O 的排放（Byrnes，1990；Erichnen，1990；Mosier 和 Schimel，1991）。在水稻生长的过程中，N_2O 的排放量随着尿素施用量的增加而升高（Xu，1997）。Li 等（2005）通过盆栽试验发现，在持续淹水和间歇灌溉条件下，N_2O 排放速率随着尿素施用量的增加而增加。Ma 等（2007）连续 3 年的田间试验也发现稻田 N_2O 排放量随尿素施用量的增加而增加。黄树辉 等（2005）试验表明，在水稻生长季的 5 个不同施氮处理下，N_2O 排放通量随施氮量的增加而有不同程度的升高。我们的研究也证实了这一点，随着施氮量的增加 N_2O 的排放量也增加。此外还有研究发现，CH_4 和 N_2O 的排放通量随着施氮量的增加而减少（鲁春霞 等，2002）。但也有报道显示（肖玉 等，2005；王毅勇 等，2008；Zou 等，2009），稻田氮肥用量增加可以降低土壤 CH_4 排放，但却增加了 N_2O 的排放。

根系形态指标对水稻产量和稻田土壤中 CH_4 和 N_2O 排放具有非常重要的影响。我们的研究表明，水稻拔节孕穗期间歇灌溉处理的根长、根表面积、根直径、根体积和根干重均高于淹水灌溉，说明间歇灌溉的水稻具有较发达的根系特征，将有利于土壤养分的吸收和利用，并供应于地上部的植株，有利于作物形成更高的产量。我们的研究还发现，3 种不同施氮水平下的作物根长、根表面积、根直径、根体积和根干重均显著增加，且 N2 处理的增幅最大，也将对作物的高产奠定坚实的基础。同时结果还显示，间歇灌溉的 CH_4 排放低于长期淹水，不同氮肥处理中 N2 处理的 CH_4 排放也较低。有研究发现（王丽丽 等，2013），超级稻宁粳 1 号的 CH_4 排放总量比常规稻镇稻 11 低 35.22%，最关键的因素是由于宁粳 1 号有强大的根系。对不同类型超级稻品种的研究显示（闫晓君 等，2013），粳型超级稻的平均 CH_4 排放总量比籼型超级稻高 37.6%，籼型超级稻 CH_4 排放量低主要是由于其根系生物量显著高于粳型超级稻。可见，水稻较大的根系具有很强的氧化能力，而泌氧能力强使得根际氧化还原电位上升，抑制了 CH_4 的产生；与此同时，CH_4 氧化菌活力增强，促进 CH_4 的氧化，则使 CH_4 的排放量降低（曹云英 等，2000）。

综上所述，从已有的研究可以看出，水、肥是影响稻田 CH_4 和 N_2O 排放的两大驱动因子，有利于 CH_4 产生的土壤条件反而不利于 N_2O 的产生排放。因此，稻田 CH_4 和 N_2O 的排放是互为消长的关系。只有综合考虑 CH_4 和 N_2O 排放的消长关系，才能有效缓解稻田 CH_4 和 N_2O 排放引起的综合温室效应。

主要参考文献

[1] WUEBBLES D J，HAYHOE K. Atmospheric methane and global change[J]. Earth-science reviews，2002，57: 177–210.

[2] 马静，徐华，蔡祖聪. 施肥对稻田甲烷排放的影响[J]. 土壤，2010，42（2）：153–163.

[3] 李道西. 农田水管理下的稻田甲烷排放研究进展[J]. 灌溉排水学报，2010，29（1）：133–135.

[4] MOSIER A R，DUXBURY J M，FRENEY J R，et al. Mitigating agricultural emissions of methane[J]. Climatic change，1998，40: 39–80.

[5] SASS R L，FISHER F M，DING A，et al. Exchange of methane from rice fields: national，regional，and global budgets[J].Journal of geophysical research，1999，104（D21）: 26943–26952.

[6] CAI Z. A category for estimate of CH_4 emission from rice paddy fields in China[J]. Nutrient cycling in agroecosystems，1997，49: 171–179.

[7] MISHRA S, RATH A K, ADHYA T K, et al. Effect of continuous and alternate water regimes on methane efflux from rice under greenhouse conditions[J]. Biology and fertility of soils，1997，24: 399–405.

[8] ZOU J W, HUANG Y, JIANG J Y, et al. A 3–year field measurement of methane and nitrous oxide emissions from rice paddies in China: effects of water regime，crop residue，and fertilizer application[J]. Global biogeochemical cycles，2005，19: 1–9.

[9] 卢维盛，张建国，廖宗文. 广州地区晚稻田 CH_4 和 N_2O 的排放通量及其影响因素[J]. 应用生态学报，1997，8（3）: 275–278.

[10] ZHENG X，WANG M，WANG Y，et al. Impacts of soil moisture on nitrous oxide emission from croplands: a case study on rice-based agro-ecosystem in Southeast China[J]. Chemosphere global change science，2000，2: 207–224.

[11] ZOU J W，HUANG Y，ZHENG X H，et al. Quantifying direct N_2O emission in paddy fields during rice growing season in mainland China: dependence on water regime[J]. Atmospheric environment，2007，41: 8030–8042.

[12] 袁伟玲，曹凑贵，程建平，等. 间歇灌溉模式下稻田 CH_4 和 N_2O 排放及温室效应评估[J]. 中国农业科学，2008，41（12）: 4294–4300.

[13] 彭世彰，李道西，徐俊增，等. 节水灌溉模式对稻田 CH_4 排放规律的影响[J]. 环境科学，2007，28（1）: 9–13.

[14] 彭世彰，杨士红，徐俊增. 控制灌溉对稻田 CH_4 和 N_2O 综合排放及温室效应的影响[J]. 水科学进展，2010，21（2）: 235–240.

[15] YAGI K, TSURUTA H, KANDA K, et al. Effect of water management on methane emission from a Japanese rice paddy field: automated methane monitoring[J]. Global biogeochemical cycles，1996，10: 255–267.

[16] 廖松婷，王忠波，张忠学，等. 稻田温室气体排放研究综述[J]. 农机化研究，2014，10: 6–11.

[17] 卢静，刘金波，盛荣，等. 短期落干对水稻土反硝化微生物丰度和 N_2O 释放的影响[J].

应用生态学报，2014，25（10）：2879–2884.

[18] 邢光熹，颜晓元. 中国农田 N_2O 排放的分析估算与减缓对策[J]. 农村生态环境，2000，16（4）：1–6.

[19] 李香兰，徐华，蔡祖聪. 稻田 CH_4 和 N_2O 排放消长关系及其减排措施[J]. 农业环境科学学报，2008，27（6）：2123–2130.

[20] 廖西元，王志刚，方福平. 我国农民种植水稻技术调查[M]. 北京：中国农业出版社，2007.

[21] 张福锁，王激清，张卫峰，等. 中国主要粮食作物肥料利用率现状与提高途径[J]. 土壤学报，2008，45（5）：915–924.

[22] LINDAU C W，BOLLICH P K，DELAUNE R D，et al. Effect of urea fertilizer and environmental factors on CH_4 emissions from a Louisiana，USA rice field[J]. Plant and soil，1991，136（2）：195–203.

[23] BANIK A，SEN M，SEN S P. Effects of inorganic fertilizers and micronutrients on methane production from wetland rice （*Oryza sativa* L.）[J]. Biology and fertility of soils，1996，21（4）：319–322.

[24] 石英尧，石扬娟，申广勒，等. 氮肥施用量和节水灌溉对稻田甲烷排放量的影响[J]. 安徽农业科学，2007，35（2）：471–472.

[25] CAI Z C，XING G X，YAN X Y，et al. Methane and nitrous oxide emissions from rice paddy fields as affected by nitrogen fertilizers and water management[J]. Plant and soil，1997，196（1）：7–14.

[26] LI Y，LIN E D，RAO M J. The effect of agricultural practices on methane and nitrous oxide emissions from rice field and pot experiments[J]. Nutrient cycling in agroecosystems，1997，49：47–50.

[27] MA J，LI X，XU H，et al. Effects of nitrogen fertilizer and wheat straw application on CH_4 and N_2O emissions from a paddy rice field[J]. Australian journal of soil research，2007，45：359–367.

[28] BOUWMAN A F. Global estimates of gaseous emissions from agricultural land[R]. Italy：FAO，2011.

[29] BYRNES B H. Environmental effects of N fertilizer use an overview[J]. Fertilizer research，1990，26: 209–215.

[30] ERICHNEN M J. Nitrous oxide emissions from fertilized soil: summary of available data[J]. Journal of environmental quality，1990，19（4）: 272–280.

[31] MOSIER A R，SCHIMEL D S. Influence of agricultural nitrogen on atmospheric methane and nitrous oxide[J]. Chemistry and industry，1991，23: 874–877.

[32] XU H，XING G，CAI Z C，et al. Nitrous oxide emissions from there rice paddy fields in China[J]. Nutrient cycling in agroecosystems，1997，49: 23–28.

[33] LI Y，LIN E，RAO M. The effect of agricultural practices on methane and nitrous oxide emissions from rice field and pot experiment[J]. Nutrient cycling in agroecosystems，2005，49: 47–50.

[34] 黄树辉，蒋文伟，吕军，等. 氮肥和磷肥对稻田 N_2O 排放的影响[J]. 中国环境科学，2005，25（5）: 540–543.

[35] 鲁春霞，吕耀，谢高地，等. 稻田温室气体排放的时空差异性与精准施肥[J]. 资源科学，2002，24（6）: 86–90.

[36] 肖玉，谢高地，鲁春霞，等. 施肥对稻田生态系统气体调节功能及其价值的影响[J]. 植物生态学报，2005，29（4）: 577–583.

[37] 王毅勇，陈卫卫，赵志春，等. 三江平原寒地稻田 CH_4、N_2O 排放特征及排放量估算[J]. 农业工程学报，2008，24（10）: 170–176.

[38] ZOU J，HUANG Y，QIN Y，et al. Changes in fertilizer-induced direct N_2O emissions from paddy fields during rice-growing season in China between 1950s and 1990s[J]. Global change biology，2009，15: 229–242.

[39] 王丽丽，闫晓君，江瑜，等. 超级稻宁粳 1 号与常规粳稻 CH_4 排放特征的比较分析[J]. 中国水稻科学，2013，27（4）: 413–418.

[40] 闫晓君，王丽丽，江瑜，等. 长江三角洲主要超级稻 CH_4 排放特征及其与植株生长特性的关系[J]. 应用生态学报，2013，24（9）: 2518–2524.

[41] 曹云英，朱庆森，郎有忠，等. 水稻品种及栽培措施对稻田甲烷放的影响[J]. 江苏农业研究，2000，21（3）: 22–27.

6 寒地稻田施用生物炭与温室气体排放

全球变暖是威胁人类生存的重大环境问题,IPCC 第五次评估报告(IPCC,2013)显示,在 1880—2012 年全球地表平均温度升高了 0.85 ℃,且仍将持续变暖。全球变暖正在加速,主要归因于人为排放温室气体的增加。《国家中长期科学和技术发展规划纲要(2006—2020年)》明确指出,全球环境问题已成为国际社会关注的焦点,开发全球环境变化监测和温室气体减排技术,提升应对环境变化及履约能力。此外,2014 年 9 月我国又出台了《国家应对气候变化规划(2014—2020 年)》,明确指出要确保实现 2020 年碳排放强度比 2005年下降 40% ~ 45%的目标。可见,我国政府非常关注我国的温室气体减排。CH_4 和 N_2O 是大气中两种重要的温室气体,其浓度的增加加剧了全球温室效应。稻田系统是重要的温室气体排放源,减少稻田温室气体排放对于减缓温室效应意义重大。稻田 CH_4 排放约占全球每年总排放量的 17%(Wuebbles 和 Hayhoe,2002),研究表明(Zou 等,2009),在 20世纪 90 年代,我国稻田 CH_4 的年排放量为 6 ~ 10 Tg。稻田 CH_4 排放是稻田土壤中 CH_4 的产生、再氧化和向大气传输三个过程共同作用的结果(Xie 等,2010)。生物炭是生物质在缺氧和高温条件下热裂解干馏形成的一种多孔富碳,其高度芳香化、难降解,是类似活性炭的物质,能将作物光合作用固定的有机碳转化为惰性碳,使其不容易被微生物矿化,从而实现农田固碳减排(Laird,2008;潘根兴 等,2010)。向稻田中施用生物炭以减少温室气体排放,是当前国际上生物炭研究领域的热点,也是关系到农作物秸秆能否实现生物炭还田的关键。此外,由于我国农田氮肥施用过量,造成利用率低,一般为 30%左右。氮肥管理也不同程度地影响 CH_4 排放的三个过程,最终影响稻田 CH_4 的排放。稻田 N_2O 主要通过土壤和肥料中微生物的硝化和反硝化作用产生,大气中 N_2O 有 90%来源于这两个过程(Shang 等,2011)。我国稻田 N_2O 年排放量约为 3.23 万 t N,占全国总排放量的 8% ~11%。氮肥用量的增加是我国稻田 N_2O 排放量增加的一个主要因素(Yao 等,2012)。

预计到 21 世纪末,由于大气中 CO_2 浓度升高和全球变暖,稻田温室气体排放强度将增加一倍（van Groenigen 等，2013）。我国是全世界碳排放最多的国家（Piao 等，2009），其中相当一部分来自不合理的稻田栽培技术措施，并且呈逐渐上升的趋势。生物炭以及氮肥管理对稻田 CH_4 和 N_2O 排放具有非常重要的影响（Liu 等，2014；Zhang 等，2014；Tate，2015），且 CH_4 和 N_2O 排放之间存在互为消长关系（Zou 等，2005；Ma 等，2007），必须同时考虑生物炭与氮肥配施对两种温室气体的综合影响。黑龙江省松嫩、三江两大平原作为我国重要的粳稻主产区和商品粮生产基地，近年来水稻种植面积均在 6 000 万亩以上，占我国水稻种植面积的 13.3%左右，对于保障我国口粮有效供给具有举足轻重的作用。此外，由于我国东北地区所独有的黑土类型，使得来源于我国东北地区稻作系统的温室气体排放备受各界的关注。本章将介绍生物炭施用和氮肥管理对东北寒地稻田 CH_4 和 N_2O 排放的综合调控及其相关机理，阐明水稻丰产与稻田温室气体减排的栽培理论与技术，为我国寒地稻田系统减排增效的综合栽培技术和应对策略提供理论依据和技术支撑。

6.1 材料与方法

试验点 1 为哈尔滨市道外区民主乡黑龙江省农业科学院国家级现代农业示范区（45°49′ N，126°48′ E，海拔 117 m）试验基地，该区域属东北单季稻稻作区，为温带大陆性季风气候。年平均日照时数为 2 668.9 h，无霜期平均 131~146 d，年降水量 508~583 mm，≥10 ℃有效积温 2 600~2 700 ℃·d。供试小区土壤为黑钙土，土壤主要理化性质为全氮 1.2 g/kg、全磷 0.5 g/kg、全钾 18.6 g/kg、碱解氮 82.4 mg/kg、有效磷 19.8 mg/kg、速效钾 147.8 mg/kg、土壤有机质 23.2 g/kg 和 pH 8.6。

试验点 2 为黑龙江省二九一农场（46°52′ N，130°48′ E，海拔 65 m）试验基地，该区域属东北单季稻稻作区，为温带大陆性季风气候。无霜期平均 120 d，常年有效积温 2 500 ℃·d 左右。供试小区土壤为黑土，土壤主要理化性质为全氮 2.4 g/kg、全磷 1.8 g/kg、全钾 22.7 g/kg、碱解氮 181.1 mg/kg、有效磷 75.0 mg/kg、速效钾 235.4 mg/kg、土壤有机质 40.1 g/kg 和 pH 7.1。

试验于 2015—2016 年进行，选用当地主栽的品种（哈尔滨试验点选用龙稻 5 号、二九一农场试验点选用龙粳 31）进行田间试验，采用裂区设计，主处理为氮肥施用，施尿素（养分含量 46%）折合成纯氮为 120 kg/hm²（当地正常产量水平施氮量的 2/3，N1）和 180 kg/hm²

（为当地正常产量水平的施氮量，N2）两个水平，副处理为施用生物炭，分别设置 0 t/hm²（C0）、1 t/hm²（C1）、1.5 t/hm²（C2）和 2 t/hm²（C3）四个水平，3 次重复，24 个小区，每个小区面积（5×8）m² 左右。小区间用田埂（宽 40 cm）隔开并用塑料薄膜包裹或用塑料池埂隔开，以防止串水串肥，整个生育期采用单排单灌的灌水方式。每穴栽插 3~4 株，株行距为 30.0 cm×13.3 cm。氮肥以基肥∶分蘖肥∶穗肥=5∶3∶2 施入，P_2O_5（70 kg/hm²）和 K_2O（50 kg/hm²）做作基肥一次性施用。

6.2 CH₄ 排放特征

图 6-1 显示的是生物炭与氮肥施用对 2015 年哈尔滨试验点 CH₄ 排放通量的影响，可见，不同处理 CH₄ 排放通量的季节变化趋势基本相同，呈现出中间高、两头低的排放模式。随着水稻的生长，在分蘖盛期（6 月 16 日）第一次出现峰值[22.93 mg/（m²·h）]，之后迅速下降，在拔节孕穗期（7 月 20 日）达到第二次峰值[41.42 mg/（m²·h）]，然后开始急剧下降，抽穗期以后 CH₄ 排放通量基本趋于平缓，保持较低的排放水平，最低值为 0.26 mg/（m²·h）。N2 处理的 CH₄ 平均排放通量低于 N1 处理；施用生物炭处理的 CH₄ 平均排放通量高于未施用生物炭处理；与 N1C0 处理相比，除 N2C0 处理的 CH₄ 平均排放通量降低外，其他处理的 CH₄ 平均排放通量均有不同程度的增加，且 N2C2 处理的增幅最小。

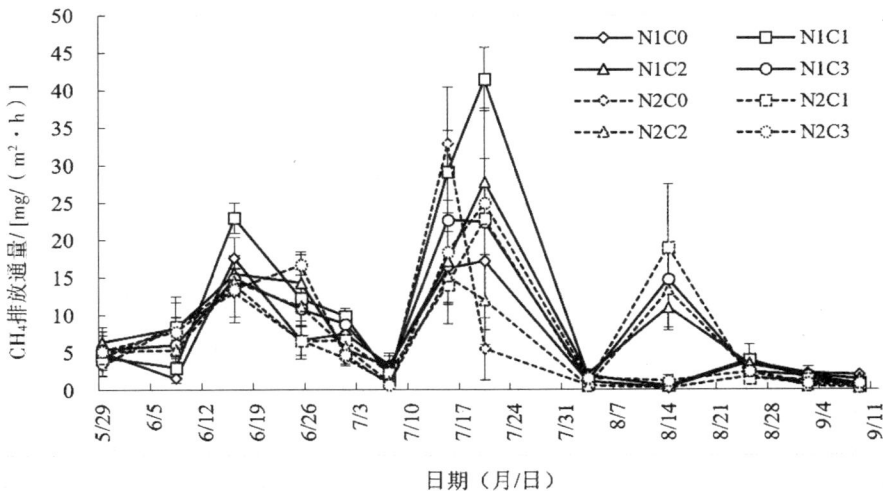

图 6-1　生物炭与氮肥施用对 2015 年 CH₄ 排放通量的影响（哈尔滨）

生物炭与氮肥施用对 2016 年哈尔滨试验点 CH_4 排放通量的影响与 2015 年的基本相似（图 6-2），也呈现出中间高、两头低的排放格局。随着水稻的生长，在分蘖盛期（6 月 14 日）第一次出现峰值[21.75 mg/（$m^2 \cdot h$）]，之后迅速下降，在拔节孕穗期（7 月 11 日）达到第二次峰值[28.06 mg/（$m^2 \cdot h$）]，然后开始急剧下降，抽穗期以后 CH_4 排放通量基本趋于平缓，保持较低的排放水平，最低值为 0.43 mg/（$m^2 \cdot h$）。N2 处理的 CH_4 平均排放通量略高于 N1 处理；C1 和 C2 处理的 CH_4 平均排放通量低于 C0 处理，C3 处理则略高于 C0 处理；与 N1C0 处理相比，除 N1C1 和 N2C2 处理的 CH_4 平均排放通量降低外，其他处理的 CH_4 平均排放通量均有不同程度的增加，且 N1C3 处理的增幅最小。

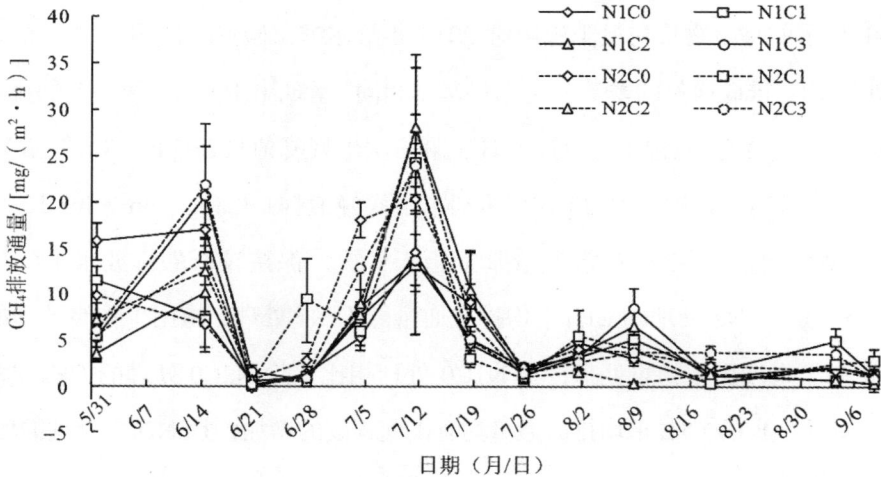

图 6-2 生物炭与氮肥施用对 2016 年 CH_4 排放通量的影响（哈尔滨）

生物炭与氮肥施用对 2015 年二九一农场试验点 CH_4 排放通量季节变化的影响呈现中间高、两头低的排放态势（图 6-3）。随着水稻的生长，在分蘖盛期（6 月 13 日）第一次出现峰值[18.09 mg/（$m^2 \cdot h$）]，之后迅速下降，在拔节孕穗期（7 月 13 日）达到第二次峰值[30.43 mg/（$m^2 \cdot h$）]，然后开始急剧下降，抽穗期以后 CH_4 排放通量基本趋于零。N2 处理的 CH_4 平均排放通量高于 N1 处理；与未施用生物炭的对照相比，3 种施用生物炭处理均提高了 CH_4 的平均排放通量；与 N1C0 处理相比，其他处理的 CH_4 平均排放通量均有不同程度的增加。

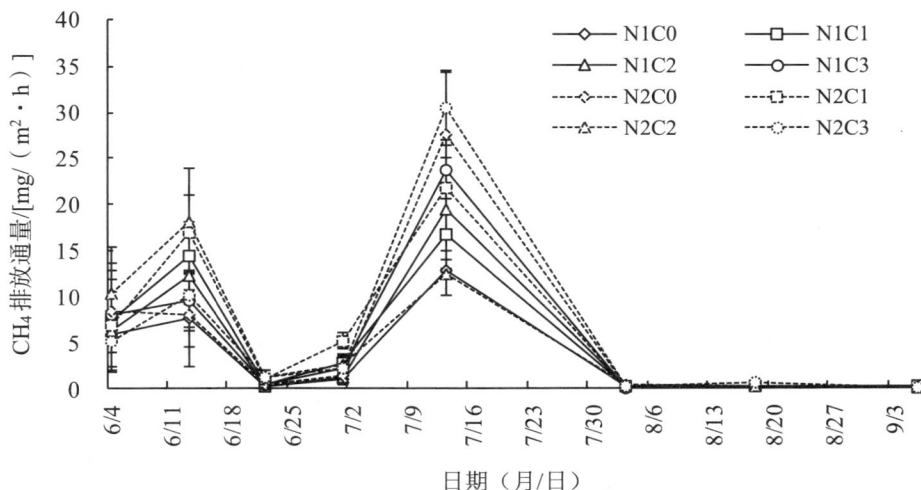

图 6-3　生物炭与氮肥施用对 2015 年 CH_4 排放通量的影响（二九一农场）

从图 6-4 可知，生物炭与氮肥施用对 2016 年二九一农场试验点 CH_4 排放通量的季节变化表现为先逐渐下降后升高再下降的排放趋势。随着水稻的生长，CH_4 排放通量逐渐下降，抽穗后急剧增加，在灌浆期（8 月 10 日）出现峰值[20.24 mg/（$m^2 \cdot$ h）]，之后迅速下降。总体来说，N2 处理的 CH_4 平均排放通量低于 N1 处理；与未施生物炭相比，施用生物炭处理均提高了 CH_4 的平均排放通量；与 N1C0 处理相比，除 N2C0、N2C1 和 N2C2 处理的 CH_4 平均排放通量降低外，其他处理的 CH_4 平均排放通量均有不同程度的增加。

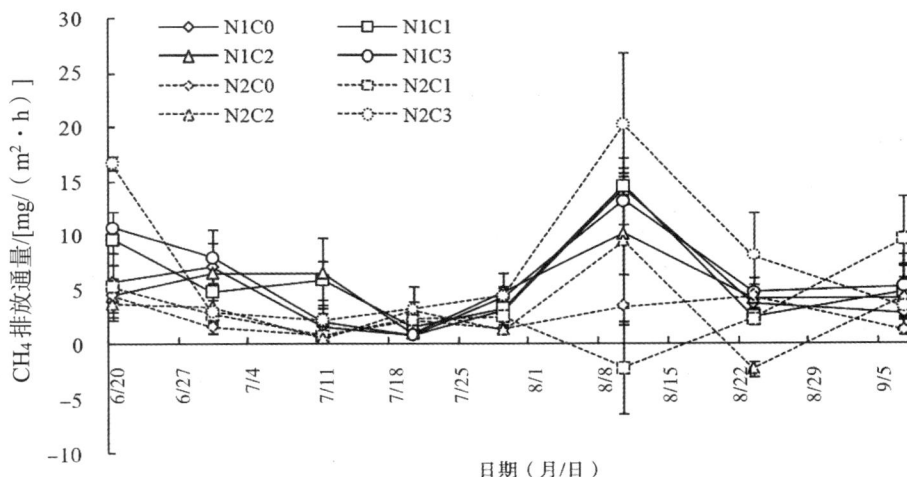

图 6-4　生物炭与氮肥施用对 2016 年 CH_4 排放通量的影响（二九一农场）

6.3 N₂O 排放特征

由图 6-5 可知，生物炭与氮肥施用对 2015 年哈尔滨试验点 N_2O 排放通量季节变化的影响呈先升高后下降的趋势。水稻生长前期，即 7 月 20 日前，N_2O 排放通量均较低，且呈现"锯齿状"的变化模式；从 8 月 3 日开始，N_2O 排放通量增速加快，在 8 月 14 日达到峰值 $[169.10\,\mu g/(m^2 \cdot h)]$；之后开始急剧下降，在成熟期排放通量均较低。N2 处理的 N_2O 平均排放通量略高于 N1 处理；施用不同生物炭处理之间的 N_2O 平均排放通量无明显变化；与 N1C0 处理相比，除 N1C1 和 N2C3 处理的 N_2O 平均排放通量降低外，其他处理的 N_2O 平均排放通量均有不同程度的增加，且 N1C2 和 N2C2 处理的增幅较小。

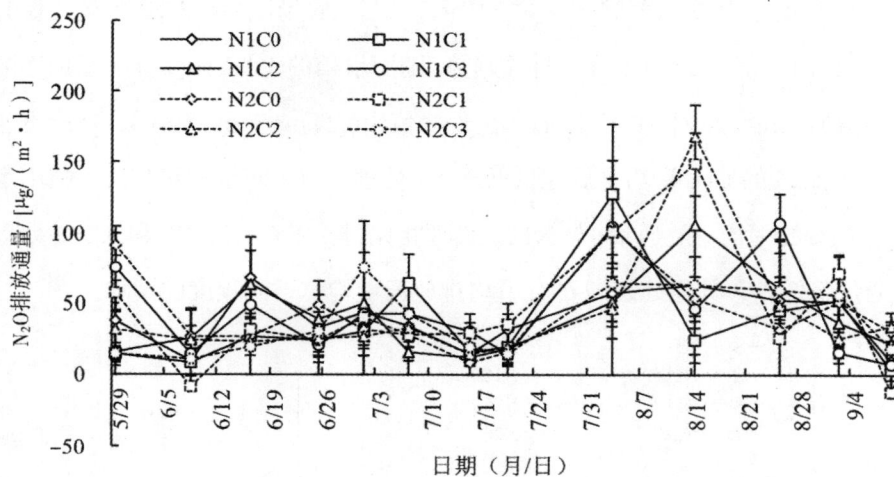

图 6-5 生物炭与氮肥施用对 2015 年 N_2O 排放通量的影响（哈尔滨）

生物炭与氮肥施用对 2016 年哈尔滨试验点 N_2O 排放通量季节变化的影响呈先升高后下降再升高再下降的趋势（图 6-6）。水稻生长前期，即 7 月 18 日前，N_2O 排放通量均相对较低，且变化态势呈现"锯齿状"；从 7 月 25 日开始，N_2O 排放通量迅速加快，在 8 月 1 日第一次达到峰值 $[113.75\,\mu g/(m^2 \cdot h)]$；之后开始急剧下降，在灌浆后期第二次达到峰值 $[95.57\,\mu g/(m^2 \cdot h)]$，成熟期排放通量快速下降。总体上，N2 处理的 N_2O 平均排放通量低于 N1 处理；增施生物炭对 N_2O 平均排放通量起促进作用；与 N1C0 处理相比，除 N1C1 和 N2C1 处理的 N_2O 平均排放通量增加外，其他处理的 N_2O 平均排放通量均有不同程度的降低，且 N2C0 和 N2C2 处理的降幅较大。

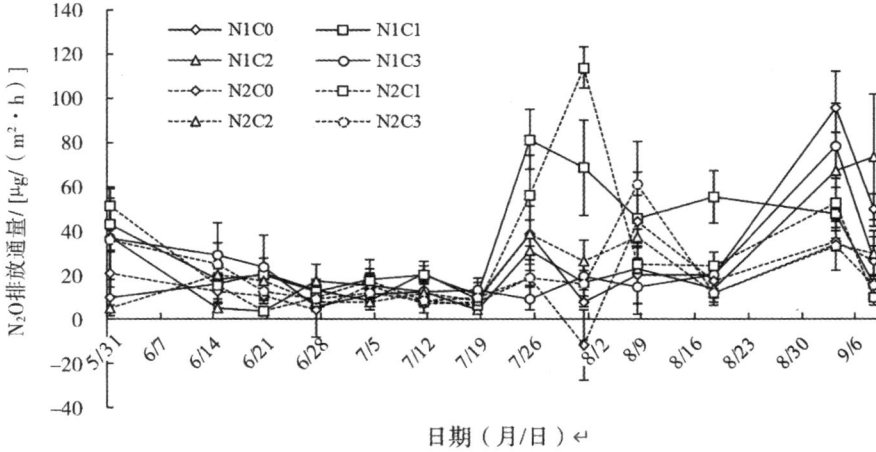

图 6-6　生物炭与氮肥施用对 2016 年 N$_2$O 排放通量的影响（哈尔滨）

从图 6-7 可知，生物炭与氮肥施用对 2015 年二九一农场试验点 N$_2$O 排放通量季节变化的影响呈波动式变化趋势。随着水稻的生长，N$_2$O 排放通量遵循着"下降—上升—下降—上升—下降"的变化规律。在分蘖期、拔节孕穗期和灌浆期分别出现一个小的峰值 [206.26 ~ 435.81 μg/（m^2·h）]。N2 处理的 N$_2$O 平均排放通量较 N1 处理略微有所提高；与 C0 处理相比，C1 处理的 N$_2$O 平均排放通量增加，而 C2 和 C3 处理的 N$_2$O 平均排放通量则均下降；与 N1C0 处理相比，除 N2C2 处理的 N$_2$O 平均排放通量降低外，其他处理的 N$_2$O 平均排放通量均有不同程度的增加。

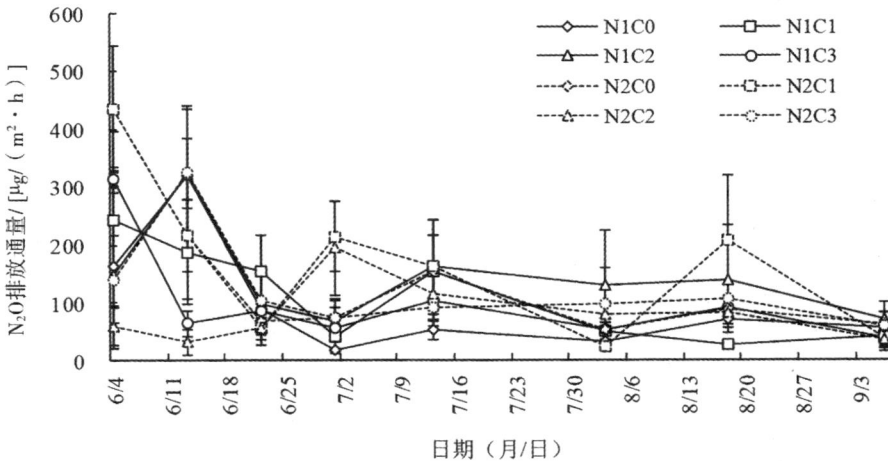

图 6-7　生物炭与氮肥施用对 2015 年 N$_2$O 排放通量的影响（二九一农场）

生物炭与氮肥施用对 2016 年二九一农场试验点 N_2O 排放通量季节变化的影响呈先逐渐上升后下降的变化趋势（图 6-8）。水稻生长前期，即 7 月 20 日前，N_2O 排放通量均相对较低，且变化幅度较小；从 7 月 29 日开始，N_2O 排放通量有所提升，变化幅度加大，在 8 月 23 日达到峰值 $[184.22\ \mu g/(m^2 \cdot h)]$；之后 N2 处理的 N_2O 排放通量开始急剧下降，但 N1 处理仍保持较高水平。总体上，N2 处理的 N_2O 平均排放通量低于 N1 处理；增施生物炭可提高 N_2O 的平均排放通量；与 N1C0 处理相比，除 N2C0、N2C2 和 N2C3 处理的 N_2O 平均排放通量降低外，其他处理的 N_2O 平均排放通量均有不同程度的增加。

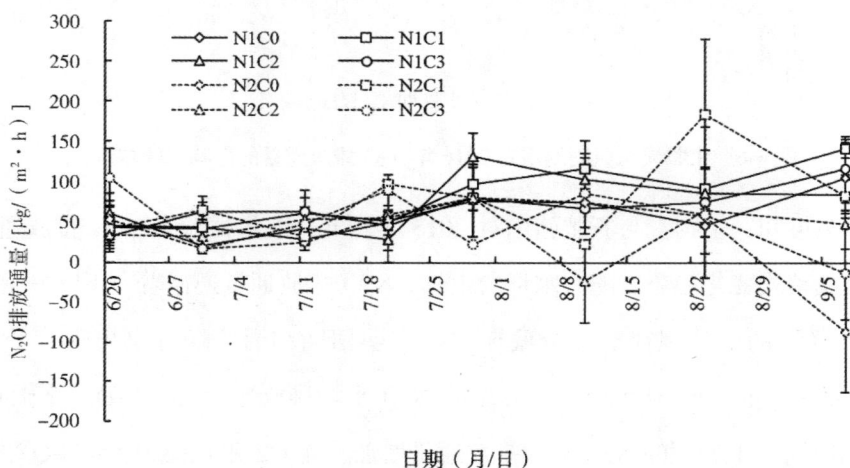

图 6-8　生物炭与氮肥施用对 2016 年 N_2O 排放通量的影响（二九一农场）

6.4 综合温室效应

从表 6-1 可见，对于 2015 年哈尔滨试验点，N2 处理较 N1 处理的 CH_4 排放量降低 20.2%，但差异不显著；施用生物炭处理较对照的 CH_4 排放量高，大小顺序表现为：C1>C3>C2>C0，且 C1 处理较 C0 处理提高 43.9%，差异达到显著水平；与 N1C0 处理相比，除 N2C0 和 N2C2 处理的 CH_4 排放量分别降低 21.5% 和 3.1% 外，其余处理的 CH_4 排放量均有不同程度的增加。N2 处理较 N1 处理的 N_2O 排放量增加 11.5%，但差异不显著；与 C0 处理相比，C2 处理的 N_2O 排放量增加 2.3%，而 C1 和 C3 处理的 N_2O 排放量分别下降 3.1% 和 0.8%，所有差异均不显著；与 N1C0 处理相比，除 N1C1 和 N2C3 处理的 N_2O 排放量分别降低 8.7% 和 4.3% 外，其余处理的 N_2O 排放量均有不同程度的增加。N2 处理较 N1

处理的综合全球增温潜势降低 18.4%，但差异不显著；施用生物炭处理可提高综合全球增温潜势，且 C1 处理较 C0 处理提高的幅度最高，为 40.1%，差异达显著水平，N2 处理较 C0 处理提高幅度最低，达 26.3%；与 N1C0 处理相比，除 N2C0 和 N2C2 处理的综合全球增温潜势分别降低 18.5% 和 1.2% 外，其余处理均出现不同程度的增加。

对于 2016 年哈尔滨试验点，N2 处理较 N1 处理的 CH_4 排放量增加 3.8%，但差异不显著；施用生物炭处理均降低 CH_4 排放量，且 C2 处理降幅最大，较 C0 处理低 16.1%；与 N1C0 处理相比，除 N2C3 处理的 CH_4 排放量略有增加外，其余处理均降低，且 N2C2 处理降低 18.4%，降幅最大。N2 处理较 N1 处理的 N_2O 排放量降低 21.8%，但差异不显著；施用生物炭使 N_2O 排放量增加，且 C2 处理增加 6.1%，增幅最小，C1 处理增加 51.5%，差异达到显著水平；与 N1C0 处理比较，N2C0、N2C2 和 N2C3 处理的 N_2O 排放量分别降低 30.8%、28.2% 和 12.8%，差异均未达显著水平。N2 处理较 N1 处理的综合全球增温潜势增加 2.3%，但差异不显著；C1、C2 和 C3 处理的综合全球增温潜势较 C0 处理分别降低 7.5%、15.1% 和 4.7%，差异均不显著；与 N1C0 处理比较，除 N2C3 处理的综合全球增温潜势略有增加外，其余处理均降低，且 N2C2 处理降低 18.9%，降幅最大。

表 6-1　生物炭与氮肥施用对 CH_4 和 N_2O 排放量以及综合全球增温潜势的影响（哈尔滨）

年份	处理	CH_4 排放量/ （kg/hm²）	N_2O 排放量/ （kg/hm²）	综合全球增温潜势/ （kg CO_2-eq/hm²）
2015	N1C0	193.34 ± 39.34ab	1.15 ± 0.16a	5 176.6 ± 597.9ab
	N1C1	272.68 ± 21.83a	1.05 ± 0.29a	7 130.1 ± 464.0a
	N1C2	255.91 ± 11.76ab	1.20 ± 0.11a	6 755.2 ± 263.3ab
	N1C3	242.61 ± 30.87ab	1.47 ± 0.22a	6 501.9 ± 780.2ab
	N2C0	151.76 ± 21.42b	1.43 ± 0.09a	4 220.6 ± 508.2b
	N2C1	224.05 ± 62.56ab	1.45 ± 0.18a	6 033.4 ± 1511.2ab
	N2C2	187.37 ± 5.23ab	1.45 ± 0.04a	5 114.8 ± 133.1ab
	N2C3	206.99 ± 31.14ab	1.10 ± 0.06a	5 502.4 ± 761.5ab
2016	N1C0	188.04 ± 16.44a	0.78 ± 0.12ab	4 934.0 ± 446.8a
	N1C1	164.16 ± 4.09a	1.07 ± 0.11a	4 423.6 ± 133.3a

续表

年份	处理	CH_4 排放量/ (kg/hm^2)	N_2O 排放量/ (kg/hm^2)	综合全球增温潜势/ ($kg\ CO_2\text{-eq}/hm^2$)
	N1C2	$155.90 \pm 2.20a$	$0.85 \pm 0.10ab$	$4\ 149.4 \pm 28.4a$
	N1C3	$158.46 \pm 33.49a$	$0.78 \pm 0.08ab$	$4\ 193.0 \pm 853.6a$
	N2C0	$180.57 \pm 25.55a$	$0.54 \pm 0.01b$	$4\ 674.2 \pm 639.7a$
2016	N2C1	$167.52 \pm 6.09a$	$0.93 \pm 0.06ab$	$4\ 466.3 \pm 141.2a$
	N2C2	$153.43 \pm 15.77a$	$0.56 \pm 0.02b$	$4\ 003.3 \pm 397.3a$
	N2C3	$190.47 \pm 4.12a$	$0.68 \pm 0.02ab$	$4\ 963.0 \pm 98.8a$

由表 6-2 可以看出，在 2015 年二九一农场试验点，N2 处理较 N1 处理的 CH_4 排放量增加 18.9%，差异不显著；施用生物炭均可提高 CH_4 的排放量，且 C2 处理较 C0 处理提高 17.4%，提高的幅度最小；与 N1C0 处理相比，其他处理的 CH_4 排放量均有不同程度的增加，增幅在 38.3%～73.9%。N2 处理较 N1 处理的 N_2O 排放量增加 16.9%，差异不显著；与 C0 处理相比，C1 处理的 N_2O 排放量增加 16.7%，而 C2 和 C3 处理的 N_2O 排放量则分别降低 15.3%和 8.6%，所有差异均未达显著水平；与 N1C0 处理相比，除 N2C2 处理的 N_2O 排放量降低 15.4%，其他处理的 N_2O 排放量均有不同程度的增加，增幅在 22.0%～95.6%。N2 处理较 N1 处理的综合全球增温潜势增加 18.5%，差异不显著；C1、C2 和 C3 处理的综合全球增温潜势较 C0 处理分别增加 23.8%、9.1%和 24.0%，且所有差异均未达显著水平；相对于 N1C0 处理，其余处理的综合全球增温潜势均增加，增幅为 35.3%～75.9%，且 N2C2 处理的增幅最小。

在 2016 年二九一农场试验点，N2 处理较 N1 处理的 CH_4 排放量降低 13.7%，差异不显著；与 C0 处理相比，C1、C2 和 C3 处理的 CH_4 排放量分别增加 31.4%、12.2%和 89.8%，且 C1 和 C3 处理的差异均达到显著水平；与 N1C0 处理相比，除 N2C0、N2C1 和 N2C2 处理的 CH_4 排放量分别降低 26.6%、9.6%和 18.4%外，其他处理的 CH_4 排放量均增加，增幅为 13.0%～82.9%。N2 处理较 N1 处理的 N_2O 排放量降低 17.5%，差异不显著；与 C0 处理相比，C1、C2 和 C3 处理的 N_2O 排放量分别增加 41.9%、13.2%和 29.5%，且差异均未达显著水平；与 N1C0 处理相比，除 N2C0 和 N2C2 处理的 N_2O 排放量分别降低 34.6%和 30.1%外，其他处理的 N_2O 排放量均增加，增幅为 1.9%～19.2%。N2 处理较 N1 处理的综合全球增温潜势降低 14.1%，差异不显著；与 C0 处理相比，C1、C2 和 C3 处理的综合全球增温潜势分别增加 32.6%、12.3%和 83.0%，且 C1 和 C3 处理的差异均达到显著水平；与 N1C0 处理比较，除 N2C0、N2C1 和 N2C2 处理的综合全球增温潜势分别降低 27.6%、6.6%和 19.9% 外，其他处理的综合全球增温潜势均有所增加，增幅为 13.5% ~ 74.6%。

表 6-2 生物炭与氮肥施用对 CH_4 和 N_2O 排放量以及综合全球增温潜势的影响（二九一农场）

年份	处理	CH_4 排放量/ (kg/hm^2)	N_2O 排放量/ (kg/hm^2)	综合全球增温潜势/ ($kg\ CO_2\text{-eq}/hm^2$)
2015	N1C0	104.90 ± 8.51a	2.73 ± 0.69a	3 436.0 ± 310.2a
	N1C1	148.41 ± 46.91a	3.33 ± 0.48a	4 702.8 ± 1 313.9a
	N1C2	145.12 ± 18.97a	4.00 ± 0.06a	4 819.3 ± 488.1a
	N1C3	167.06 ± 41.12a	3.41 ± 1.38a	5 193.6 ± 1439.8a
	N2C0	153.56 ± 6.38a	4.72 ± 0.16a	5 245.5 ± 186.1a
	N2C1	178.08 ± 42.26a	5.34 ± 0.94a	6 043.9 ± 806.2a
	N2C2	158.42 ± 16.81a	2.31 ± 0.39a	4 649.4 ± 555.8a
	N2C3	182.45 ± 20.10a	3.39 ± 0.38a	5 571.4 ± 474.3a
2016	N1C0	137.37 ± 14.26cd	1.56 ± 0.13a	3 899.1 ± 377.3ced
	N1C1	188.72 ± 17.73b	1.86 ± 0.42a	5 273.2 ± 561.4abc
	N1C2	155.17 ± 2.68bc	1.83 ± 0.69a	4 423.6 ± 241.4bcd
	N1C3	200.74 ± 16.09b	1.59 ± 0.14a	5 491.4 ± 389.1ab
	N2C0	100.84 ± 14.96d	1.02 ± 0.15a	2 823.5 ± 250.2e
	N2C1	124.24 ± 19.62cd	1.79 ± 0.26a	3 639.9 ± 259.7de
	N2C2	112.10 ± 3.37cd	1.08 ± 0.23a	3 124.9 ± 95.7de
	N2C3	251.31 ± 16.50a	1.76 ± 0.38a	6 807.8 ± 258.8a

6.5 产量形成及单位产量的全球增温潜势

6.5.1 生物量的变化

图 6-9 显示的是不同生物炭与氮肥施用对 2015—2016 年哈尔滨试验点水稻生物量的影响。从图中可以看出，N2 处理的生物量较 N1 处理两年平均增加 11.4%；与 C0 处理相比，C1、C2 和 C3 处理的生物量分别平均增加 5.4%、9.0%和 7.4%，且 2015 年 C2 处理的差异达显著水平；相对于 N1C0 处理，大多数处理的生物量均增加，N2C2 处理的生物量最大，且两年平均增加 25.6%，2015 年的差异显著。

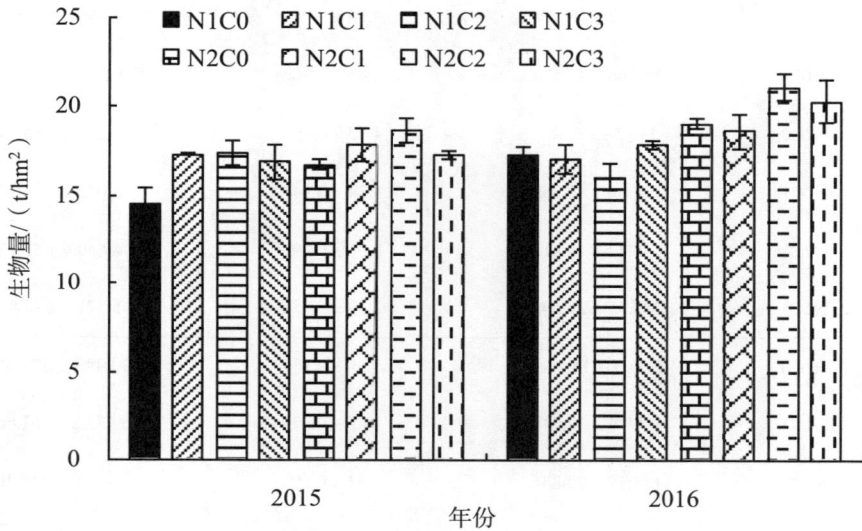

图 6-9　不同生物炭与氮肥施用对水稻生物量的影响（哈尔滨）

图 6-10 呈现的是不同生物炭与氮肥施用对 2015—2016 年 291 农场试验点水稻生物量的影响。从图中可知，N2 处理的生物量较 N1 处理两年平均增加 18.5%；与 C0 处理相比，C1、C2 和 C3 处理的生物量分别平均增加 5.3%、9.9%和 5.5%，且 2016 年 C2 处理的差异均达显著水平；相对于 N1C0 处理，其他处理的生物量均增加，2015 年 N2C2 处理的生物量显著提高 35.2%，达到最大，2016 年 N2C1、N2C2 和 N1C3 处理的生物量分别增加 36.8%、36.5%和 27.6%，差异均达显著水平。

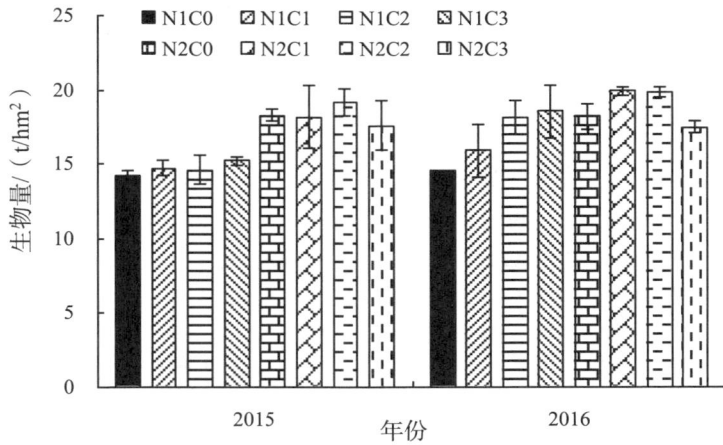

图 6-10　不同生物炭与氮肥施用对水稻生物量的影响（二九一农场）

6.5.2 产量及其构成

6.5.2.1 产量变化

从图 6-11 可知，N2 处理的水稻产量较 N1 处理两年平均增加 5.2%；与 C0 处理相比，C1、C2 和 C3 处理的产量分别平均增加 8.1%、6.1% 和 6.0%；相对于 N1C0 处理，其余处理的产量均增加，2015 年 N2C2 处理的产量提高 12.7%，达到最大，2016 年 N2C2 和 N1C1 处理的产量分别增加 30.6% 和 20.1%，差异均达显著水平。

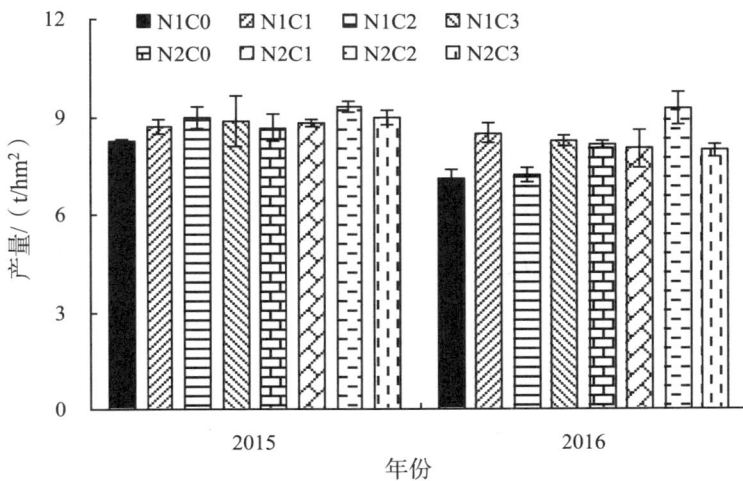

图 6-11　不同生物炭与氮肥施用对水稻产量的影响（哈尔滨）

从 6-12 可以看出，N2 处理的生物量较 N1 处理两年平均增加 7.5%；与 C0 处理相比，C1、C2 和 C3 处理的生物量分别平均增加 5.6%、12.3%和 8.1%，且两年 C2 处理的差异均达显著水平；相对于 N1C0 处理，除 2016 年的 N1C1 处理外，其余处理的生物量均增加，N2C2 处理的生物量最大，且两年平均增加 22.4%，两年的差异均达显著水平。

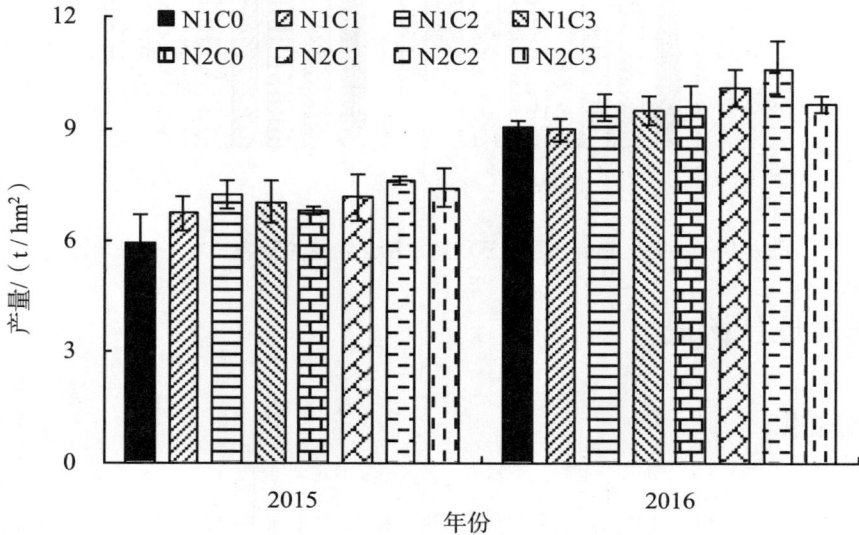

图 6-12　不同生物炭与氮肥施用对水稻产量的影响（二九一农场）

6.5.2.2 产量构成

表 6-3 显示的是不同生物炭与氮肥施用对 2015—2016 年哈尔滨试验点水稻产量构成的影响。对于 2015 年试验，与 C0 处理相比，C1、C2 和 C3 处理的有效穗数分别平均增加 5.6%、10.9%和 9.5%，且 C2 和 C3 处理的差异达显著水平；相对于 N1C0 处理，其他处理的有效穗数均增加，且 N2C2、N1C3 和 N1C2 处理分别增加 14.2%、13.6%和 13.0%，差异均显著。N2 处理的每穗粒数较 N1 处理显著增加 6.2%；增施生物炭对每穗粒数有增加的趋势；与 N1C0 处理相比，N2C1 处理的有效穗数显著增加 11.7%。生物炭与氮肥施用对水稻结实率的影响不显著。与 N1C0 处理相比，N2C3 处理的千粒重显著增加 1.2%，而 N1C3 处理显著下降 1.3%，其余处理的差异均不显著。

对于 2016 年试验，与 N1C0 处理相比，除 N2C1 和 N1C3 处理略微有所下降外，其他处理的有效穗数均呈增加的趋势，且 N2C2 处理增加 8.8%，增幅最大。N2 处理较 N1 处理的每穗粒数显著增加 16.6%，与 N1C0 处理相比，N2C0、N2C1、N2C2、N2C3 和 N1C3 处理的每穗粒数分别显著增加 33.8%、27.6%、23.8%、20.1%和 18.1%。N1C3 和 N2C0 处理的结实率较 N1C0 处理分别提高 2.5%和 2.4%，差异均显著。N2 处理的千粒重较 N1 处理显著降低 1.1%；C1、C2 和 C3 处理的千粒重较 C0 处理分别显著降低 1.4%、1.2%和 2.3%；与 N1C0 处理相比，N1C2、N2C1 和 N2C3 处理的千粒重分别显著降低 0.9%、2.3%和 3.4%。

表 6-3　生物炭与氮肥施用对水稻产量构成的影响（哈尔滨）

年份	处理	有效穗数/ （10^4/hm^2）	每穗粒数	结实率/%	千粒重/g
2015	N1C0	429.61 ± 22.77b	82.71 ± 3.74b	96.48 ± 0.23a	27.04 ± 0.04bc
	N1C1	458.81 ± 20.09ab	83.03 ± 1.94b	96.56 ± 0.26a	26.86 ± 0.17cd
	N1C2	485.50 ± 12.76a	85.44 ± 3.59ab	95.89 ± 0.46a	27.17 ± 0.02ab
	N1C3	488.01 ± 8.55a	87.95 ± 4.87ab	96.24 ± 0.24a	26.70 ± 0.16d
	N2C0	450.47 ± 17.10ab	90.47 ± 3.59ab	96.44 ± 0.22a	26.83 ± 0.06cd
	N2C1	470.49 ± 18.39ab	92.41 ± 3.53a	96.57 ± 0.41a	26.91 ± 0.04bcd
	N2C2	490.51 ± 23.21a	90.33 ± 1.77ab	95.88 ± 0.31a	26.90 ± 0.06bcd
	N2C3	475.49 ± 28.90ab	86.81 ± 0.35ab	96.26 ± 0.38a	27.37 ± 0.07a
2016	N1C0	379.56 ± 19.38a	81.05 ± 1.30d	94.97 ± 0.74b	25.75 ± 0.03abc
	N1C1	404.59 ± 13.58a	86.84 ± 5.41cd	96.40 ± 0.53ab	25.81 ± 0.03ab
	N1C2	383.73 ± 10.55a	87.75 ± 1.72cd	96.09 ± 0.65ab	25.51 ± 0.14d
	N1C3	371.22 ± 11.94a	95.77 ± 5.43bc	97.34 ± 0.35a	25.62 ± 0.04bcd
	N2C0	385.40 ± 10.01a	108.46 ± 3.34a	97.27 ± 0.14a	25.95 ± 0.04a
	N2C1	375.39 ± 11.19a	103.47 ± 3.36ab	96.46 ± 0.59ab	25.16 ± 0.07e
	N2C2	412.93 ± 22.15a	100.37 ± 2.27ab	96.86 ± 0.38ab	25.55 ± 0.06cd
	N2C3	396.25 ± 20.86a	97.33 ± 2.73bc	95.74 ± 0.98ab	24.88 ± 0.09f

表 6-4 显示的是不同生物炭与氮肥施用对 2015—2016 年二九一农场试验点水稻产量构成的影响。对于 2015 年试验，与 C0 处理相比，C2 和 C3 处理的有效穗数分别平均增加 9.9%和 1.2%，而 C1 处理降低 0.9%；相对于 N1C0 处理，其他处理的有效穗数有增有减，且 N2C2 处理增加 11.6%，增幅最大。C1、C2 和 C3 处理的每穗粒数较 C0 处理分别增加

0.2%、0.5%和7.9%；与N1C0处理相比，N2C3和N1C3处理的每穗粒数分别增加5.6%和2.6%。与N1C0处理相比，除N1C1处理的结实率略有提高外，其他处理均下降，且降幅为0.8%~6.4%。N2处理较N1处理的千粒重增加2.2%；C1、C2和C3处理的千粒重较C0处理分别增加2.2%、1.0%和2.0%；相对于N1C0处理，除N1C3处理外，其余处理的千粒重均增加，且增幅为0.4%~6.6%。

对于2016年试验，N2处理较N1处理的有效穗数增加3.1%；与C0处理相比，C1、C2和C3处理的有效穗数分别增加1.1%、11.3%和3.8%，且C2处理差异达显著水平；与N1C0处理相比，其他处理的有效穗数均增加，且N2C2处理的有效穗数显著增加18.6%，增幅最大。N2处理较N1处理的每穗粒数显著增加13.5%；与N1C0处理相比，N2C0、N2C1和N2C3处理的每穗粒数分别显著增加28.2%、26.3%和25.9%。不同生物炭与氮肥处理对结实率的影响不大。N2处理的千粒重较N1处理显著降低3.5%；C1、C2和C3处理的千粒重较C0处理分别降低1.4%、0.6%和0.5%；与N1C0处理相比，N2C2、N2C3和N2C1处理的千粒重分别显著降低3.3%、4.2%和4.2%。

表6-4 生物炭与氮肥施用对水稻产量构成的影响（二九一农场）

年份	处理	有效穗数/ （10⁴/hm²）	每穗粒数	结实率/%	千粒重/g
2015	N1C0	452.85±30.13a	84.84±3.61a	94.75±1.00a	25.30±0.61a
	N1C1	446.71±13.38a	82.87±4.92a	95.08±1.84a	25.73±0.26a
	N1C2	480.00±30.39a	81.47±1.72a	88.80±3.52a	26.10±0.56a
	N1C3	451.97±16.89a	87.04±2.37a	90.71±1.43a	25.07±0.66a
	N2C0	443.43±3.28a	78.81±1.03a	91.98±0.24a	25.70±0.55a
	N2C1	441.90±20.50a	81.19±1.37a	93.98±1.93a	26.40±0.60a
	N2C2	505.40±14.89a	82.94±6.76a	92.37±2.16a	25.40±0.31a
	N2C3	455.47±12.19a	89.55±5.17a	93.60±0.52a	26.97±0.80a
2016	N1C0	485.50±12.76b	77.21±4.44c	95.78±0.44a	27.59±0.23ab
	N1C1	496.35±33.21ab	83.23±2.87bc	94.71±0.89a	27.38±0.21ab
	N1C2	513.03±38.90ab	87.43±5.44abc	94.99±1.50a	27.54±0.05ab

续表

年份	处理	有效穗数/ （10^4/hm²）	每穗粒数	结实率/%	千粒重/g
	N1C3	508.86 ± 38.05ab	88.22 ± 6.00abc	95.57 ± 0.38a	27.86 ± 0.20a
	N2C0	492.18 ± 10.55ab	98.97 ± 0.89a	92.25 ± 1.10a	26.97 ± 0.17bc
2016	N2C1	492.18 ± 19.02ab	97.55 ± 6.33ab	95.79 ± 0.52a	26.42 ± 0.33c
	N2C2	575.60 ± 32.31a	87.63 ± 3.22abc	92.77 ± 2.02a	26.68 ± 0.11c
	N2C3	505.53 ± 27.87ab	97.24 ± 3.63ab	95.50 ± 0.62a	26.42 ± 0.09c

6.5.3 单位产量的全球增温潜势

由表 6-5 可知，对于 2015 年哈尔滨试验，N2 处理较 N1 处理的单位产量全球增温潜势显著降低 24.3%；与 C0 处理相比，C1、C2 和 C3 处理的单位产量全球增温潜势分别增加 13.6%、10.2% 和 15.3%，且所有差异均不显著；与 N1C0 处理相比，N2C1、N2C2、N2C0 和 N2C3 处理的单位产量全球增温潜势分别下降 17.5%、12.7%、12.7% 和 3.2%，其他处理的单位产量全球增温潜势均增加。对于 2016 年哈尔滨试验，N2 处理较 N1 处理的单位产量全球增温潜势降低 3.5%，差异不显著；与 C0 处理相比，C1、C2 和 C3 处理的单位产量全球增温潜势分别降低 14.3%、20.6% 和 11.1%，且 C2 处理的差异达到显著水平；与 N1C0 处理相比，其他处理的单位产量全球增温潜势均下降，且 N2C2、N1C3 和 N1C1 处理分别下降 38.6%、27.1% 和 25.7%，差异均达到显著水平。

表 6-5　生物炭与氮肥施用对水稻单位产量全球增温潜势的影响（哈尔滨）

年份	处理	单位产量全球增温潜势/ （kg CO_2-eq/kg）
	N1C0	0.63 ± 0.07abc
	N1C1	0.82 ± 0.05a
2015	N1C2	0.76 ± 0.05ab
	N1C3	0.76 ± 0.14ab
	N2C0	0.55 ± 0.06bc
	N2C1	0.52 ± 0.09c

续表

年份	处理	单位产量全球增温潜势/ （kg CO₂-eq/kg）
2015	N2C2	0.55 ± 0.01bc
	N2C3	0.61 ± 0.07abc
2016	N1C0	0.70 ± 0.05a
	N1C1	0.52 ± 0.01bc
	N1C2	0.57 ± 0.02abc
	N1C3	0.51 ± 0.10bc
	N2C0	0.57 ± 0.07abc
	N2C1	0.56 ± 0.06abc
	N2C2	0.43 ± 0.02c
	N2C3	0.62 ± 0.03ab

由表 6-6 可见，对于 2015 年二九一农场试验，N2 处理较 N1 处理的单位产量全球增温潜势增加 10.7%，差异不显著；与 C0 相比，C1 和 C3 处理的单位产量全球增温潜势分别增加 20.0% 和 12.7%，而 C2 处理的单位产量全球增温潜势则降低 5.5%，所有差异均不显著；与 N1C1 处理相比，其他处理的单位产量全球增温潜势均不同程度地有所增加，增幅为 6.5% ~ 54.3%，且 N2C2 处理的增幅最小。

对于 2016 年二九一农场试验，N2 处理较 N1 处理的单位产量全球增温潜势降低 19.2%，差异不显著；与 C0 相比，C1、C2 和 C3 处理的单位产量全球增温潜势分别增加 27.0%、2.7% 和 73.0%，且 C1 和 C3 处理的差异均达到显著水平；与 N1C1 处理相比，除 N2C0、N2C1 和 N2C2 处理的单位产量全球增温潜势分别下降 30.2%、16.3% 和 30.2% 外，其他处理的单位产量全球增温潜势均不同程度地有所增加，增幅为 7.0% ~ 65.1%。

表 6-6　生物炭与氮肥施用对水稻单位产量全球增温潜势的影响（二九一农场）

年份	处理	单位产量全球增温潜势/ （kg CO₂-eq/kg）
2015	N1C0	0.45 ± 0.05a
	N1C1	0.61 ± 0.21a

续表

年份	处理	单位产量全球增温潜势/ （kg CO$_2$-eq/kg）
	N1C2	0.56 ± 0.07a
	N1C3	0.62 ± 0.17a
	N2C0	0.64 ± 0.02a
2015	N2C1	0.71 ± 0.11a
	N2C2	0.49 ± 0.06a
	N2C3	0.63 ± 0.02a
	N1C0	0.43 ± 0.05bc
	N1C1	0.59 ± 0.06ab
	N1C2	0.46 ± 0.02bc
	N1C3	0.58 ± 0.06ab
2016	N2C0	0.30 ± 0.04c
	N2C1	0.36 ± 0.04c
	N2C2	0.30 ± 0.02c
	N2C3	0.71 ± 0.03a

6.6 土壤有机质的变化

对于哈尔滨试验点，N2 处理的土壤有机质含量较 N1 处理增加 3.1%，差异不显著；与 C0 处理相比，C1、C2 和 C3 处理的土壤有机质含量分别增加 2.8%、2.0% 和 0.9%，差异均不显著；相对于 N1C0 处理，N2C1、N2C2 和 N2C3 处理的土壤有机质含量相对较高，且分别增加 5.2%、5.2% 和 4.5%，所有的差异均未达显著水平（图 6-13）。

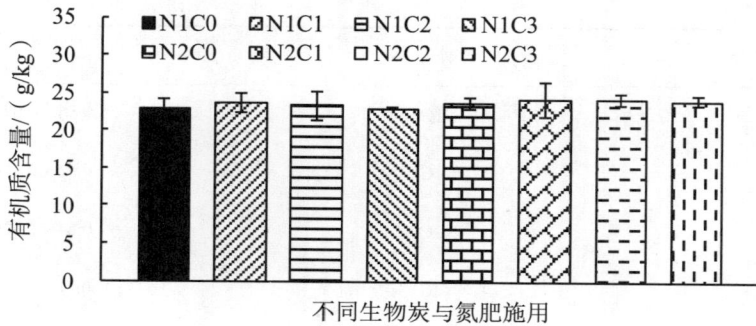

图 6-13　生物炭与氮肥施用对土壤有机质含量的影响（哈尔滨）

对于二九一农场试验点，N2 处理的土壤有机质含量较 N1 处理增加 3.9%，差异不显著；与 C0 处理相比，C1、C2 和 C3 处理的土壤有机质含量分别增加 2.2%、3.6% 和 3.6%，差异均不显著；相对于 N1C0 处理，N2C1、N2C2、N2C3 和 N1C2 处理的土壤有机质含量相对较高，且分别增加 6.1%、5.7%、10.3% 和 6.1%，所有的差异均未达显著水平（图 6-14）。由以上分析可见，增施生物炭均可促进土壤有机质的积累，尤其是在氮肥施用较高的条件下积累得更多。

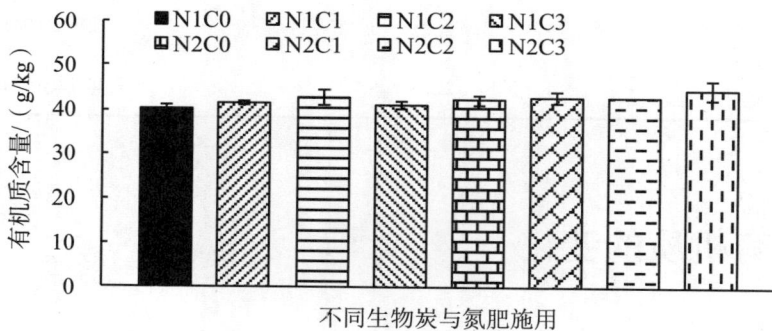

图 6-14　生物炭与氮肥施用对土壤有机质含量的影响（二九一农场）

6.7　讨论与小结

我国拥有丰富的生物质废弃物，各种农作物秸秆总产量每年高达 7 亿 t，其中水稻、小麦、玉米主要农作物秸秆在 5 亿 t 左右，每年约有 25% 的秸秆被露天焚烧（李飞跃等，2013）。2015 年环保部环境监察局卫星遥感巡查监测情况显示，在 20 个省市共监测到疑似秸秆焚烧火点 862 个，是造成北方地区大范围雾霾的重要人为原因，同时也产生大量的 CO_2。目前我国秸秆利用率约为 33%，经过技术处理后利用的仅约占 2.6%。我国的秸秆利用主要是"五化"，包括肥料化（还田、制肥料）、饲料化（制饲料）、燃料化（做燃料）、基料化（做基料养菌）和原料化（做原料造纸及制板材）等 5 种利用途径。其中利用生物质废弃物生产生物炭固定在土壤中可起到减少固体废弃物同时削减温室气体排放的双重减碳效果。

生物炭是木材、草、玉米秆或其他农作物废物在无氧或低氧环境下，通过 500~600 ℃ 高温裂解碳化而形成的一类高度芳香化难溶性固态物质，如木炭、竹炭、秸秆炭、稻壳炭等，碳含量极其丰富，是一种多孔、难降解、比表面积大的具有强吸附能力的材料。由于生物炭可以稳定地将碳元素固定长达数百年，其中的碳元素被矿化后很难再分解，为了应对全球气候变化，生物炭正在成为人们关注的焦点（Dong 等，2011；袁艳文 等，2012）。生物炭呈碱性，是因为它含有一定量的灰分，矿质元素如 Na、K、Mg、Ca 等以氧化物或碳酸盐的形式存在于灰分中，溶于水后呈碱性，灰分含量越高 pH 值越高（Lehmann，2007；Hatton 和 Singh，2010；Singh 等，2010；Yuan 等，2011；谢祖彬等，2011）。研究表明，生物炭孔隙结构发达、表面积巨大，具有高度稳定性和较强的吸附性能（Iyobe 等，2004；Kei 等，2004；Kim 等，2011；刘玉学 等，2013），在增加土壤碳库储量持留土壤养分、构筑土壤肥力、提高作物产量等方面发挥了重要作用（Chan 等，2007；Steiner 等，2007；Novak 等，2009）。向土壤中施入生物炭，可以提高土壤有机碳含量，提高土壤的 C/N，提高土壤对氮素及其他养分元素吸持容量，生物炭提高土壤有机碳含量水平取决于生物炭的用量与稳定性（张千丰和王光华，2012；张喜娟 等，2013）。刘玉学等（2013）研究发现，施用水稻秸秆、生活垃圾两种生物炭均能显著提高稻田土壤有机碳含量。本研究也发现，在哈尔滨试验点，增施 1~2 t/hm² 生物炭，土壤有机质含量增加幅度为 0.9%~2.8%；在二九一农场试验点，增施 1~2 t/hm² 生物炭，土壤有机质含量增加幅度为 2.2%~3.6%。生物炭对许多作物生长和产量有促进作用（Lehmann，2007；Lehmann 等，2009）。已有报道发现，生物炭对作物产量增加可达到 20%~220%（张千丰和王光华，2012）。与秸秆直接还田相比，秸秆炭化后还田对水稻增产的效果更佳（刘玉学 等，2013）。一般而言，作物产量的增加与生物炭用量成正相关，但也有一些例外，在一些有效养分低、N 含量低的土壤中，低含量的生物炭会增加作物的产量，而高含量的生物炭反而不如低生物炭含量对作物产量的影响（Glaser 等，2001）。本研究结果发现，与 C0 处理相比，C1、C2 和 C3 处理的水稻产量分别平均增加 8.1%、6.1%和 6.0%；相对于 N1C0 处理，其余处理的产量均增加，2015 年 N2C2 处理的产量提高 12.7%，达到最大，2016 年 N2C2 和 N1C1 处理的产量分别增加 30.6%和 20.1%，差异均达显著水平。可见，本研究与上述观点相一致。

生物炭和氮肥施用均对 CH_4 和 N_2O 的排放具有重要的影响。土壤 NH_4^+–N 的增加有利于 CH_4 排放，主要原因有以下 3 个方面：一是氮素增加会引起植物根系分泌量增加，进而为产甲烷菌带来更多生活底物（丁维新和蔡祖聪，2003）；二是产甲烷菌主要以 NH_4^+–N 为氮源，其增加会加快产甲烷菌的生理活动；三是部分甲烷氧化菌还可通过氧化 NH_4^+–N 获得能量，因此，NH_4^+–N 会与 CH_4 竞争产甲烷菌，减少 CH_4 被氧化的概率从而促进 CH_4 排放（Lukas 等，2009）。因此，利用生物炭通过降低土壤中 NH_4^+–N 浓度可减少 CH_4 排放。生物炭通过提高氧化还原电位（Eh）和阳离子交换量（CEC），增加 2∶1 型黏粒晶格对 NH_4^+–N 的固定；高 C/N 的有机物输入，诱导氮固定发生；利用自身吸附性降低土壤中 NH_4^+–N 浓度，以上三个途径可降低土壤中 NH_4^+–N 浓度（颜永毫 等，2013）。前人研究还认为，施用生物炭能吸附土壤本底有机质，减少产甲烷菌碳底物，提高土壤 Eh，增加土壤 O_2 含量，从而降低 CH_4 排放（Jeffrey 等，2010；颜永毫 等，2013）。与直接还田相比，秸秆炭化后还田可显著降低稻田 CH_4 和 N_2O 的累积排放量，降幅分别为 64.2%～78.5%和 16.3%～18.4%（刘玉学 等，2013）。Knoblauch 等（2013）室内培养试验表明，施用生物炭比施用等 C 量的制炭物质减少 80%的 CH_4 排放。本研究结果发现，在 2016 年哈尔滨试验点，施用生物炭可降低 CH_4 排放量，且 C2 处理施用生物炭（1.5 t/hm²）的降幅更低；在 2015、2016 年的哈尔滨试验点和 2016 年的二九一农场试验点，N2C2 处理的 CH_4 排放量均低于 N1C0 处理。这是因为生物炭增加了稻田土壤甲烷氧化菌的丰度，降低了产甲烷菌与甲烷氧化菌的丰度比（Feng 等，2012），也可能是由于生物炭施入稻田后增加了土壤通透性，因而抑制了产甲烷菌的活性或增强了甲烷氧化菌的活性，进而降低了 CH_4 排放。另有研究表明，施用生物炭增加了稻田 CH_4 排放（Zhang 等，2010），可能与生物炭使土壤 pH 值升高进而促进产甲烷菌活性增强有关（Liu 等，2011），或者生物炭中存在某种化学物质、pH 改变剂或重金属毒性物质，其对土壤甲烷氧化菌的活性起抑制作用（Spokas 等，2009）。此外，有研究发现，CH_4 排放量随尿素施用量的增加而增加（Zheng 等，2006）；在南京试验的观测结果显示，CH_4 排放量随尿素施用量的增加而降低（Zou 等，2005；Dong 等，2011）。本研究发现，不同氮肥对 CH_4 排放量在不同的试验点和年际间均存在差异。在 2015年哈尔滨试验点和 2016 年二九一农场试验点，增加氮肥用量 CH_4 的排放量降低；而在 2016年哈尔滨试验点和 2015 年二九一农场试验点，增加氮肥用量 CH_4 的排放量增加。可见，CH_4 排放量与氮肥施用量之间的关系较为复杂。硝化菌是自养微生物，其能源主要来自铵态氮和亚硝态氮的氧化，而生物炭则能通过对土壤铵态氮的吸附减少硝化菌的能源底物。反硝化菌是异养微生物，需要通过有机物的厌氧分解获得能量，但生物炭常由芳香碳构成，不易降解为简单有机分子（Schmidt 等，1999；Baldock 和 Smernik，2002）；而且生物炭本身的多孔结构也会对土壤有机质具有吸附作用（Gundale 和 DeLuca，2006），两方面的因素都会造成反硝化菌的能源物质减少。可见，生物炭可通过调节硝化菌和反硝化菌的能源底物影响 N_2O 排放。Zhang 等（2010）的田间试验结果表明，在施氮肥和不施氮肥条件下，施用生物炭（$40 \ t/hm^2$）使稻季 N_2O 排放分别减少 40%～51%和 21%～28%。本研究发现，在 2016 年哈尔滨试验点和 2015、2016 年二九一农场试验点，与 N1C0 处理相比，N2C2处理的 N_2O 排放量均有所降低，说明在一定的氮肥用量下，施用适量的生物炭，可降低 N_2O 的排放。还有研究发现，在不同土壤条件下施用生物炭对 N_2O 排放产生复杂的影响，生物炭在施入氮缺乏、有机质含量较低的土壤后，会降低土壤中铵态氮和有机质的含量，通过抑制硝化菌和反硝化菌的活动降低 N_2O 的排放，但是，当生物炭与富氮肥料配施后，就可能会增加 N_2O 的排放（Zebarth 等，2008；Liu 和 Xie，2011）。另外还发现，N_2O 排放量随着尿素施用量的增加而增加（Ma 等，2007；Zou 等，2009）。本研究结果发现，在 2015年哈尔滨和二九一农场试验点，增加氮肥用量 N_2O 的排放量均增加，而在 2016 年哈尔滨和二九一农场试验点，增加氮肥施用量 N_2O 的排放量均降低。可见，N_2O 的排放量不但受氮肥施用量的影响，可能还会受到气候条件等环境因素的影响。

我国耕地的秸秆年总产量达 5 亿多 t。此外，还有 1.6 亿 hm^2 森林和大片不适合种植粮食而可以生长其他植物的荒地，每年有 15 亿～20 亿 t 的稻壳、秸秆、果壳、杂树、杂草等生物质被焚烧、遗弃或腐烂造成环境污染。肥料过量使用和土壤物质损失引发的土壤质量退化问题，严重制约粮食产量的进一步提升，阻碍了农业的可持续发展，还会严重污染环境等。同时，中国又拥有丰富的废弃生物质资源亟待充分利用。生物质炭化还田不仅能藏碳于土、减缓全球气候变化，也是土壤的良好调节剂，有利于提高全球粮食安全保障。积极开展有关生物炭方面的研究工作，增加对生物炭还田的环境效应认知，为生物炭在农业生产和环境保护方面的应用打好理论基础，尽早实现农业废弃生物质资源的生物炭还田。

主要参考文献

[1] IPCC. Climate change 2013: The physical science basis. Contribution of working group I to the Fifth assessment report of the intergovernmental panel on climate change[M]. Cambridge: Cambridge University Press，2013.

[2] WUEBBLES D J，HAYHO E K. Atmospheric methane and global change[J]. Earth-science reviews，2002，57: 177–210.

[3] ZOU J，HUANG Y，QIN Y，et al. Changes in fertilizer-induced direct N_2O emissions from paddy fields during rice-growing season in China between 1950s and 1990s[J]. Global change biology，2009，15: 229–242.

[4] XIE B，ZHENG X，ZHOU Z，et al. Effects of nitrogen fertilizer on CH_4 emission from rice fields: multi-site field observations[J]. Plant soil，2010，326: 393–401.

[5] LAIRD D A. The charcoal vision: a win-win-win scenario for simultaneously producing bioenergy，permanently sequestering carbon，while improving soil and water quality[J]. Agronomy journal，2008，100（1）: 178–181.

[6] 潘根兴，张阿凤，邹建文. 农业废弃物生物黑炭转化还田作为低碳农业途径的探讨[J]. 生态与农村环境学报，2010，26（4）: 394–400.

[7] SHANG Q，YANG X，GAO C，et al. Net annual global warming potential and greenhouse gas intensity in Chinese double rice-cropping systems: a 3–year field measurement in long-term fertilizer experiments[J]. Global change biology，2011，17: 2196–2210.

[8] YAO Z，ZHENG X，DONG H，et al. A 3–year record of N_2O and CH_4 emissions from a sandy loam paddy during rice seasons as affected by different nitrogen application rates[J]. Agriculture，ecosystems and environment，2012，152: 1–9.

[9] GROENIGEN K J，KESSEL C，HUNGATE B A. Increased greenhouse-gas intensity of rice

production under future atmospheric conditions[J]. Nature climate change，2013，3（3）：288–291.

[10] PIAO S L，FANG J Y，CIAIS P，et al. The carbon balance of terrestrial ecosystems in China[J]. Nature，2009，458:1009–1014.

[11] LAL R. Soil carbon sequestration impacts on global climate change and food security[J]. Science，2004，304:1623–1627.

[12] LIU J，SHEN J，LI Y，et al. Effects of biochar amendment on the net greenhouse gas emission and greenhouse gas intensity in a Chinese double rice cropping system[J]. European journal of soil biology，2014，65: 30–39.

[13] ZHANG X，YIN S，LI Y，et al. Comparison of greenhouse gas emissions from rice paddy fields under different nitrogen fertilization loads in Chongming Island Eastern China[J]. Science of the total environment，2014，472: 381–388.

[14] TATE K R. Soil methane oxidation and land-use change-from process to mitigation[J]. Soil biology & biochemistry，2015，80: 260–272.

[15] ZOU J W，HUANG Y，JIANG J Y，et al. A 3–year field measurement of methane and nitrous oxide emissions from rice paddies in China: effects of water regime，crop residue，and fertilizer application[J]. Global biogeochemical cycles，2005，19: 1–9.

[16] MA J，LI X，XU H，et al. Effects of nitrogen fertilizer and wheat straw application on CH_4 and N_2O emissions from a paddy rice field[J]. Australian journal of soil research，2007，45: 359–367.

[17] 李飞跃，梁媛，汪建飞，等. 生物炭固碳减排作用的研究进展[J]. 核农学报，2013，27（5）: 0681–0686.

[18] DONG L，WILLIAM C，HOCKADAY C M，et al. Earthworm avoidance of biochar can be mitigated by wetting[J]. Soil biology & biochemistry，2011，43（8）: 1732–1737.

[19] 袁艳文，田宜水，赵立欣，等. 生物炭应用研究进展[J]. 可再生能源，2012，30（9）: 45–49.

[20] LEHMANN J. Bio-energy in the black[J]. The ecological society of America，2007，5（7）:

381–387.

[21] HATTON B J，SINGH B. Influence of Biochars on N_2O emission and nitrogen leaching from two contrasting soils[J]. Journal of environmental quality，2010，39（4）：1224–1235.

[22] SINGH B，SINGH B P，COWIE A L. Characterisation and evaluation of biochars for their application as a soil amendment[J]. Australian journal of soil research，2010，48: 516–525.

[23] YUAN J H，XU R K，ZHANG H. The forms of alkalis in the biochar produced from crop residues at different temperatures[J]. Bioresource technology，2011，102: 3488–3497.

[24] 谢祖彬，刘琦，许燕萍，等. 生物炭研究进展及其研究方向[J]. 土壤，2011，43（6）：857–861.

[25] IYOBE T，ASADA T，KAWATA K，et al. Comparison of removal efficiencies for ammonia and amine gases between woody charcoal and activated carbon[J]. Journal of health science，2004，50: 148–153.

[26] KEI M，TOSHITATSU M，YASUO H，et al. Removal of nitrate-nitrogen from drinking water using bamboo powder charcoal[J]. Bioresource technology，2004，95: 255–257.

[27] KIM P，JOHNSON A，EDMUNDS C W，et al. Surface functionality and carbon structures in lignocellulosic-derived biochars produced by fast pyrolysis[J]. Energy and fuels，2011，25: 4693–4703.

[28] 刘玉学，王耀锋，吕豪豪，等. 生物质炭化还田对稻田温室气体排放及土壤理化性质的影响[J]. 应用生态学报，2013，24（8）：2166–2172.

[29] CHAN K Y，ZWIETEN L，MESZAROS I，et al. Agronomic values of greenwaste biochar as a soil amendment[J]. Australian journal of soil research，2007，45: 629–634.

[30] STEINER C，TEIXEIRA W G，LEHMANN J，et al. Long term effects of manure，charcoal and mineral fertilization on crop production and fertility on a highly weathered central amazonian upland soil[J]. Plant and soil，2007，291: 275–290.

[31] NOVAK J M，BUSSCHER W J，LAIRD D L，et al. Impact of biochar amendment on fertility of a Southeastern coastal plain soil[J]. Soil science，2009，174: 105–112.

[32] 张千丰，王光华. 生物炭理化性质及对土壤改良效果的研究进展[J]. 土壤与作物，2012，

1（4）：219–226.

[33] 张喜娟，孟英，唐傲，等. 功能性材料生物炭的农田应用效应[J]. 作物杂志，2013，4:
     20–24.

[34] LEHMANN J. A handful of carbon[J]. Nature，2007，447:143–144.

[35] LEHMANN J，CZIMCZIK C，LAIRD D, et al. Stability of biochar in the soil[M].London:
     Earthscan，2009.

[36] GLASER B，HAUMAIER L，GUGGENBERGER G，et al. The 'terra preta' phenomenon:
     a model for sustainable agriculture in the humid tropics[J]. Naturwissenschaften，2001，88
     （1）：37–41.

[37] 丁维新，蔡祖聪. 氮肥对土壤甲烷产生的影响[J]. 农业环境科学学报，2003，22（3）：
     380–383.

[38] LUKAS V Z，SINGH B，FOSEPH S，et al. Biochar and emissions of Non-CO$_2$ greenhouse
     gases from soil in biochar for environmental mangement[M]. London: Earthscan，2009: 232.

[39] 颜永毫，王丹丹，郑纪勇. 生物炭对土壤 N$_2$O 和 CH$_4$ 排放影响的研究进展[J]. 中国农
     学通报，2013，29（8）：140–146.

[40] JEFFREY L S，HAROLD P C，BAILEY V L. The effect of young biochar on soil
     respiration[J]. Soil biology and biochemistry，2010，42（2）：2345–2347.

[41] KNOBLAUCHA C，MAARIFATA A A，PFEIFFERA E M，et al. Degradability of black
     carbon and its impact on trace gas fluxes and carbon turnover in paddy soils[J]. Soil biology
     and biochemistry，2010，43（9）：1768–1778.

[42] FENG Y，XU Y，YU Y，et al. Mechanisms of biochar decreasing methane emission from
     Chinese paddy soils[J]. Soil biology & biochemistry，2012，46: 80–88.

[43] ZHANG A F，CUI L Q，PAN G X，et al. Effect of biochar amendment on yield and methane
     and nitrous oxide emissions from a rice paddy from Tai Lake plain，China[J]. Agriculture，
     ecosystems and environment，2010，139: 469–475.

[44] LIU Y，YANG M，WU Y，et al. Reducing CH$_4$ and CO$_2$ emissions from waterlogged paddy
     soil with biochar[J]. Journal of soils and sediments，2011，11: 930–939.

[45] SPOKAS K A, KOSKINEN W C, BAKER J M, et al. Impacts of woodchip biochar additions on greenhouse gas production and sorption/degradation of two herbicides in a Minnesota soil[J]. Chemosphere, 2009, 77: 574–581.

[46] ZHENG X, ZHOU Z, WANG Y, et al. Nitrogen-regulated effects of free-air CO_2 enrichment on methane emissions from paddy rice fields[J]. Global change biology, 2006, 12（9）: 1717–1732.

[47] DONG H, YAO Z, ZHENG X, et al. Effect of ammonium-based, non-sulfate fertilizers on CH_4 emissions from a paddy field with a typical Chinese water management regime[J]. Atmospheric environment, 2011, 45: 1095–1101.

[48] SCHMIDT M W I, SKJEMSTAD J O, GEHRT E, et al. Charred organic carbon in German chernozemic soils[J]. European journal of soil science, 1999, 50（2）: 351–365.

[49] BALDOCK J A, SMERNIK R J. Chemical composition and bioavailability of thermally altered *Pinus resinosa* （Red pine） wood[J]. Organic geochemistry, 2002, 33: 1093–1109.

[50] GUNDALE M J, DELUCA T H. Temperature and source material influence ecological attributes of ponderosa pine and Douglas-fir charcoal[J]. Forest ecology and management, 2006, 231: 86–93.

[51] ZEBARTH B J, ROCHETTE P, BURTON D L. N_2O emissions from spring barley production as influenced by fertilizer nitrogen rate[J]. Canadian journal of soil science, 2008（88）: 197–205.

[52] LIU Q, XIE Z. Effects of biochar addition on crop yield and greenhouse gases in rice-wheat rotation ecosystem in Jiangdu China[C].Nanjing:International symposium on biochar research, development & application, 2011: 29.

7 寒地稻田秸秆还田的密肥调控与温室气体排放

我国各类作物每年生产的秸秆约 6 亿 t，其中水稻秸秆 2.3 亿 t（郝帅帅 等，2016），秸秆资源的合理循环利用成为我国水稻生产急需解决的问题。2020 年中央一号文件主题聚焦治理农村生态环境突出问题，文件明确提出要推进秸秆综合利用。为此，应积极推进我国水稻秸秆的综合利用，积极探索与之相适应的秸秆利用新路径，避免秸秆焚烧对农业生态环境和人民生产生活造成的不利影响。目前，秸秆直接还田备受世界各国的广泛关注，普遍认为，秸秆直接还田是值得大力推广的、最直接有效的农业措施。欧美等国一般将 2/3 左右的秸秆用于直接还田（刘巽浩 等，1998；Yukihiko 等，2004；李万良和刘武仁，2007；王红彦 等，2016）。据估算（刘晓永和李书田，2017），1980—1989 年我国秸秆直接还田率约为 20%，2000—2009 年秸秆直接还田率约为 42%，2010—2015 年由于政府积极提倡秸秆还田，使得 60% 以上的秸秆被直接还田。寒地稻区作为我国重要的粳稻主产区，对于保障我国口粮有效供给具有举足轻重的作用；该区域既是粳稻的生产区，也是秸秆的重要产出区。秸秆利用主要以还田为主（焦洋，2019），研究表明（徐国伟，2007；顾道健 等，2014），水稻穗分化期前，秸秆还田后的水稻分蘖发生数、叶面积指数及干物质量均小于秸秆未还田的对照，但分蘖成穗率提高。秸秆还田后农民仍沿用常规的密肥管理模式，就会造成秸秆还田后水稻前期僵苗不发、穗数不足和减产等现象。此外，还田秸秆在增加稻田土壤有机质和改善土壤结构和物理性状的同时，也会对 CH_4 和 N_2O 等温室气体的排放产生重要的影响。本章将针对秸秆还田导致的水稻生育前期分蘖推迟、肥料施用不合理等问题，在寒地稻田开展秸秆还田下密度与肥料调控试验研究，主要通过群体调控试验分析水稻产量、肥料利用效率、土壤理化性质及温室气体排放等指标，筛选出秸秆还田下适宜的密度和肥料调控技术。此外，在了解水稻秸秆腐解规律的基础上，针对秸秆还田下氮肥运筹不合理问题，在寒地稻田开展秸秆还田下不同肥料运筹试验研究，主要通过不同氮肥运筹试验分析水稻产量、肥料利用效率、土壤理化性质及温室气体排放等指标，筛选出秸秆还田条件下更好的氮肥运筹方式。

7.1 材料与方法

试验在哈尔滨市道外区民主乡黑龙江省农业科学院国家级现代农业示范区（45°49′N，126°48′E，海拔 117 m）试验田进行，该区域属东北单季稻稻作区，为温带大陆性季风气候。年平均日照时数为 2 668.9 h，无霜期平均 131～146 d，年降水量 508～583 mm，≥10 ℃有效积温 2 600～2 700 ℃·d。供试小区土壤为黑钙土，土壤主要理化性质为全氮 1.0 g/kg、全磷 0.6 g/kg、全钾 20.4 g/kg、碱解氮 96.4 mg/kg、有效磷 24.5 mg/kg、速效钾 142.9 mg/kg、土壤有机质 30.5 g/kg 和 pH 8.1。

试验一：采用完全随机区组设计，设置 4 个处理，分别为：①常密常氮：常规密度，常规氮肥运筹；②增密常氮：增加密度，常规氮肥运筹；③增密减穗肥氮：增加密度，减总氮的 20%（减穗肥）；④增密减基肥氮：增加密度，减总氮的 20%（减基肥）。3 次重复，每个小区面积 48 m²。供试品种为龙稻 21。

各处理详情如下：

（1）常密常氮：水稻收获后秸秆粉碎还田（10 cm），第一年秋翻耕（深度 18～20 cm），第二年秋旋耕（深度 10～15 cm），春季泡浅水，无动力打浆，耙平地，再灌深水。水稻栽插株行距为 30.0 cm×13.3 cm。施纯氮 180 kg/hm²，基肥：分蘖肥：穗肥=4：3：3，P_2O_5（70 kg/hm²）做基肥一次性施用，K_2O（60 kg/hm²）按基肥：穗肥=1：1 施入。常规水分：前期保持浅水 1～3 cm、中期排水烤田、后期干湿交替（每次灌水后自然落干）。

（2）增密常氮：水稻收获后秸秆粉碎还田（10 cm），耕作同常密常氮处理。增加密度，栽插株行距变为 30 cm×10 cm。施纯氮 180 kg/hm²，基肥：分蘖肥：穗肥=4：3：3，P_2O_5（70 kg/hm²）做基肥一次性施用，K_2O（60 kg/hm²）按基肥：穗肥=1：1 施入。水分同常密常氮处理。

（3）增密减穗肥氮：水稻收获后秸秆粉碎还田（10 cm），耕作同常密常氮处理。增加密度，栽插株行距变为 30 cm×10 cm。穗肥的氮肥用量减少 20%（总施氮量的 20%），基肥蘖肥不变。P、K 肥不变。水分同常密常氮处理。

（4）增密减基肥氮：水稻收获后秸秆粉碎还田（10 cm），耕作同常密常氮处理。增加密度，栽插株行距变为 30 cm×10 cm。基肥的氮肥用量减少 20%（总施氮量的 20%），蘖肥穗肥不变。P、K 肥不变。水分同常密常氮处理。

试验二：试验采用完全随机区组设计，设置 2 个处理，分别为：①常规氮肥运筹；②增蘖肥减穗肥。3 次重复，每个小区面积 48 m²。供试品种为龙稻 21。

各处理详情如下：

（1）常规氮肥运筹：水稻收获后秸秆粉碎还田（10 cm），第一年秋翻耕（深度 18～20 cm），第二年秋旋耕（深度 10～15 cm），春季泡浅水，无动力打浆，耙平地，再灌深水。水稻栽插株行距为 30.0 cm×13.3 cm。施纯氮 180 kg/hm²，基肥：分蘖肥：穗肥=4：3：3，P_2O_5（70 kg/hm²）做基肥一次性施用，K_2O（60 kg/hm²），按基肥：穗肥=1：1 施入。常规水分：前期保持浅水 1～3 cm、中期排水烤田、后期干湿交替（每次灌水后自然落干）。

（2）增蘖肥减穗肥：水稻收获后秸秆粉碎还田（10 cm），耕作同常规氮肥运筹处理。水稻栽插株行距为 30.0 cm×13.3 cm。蘖肥的氮肥用量增加 20%（总施氮量的 20%），穗肥的氮肥用量减少 20%（总施氮量的 20%），也就是将穗肥中总氮的 20%调为蘖肥，基肥：蘖肥：穗肥=4：5：1，基肥不变。P 肥不变，穗肥的 K 肥用量在处理 1 的基础上减少总施钾量的 20%。水分同常规氮肥运筹处理。

7.2 寒地稻田秸秆还田的密肥调控技术

7.2.1 CH_4 排放特征

对于 2018 年，秸秆还田下不同密肥调控技术 CH_4 排放通量季节变化特征呈先上升后下降再上升再逐渐下降的变化趋势（图 7-1）。随着水稻的生长，在分蘖期（6 月 11 日）达到第一次峰值[23.15 mg/（m²·h）]，然后开始下降，在拔节孕穗期（7 月 2 日）达到第二次峰值[23.12 mg/（m²·h）]，之后开始逐渐下降。不同密肥调控技术 CH_4 平均排放通量的大小顺序为：增密常氮>常密常氮>增密减穗肥氮>增密减基肥氮，上述四个处理的 CH_4 平均排放通量分别为 10.02 mg/（m²·h）、9.94 mg/（m²·h）、9.44 mg/（m²·h）和 9.09 mg/（m²·h）。

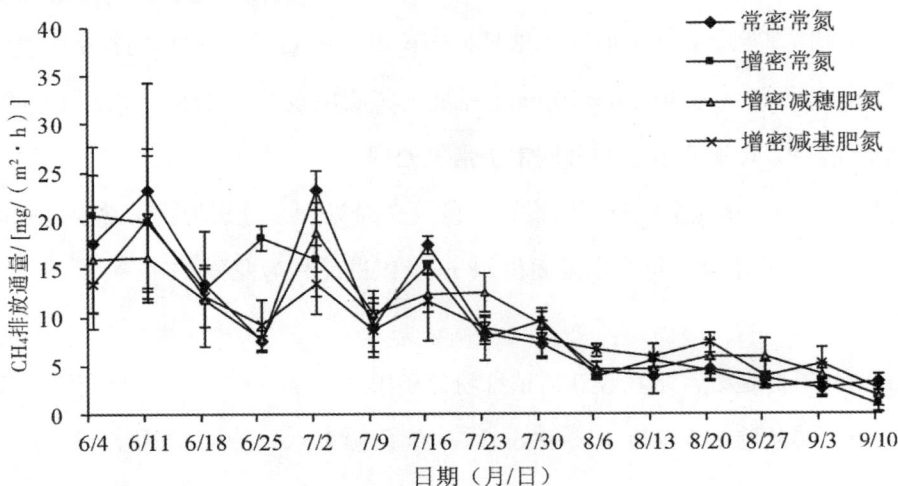

图 7-1　秸秆还田下不同密肥调控技术 CH₄ 排放通量的变化特征（2018 年）

对于 2019 年，秸秆还田下不同密肥调控技术 CH₄ 排放通量季节变化特征同样呈先上升后下降再上升再逐渐下降的变化趋势（图 7-2）。随着水稻的生长，在分蘖期（6 月 16 日）达到第一次峰值[58.23 mg/（m²·h）]，然后开始下降，在拔节孕穗期（7 月 14 日）达到第二次峰值[25.51 mg/（m²·h）]，之后开始缓慢下降。不同密肥调控技术 CH₄ 平均排放通量的大小顺序为：常密常氮>增密减穗肥氮>增密常氮>增密减基肥氮，上述四个处理的 CH₄ 平均排放通量分别为 16.26 mg/（m²·h）、14.86 mg/（m²·h）、13.70 mg/（m²·h）、13.28 mg/（m²·h）。

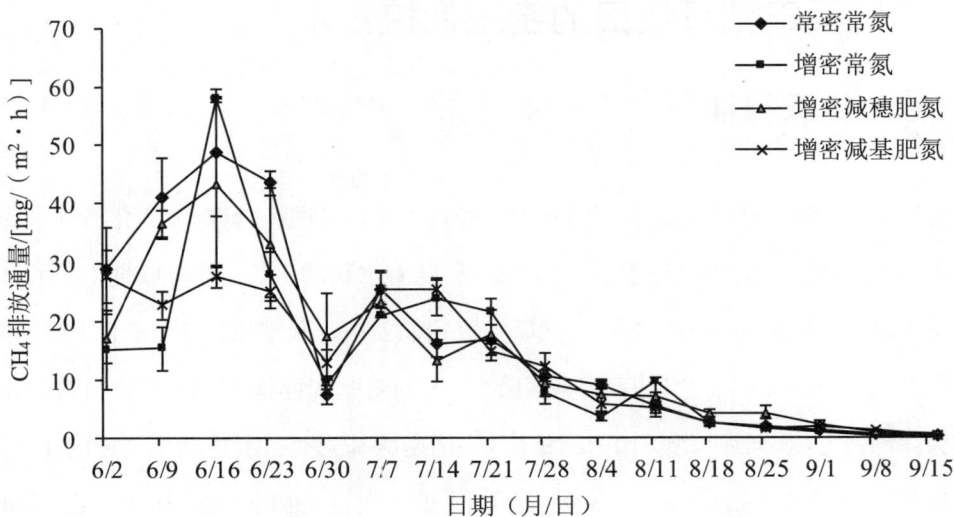

图 7-2　秸秆还田下不同密肥调控技术 CH₄ 排放通量的变化特征（2019 年）

7.2.2 N$_2$O 排放特征

由图 7-3 可见，2018 年秸秆还田下不同密肥调控技术 N$_2$O 排放通量季节变化特征呈先升高后下降再升高再下降的趋势。在 7 月 16 日和 8 月 20 日不同密肥调控技术的 N$_2$O 排放通量均达到峰值，最大值为 75.08 μg/（m^2·h），其他生育时期均呈现"锯齿状"的变化模式。总体来讲，秸秆还田下不同密肥调控技术 N$_2$O 平均排放通量从大到小依次为：增密减基肥氮>常密常氮>增密常氮>增密减穗肥氮，上述四个处理的 N$_2$O 平均排放通量分别为 34.04 μg/（m^2·h）、30.14 μg/（m^2·h）、29.15 μg/（m^2·h）和 26.53 μg/（m^2·h）。

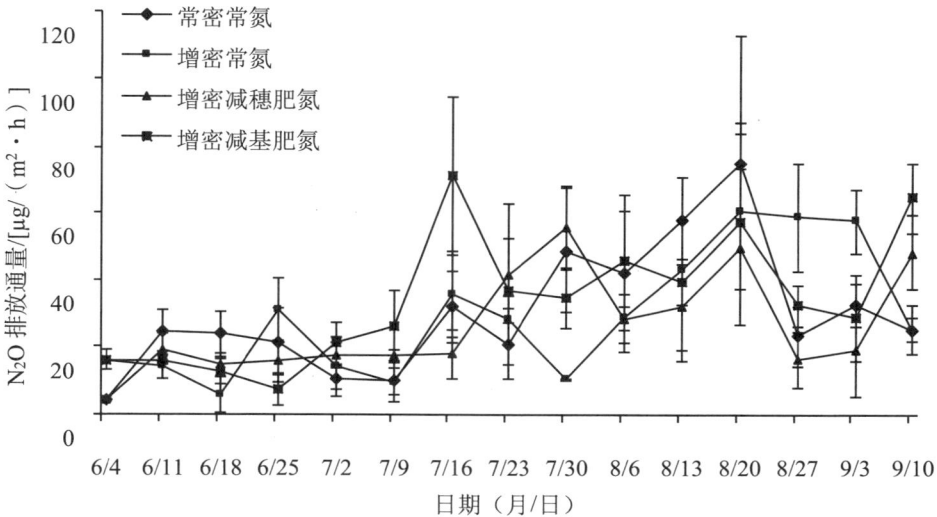

图 7-3　秸秆还田下不同密肥调控技术 N$_2$O 排放通量的变化特征（2018 年）

由图 7-4 可知，2019 年秸秆还田下不同密肥调控技术 N$_2$O 排放通量季节变化特征呈现"锯齿状"的变化模式。在 6 月 2 日和 9 月 8 日不同密肥调控技术的 N$_2$O 排放通量均达到峰值，最大值为 69.35 μg/（m^2·h）。总体而言，秸秆还田下不同密肥调控技术 N$_2$O 平均排放通量从大到小依次为：常密常氮>增密减基肥氮>增密常氮>增密减穗肥氮，上述四个处理的 N$_2$O 平均排放通量分别为 19.22 μg/（m^2·h）、18.02 μg/（m^2·h）、16.49 μg/（m^2·h）和 8.82 μg/（m^2·h）。

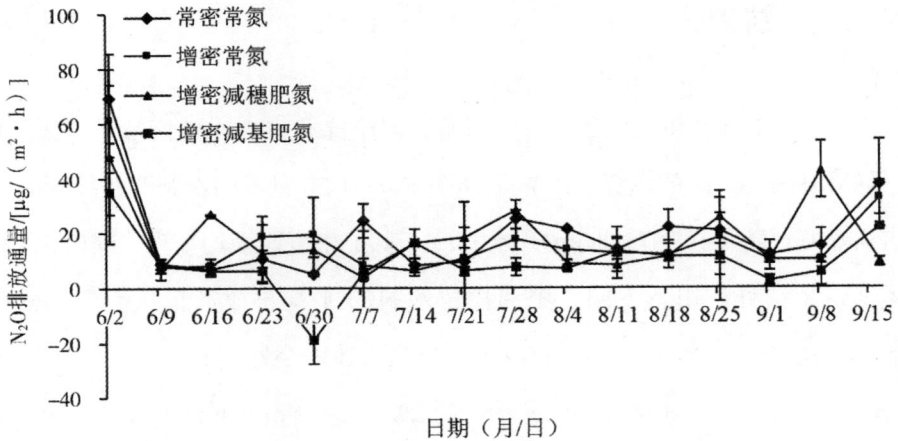

图 7-4　秸秆还田下不同密肥调控技术 N_2O 排放通量的变化特征（2019 年）

7.2.3　综合温室效应

与常密常氮处理相比，增密减基肥氮和增密减穗肥氮处理的 CH_4 排放量两年平均分别降低 13.8%和 9.7%，且差异均不显著，2018 年增密常氮处理的 CH_4 排放量增加 2.8%，而 2019 年增密常氮处理的 CH_4 排放量则降低 15.6%，两年的差异均不显著；增密减穗肥氮处理的 N_2O 排放量两年平均降低 13.9%，且差异均不显著，2018 年增密减基肥氮和增密常氮处理的 N_2O 排放量分别增加 12.5%和 1.3%，差异均不显著，而 2019 年增密减基肥氮和增密常氮处理的 N_2O 排放量分别降低 52.8%和 12.5%，且增密减基肥氮的差异达到显著水平；增密减基肥氮和增密减穗肥氮处理的综合全球增温潜势两年平均分别降低 13.8%和 9.8%，且差异均不显著，2018 年增密常氮处理的综合全球增温潜势增加 2.8%，而 2019 年增密常氮处理的综合全球增温潜势则降低 15.6%，两年的差异均不显著（表 7-1）。

表 7-1　秸秆还田下不同密肥调控技术对 CH_4 和 N_2O 排放量以及综合全球增温潜势的影响

年份	处理	CH_4 排放量/（kg/hm²）	N_2O 排放量/（kg/hm²）	综合全球增温潜势/（kg CO_2-eq/hm²）
2018	常密常氮	306.73 a	0.80 ab	7 906.45 a
	增密常氮	315.33 a	0.81 ab	8 125.43 a
	增密减穗肥氮	287.63 a	0.70 b	7 400.70 a
	增密减基肥氮	271.99 a	0.90 a	7 067.26 a

续表

年份	处理	CH₄ 排放量/ (kg/hm²)	N₂O 排放量/ (kg/hm²)	综合全球增温潜势/ (kg CO₂-eq/hm²)
	常密常氮	510.38 a	0.72 a	12974.93 a
	增密常氮	430.72 a	0.63 a	10954.25 a
2019	增密减穗肥氮	443.19 a	0.61 ab	11262.25 a
	增密减基肥氮	426.96 a	0.34 b	10775.99 a

7.2.4 产量形成、氮肥利用率及单位产量的全球增温潜势

7.2.4.1 生物量的变化

在灌浆期，与常密常氮处理相比，增密减基肥氮处理的水稻地上部生物量两年平均增加 22.9%，且 2018 年的差异显著；在 2018 年，增密常氮和增密减穗肥氮处理的地上部生物量分别显著增加 16.8% 和 14.8%。在成熟期，与常密常氮处理相比，增密减基肥氮和增密常氮处理的地上部生物量两年平均分别增加 7.0% 和 2.5%，但差异均不显著（表 7-2）。

表 7-2 秸秆还田下密肥调控技术对水稻地上部生物量的影响

年份	生育期	处理	生物量/(t/hm²)
		常密常氮	8.16 b
		增密常氮	9.53 a
	灌浆期	增密减穗肥氮	9.37 a
		增密减基肥氮	10.32 a
2018		常密常氮	16.30 a
		增密常氮	16.67 a
	成熟期	增密减穗肥氮	16.91 a
		增密减基肥氮	17.52 a
2019	灌浆期	常密常氮	9.65 ab
		增密常氮	9.53 b

续表

年份	生育期	处理	生物量/（t/hm²）
2019	灌浆期	增密减穗肥氮	8.67 b
		增密减基肥氮	11.52 a
2019	成熟期	常密常氮	15.40 ab
		增密常氮	15.82 ab
		增密减穗肥氮	13.78 b
		增密减基肥氮	16.41 a

7.2.4.2 产量及其构成

1）产量变化

与常密常氮处理相比，增密减基肥氮处理的水稻产量两年平均增加 6.0%，且 2019 年增幅为 8.3%，差异达到显著水平；其他处理的差异均不显著（图 7-5）。

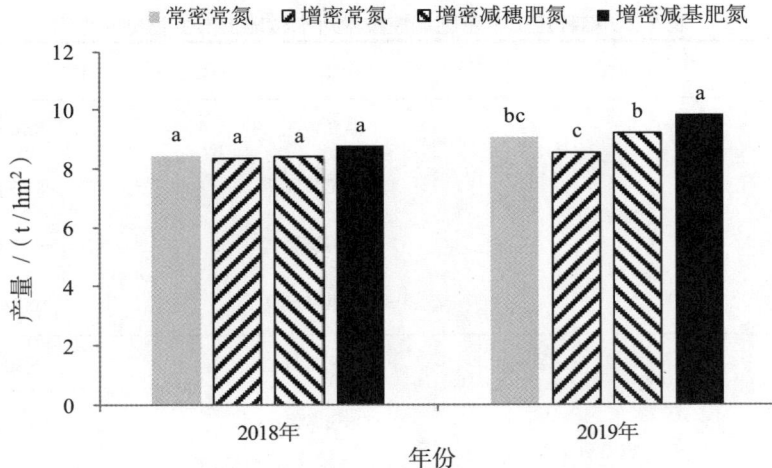

图 7-5 秸秆还田下密肥调控技术对水稻产量的影响

注：图中不同小写字母表示不同处理在 0.05 水平上差异显著，下同。

2）产量构成

与常密常氮处理相比，增密减基肥氮和增密常氮处理的有效穗数两年平均分别显著增加 11.5%和 12.0%，增密减穗肥氮处理的有效穗数两年平均增加 7.6%，且 2019 年的差异显著。各个处理间的每穗粒数两年均不显著。与常密常氮处理相比，2018 年其他处理的结实率均未达显著水平；2019 年增密常氮处理的结实率显著增加 5.0%，其他两个处理的差异均不显著。2018 年各处理间的千粒重均不显著，2019 年增密减基肥氮处理的千粒重较常密常氮处理显著降低 2.6%，其他两个处理与常密常氮处理的千粒重无显著性差异（表 7-3）。

表 7-3　秸秆还田下密肥调控技术对水稻产量构成的影响

年份	处理	有效穗数/ （$10^4/hm^2$）	每穗粒数	结实率/%	千粒重/g
2018	常密常氮	437.22 c	84.47 a	94.49 a	27.07 a
	增密常氮	477.79 a	91.26 a	95.01 a	26.74 a
	增密减穗肥氮	448.16 bc	82.89 a	93.11 a	26.80 a
	增密减基肥氮	466.68 ab	82.57 a	94.31 a	27.41 a
2019	常密常氮	399.35 b	105.38 a	83.86 b	27.23 a
	增密常氮	457.79 a	96.55 a	88.09 a	27.90 a
	增密减穗肥氮	450.02 a	95.58 a	83.18 b	27.63 a
	增密减基肥氮	464.46 a	98.43 a	86.79 ab	26.52 b

7.2.4.3　氮肥偏生产力

与常密常氮处理相比，增密减基肥氮和增密减穗肥氮处理的水稻氮肥偏生产力两年平均分别显著提高 32.2%和 25.3%，增密常氮处理的水稻氮肥偏生产力无显著性差异。在 2019 年，增密减基肥氮的水稻氮肥偏生产力显著高于增密减穗肥氮处理（图 7-6）。

■ 常密常氮　☑ 增密常氮　▨ 增密减穗肥氮　■ 增密减基肥氮

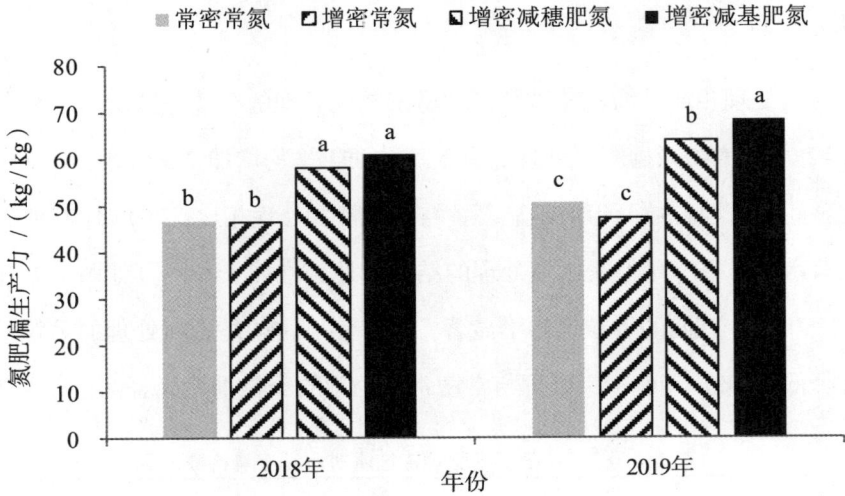

图 7-6　秸秆还田下密肥调控技术对水稻氮肥偏生产力的影响

7.2.4.4 单位产量的全球增温潜势

与常密常氮处理相比，增密减基肥氮、增密减穗肥氮和增密常氮处理的单位产量全球增温潜势两年平均分别降低 23.2%、15.7% 和 8.5%，且差异均未达显著水平（表 7-4）。

表 7-4　秸秆还田下不同密肥调控技术对水稻单位产量全球增温潜势的影响

年份	处理	单位产量全球增温潜势/（kg CO$_2$-eq/kg）
2018	常密常氮	1.05 a
	增密常氮	0.98 a
	增密减穗肥氮	0.88 a
	增密减基肥氮	0.81 a
2019	常密常氮	1.43 a
	增密常氮	1.29 a
	增密减穗肥氮	1.22 a
	增密减基肥氮	1.10 a

7.2.5 土壤理化性质

与常密常氮处理相比，2018 年增密减穗肥氮处理 0～10 cm 土层有机质含量显著增加 8.6%，增密常氮处理的有机质含量明显增加 7.5%，增密减基肥氮处理的有机质含量两年平均增加 4.0%；10～20 cm 土层有机质含量明显增加 16.1%。2019 年两个处理之间的有机质含量无明显变化，增密减穗肥氮和增密常氮处理的有机质含量较常密常氮两年分别增加 10.5% 和 3.4%。20～30 cm 土层，增密减基肥氮和增密减穗肥氮处理的有机质含量较常密常氮两年分别增加 3.1% 和 5.6%（表 7-5）。

对于不同耕层土壤碱解氮含量，与常密常氮处理相比，2018 年增密减基肥氮、增密减穗肥氮和增密常氮处理 0～10 cm 土层的碱解氮含量分别显著降低 7.3%、8.3% 和 7.3%；2019 年增密减基肥氮和增密减穗肥氮处理的碱解氮含量分别降低 5.6% 和 4.2%。对于 10～20 cm 土层，2018 年增密减基肥氮、增密减穗肥氮和增密常氮处理的碱解氮含量分别降低 2.2%、8.1% 和 13.5%，且增密常氮处理的差异达到显著水平，2019 年增密减基肥氮和增密常氮处理的碱解氮含量较常密常氮分别降低 16.5% 和 3.4%。对于 20～30 cm 土层，增密减基肥氮、增密减穗肥氮和增密常氮处理的碱解氮含量较常密常氮两年分别降低 8.2%、5.2% 和 6.7%（表 7-5）。

对于不同耕层土壤有效磷含量，与常密常氮处理相比，增密减基肥氮处理 0～10 cm 土层有效磷含量两年均略有增加。对于 10～20 cm 土层，2018 年增密减基肥氮和增密常氮处理的有效磷含量较常密常氮分别增加 4.9% 和 11.3%，而增密减穗肥处理的有效磷含量较常密常氮降低 27.8%，差异显著，2019 年增密减基肥氮的有效磷含量较常密常氮明显降低 23.1%。对于 20～30 cm 土层，2018 年增密减基肥氮和增密减穗肥氮处理的有效磷含量较常密常氮分别显著降低 26.0% 和 57.0%，2019 年增密减基肥氮和增密减穗肥氮处理的有效磷含量较常密常氮分别降低 3.8% 和 43.8%（表 7-5）。

对于不同耕层土壤速效钾含量，与常密常氮处理相比，增密减基肥氮和增密常氮处理 0～10 cm 土层的两年平均速效钾含量分别下降 4.1% 和 3.9%。对于 10～20 cm 土层，2018 年增密减穗肥氮和增密常氮处理的速效钾含量较常密常氮分别降低 5.7% 和 4.9%，2019 年增密减基肥氮的速效钾含量较常密常氮降低 5.9%，而增密常氮的速效钾含量较常密常氮增加 17.3%，差异显著。对于 20～30 cm 土层，2018 年各处理间变化不大，2019 年增密减基肥氮和增密常氮处理的速效钾含量较常密常氮分别显著降低 30.9%和 21.2%，增密减穗肥氮处理的速效钾含量较常密常氮降低 6.5%（表 7-5）。

对于不同耕层土壤阳离子交换量（CEC），与常密常氮处理相比，2018 年增密减基肥氮和增密减穗肥氮处理 0～10 cm 土层 CEC 含量均略有增加，而 2019 年增密减基肥氮、增密减穗肥氮和增密常氮处理 0～10 cm 土层 CEC 含量分别增加 8.2%、16.1%和 8.6%。对于 10～20 cm 土层，增密减基肥氮和增密减穗肥氮处理的 CEC 含量两年平均分别增加 3.9%和 5.3%，且 2018 年增密减基肥氮处理的差异达到显著水平。对于 20～30 cm 土层，2018 年增密减基肥氮、增密减穗肥氮和增密常氮处理的 CEC 含量较常密常氮分别增加 2.4%、5.6%和 3.3%，2019 年增密减穗肥氮处理的 CEC 含量较常密常氮增加 5.0%（表 7-5）。

总体上，增密减基肥氮具有较高的产量和氮肥偏生产力，在不同土壤耕层的土壤理化性质方面均有所提高，该密肥调控技术可兼顾秸秆全量还田下水稻丰产增效与土壤培肥。

表 7-5　秸秆还田下密肥调控技术对稻田土壤理化性质的影响

年份	土壤深度/cm	处理	有机质含量/（g/kg）	碱解氮含量/（mg/kg）	有效磷含量/（mg/kg）	速效钾含量/（mg/kg）	CEC/[cmol（+）/kg 土]
2018	0～10	常密常氮	28.38 b	107.02 a	25.24 a	180.98 a	26.02 a
		增密常氮	30.50 ab	99.24 b	24.80 a	176.95 a	26.01 a
		增密减穗肥氮	30.82 a	98.10 b	24.68 a	183.28 a	26.06 a
		增密减基肥氮	30.06 ab	99.24 b	25.26 a	177.15 a	26.14 a
	10～20	常密常氮	24.13 a	93.30 a	27.35 a	179.28 a	25.23 bc
		增密常氮	25.06 a	80.72 b	30.45 a	170.48 a	24.87 c
		增密减穗肥氮	27.15 a	85.75 ab	19.75 b	169.07 a	25.83 ab
		增密减基肥氮	28.01 a	91.24 a	28.70 a	179.63 a	26.21 a
	20～30	常密常氮	22.12 a	74.09 a	26.81a	135.10 a	23.04 a
		增密常氮	21.33 a	72.72 a	25.57a	137.45 a	23.79 a
		增密减穗肥氮	22.80 a	69.74 a	11.53 c	135.07 a	24.33 a
		增密减基肥氮	22.91 a	71.69 a	19.83 b	137.55 a	23.59 a

年份	土壤深度/ cm	处理	有机质含量/ （g/kg）	碱解氮含量/ （mg/kg）	有效磷含量/ （mg/kg）	速效钾含量/ （mg/kg）	CEC/ [cmol（+）/kg 土]
2019	0～10	常密常氮	31.80 a	110.80 ab	26.14 a	166.33 a	31.60 a
		增密常氮	29.36 a	111.87 a	26.71 a	157.07 a	34.33 a
		增密减穗肥氮	29.79 a	106.13 ab	24.60 a	163.28 a	36.68 a
		增密减基肥氮	32.45 a	104.59 b	26.38 a	156.12 a	34.20 a
	10～20	常密常氮	24.82 a	97.17 ab	26.96 a	148.78 b	30.94 a
		增密常氮	25.57 a	93.86 ab	27.04 a	174.53 a	31.06 a
		增密减穗肥氮	26.92 a	101.43 a	27.15 a	148.00 b	33.51 a
		增密减基肥氮	24.83 a	81.14 b	20.72 a	139.95 b	32.15 a
	20～30	常密常氮	22.52 a	79.31 a	22.65 a	149.13 a	33.60 a
		增密常氮	21.08 a	70.12 a	22.88 a	117.58 bc	28.81 a
		增密减穗肥氮	24.36 a	75.78 a	12.72 a	139.37 ab	35.27 a
		增密减基肥氮	23.09 a	68.94 a	21.80 a	103.00 c	28.02 a

7.3 寒地稻田秸秆还田的氮肥运筹技术

7.3.1 CH_4 排放特征

对于 2018 年，秸秆还田下不同氮肥运筹技术 CH_4 排放通量季节变化特征呈先下降后升高再逐渐下降的变化趋势（图 7-7）。随着水稻的生长，在拔节孕穗期（7 月 2 日）达到峰值[31.38 mg/（m^2·h）]，之后开始逐渐下降。不同氮肥运筹技术 CH_4 平均排放通量的大小顺序为：增蘖肥减穗肥>常规氮肥运筹，上述两个处理的 CH_4 平均排放通量分别为 11.95 mg/（m^2·h）和 9.94 mg/（m^2·h）。

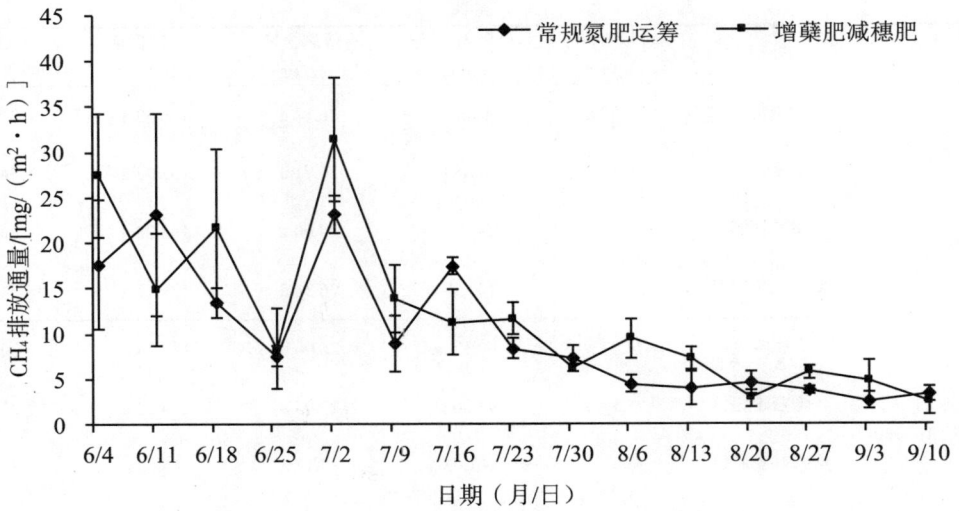

图 7-7　秸秆还田下不同氮肥运筹技术 CH_4 排放通量的变化特征（2018 年）

对于 2019 年，秸秆还田下不同氮肥运筹技术 CH_4 排放通量季节变化特征呈先上升后下降再上升再逐渐下降的变化趋势（图 7-8）。随着水稻的生长，在分蘖期（6 月 9 日）达到第一次峰值[70.36 mg/（$m^2 \cdot h$）]，然后开始下降，在拔节孕穗期（7 月 7 日）达到第二次峰值[25.51 mg/（$m^2 \cdot h$）]，之后开始逐渐下降。不同氮肥运筹技术 CH_4 平均排放通量的大小顺序为：增蘖肥减穗肥>常规氮肥运筹，上述两个处理的 CH_4 平均排放通量分别为 18.77 mg/（$m^2 \cdot h$）和 16.26 mg/（$m^2 \cdot h$）。

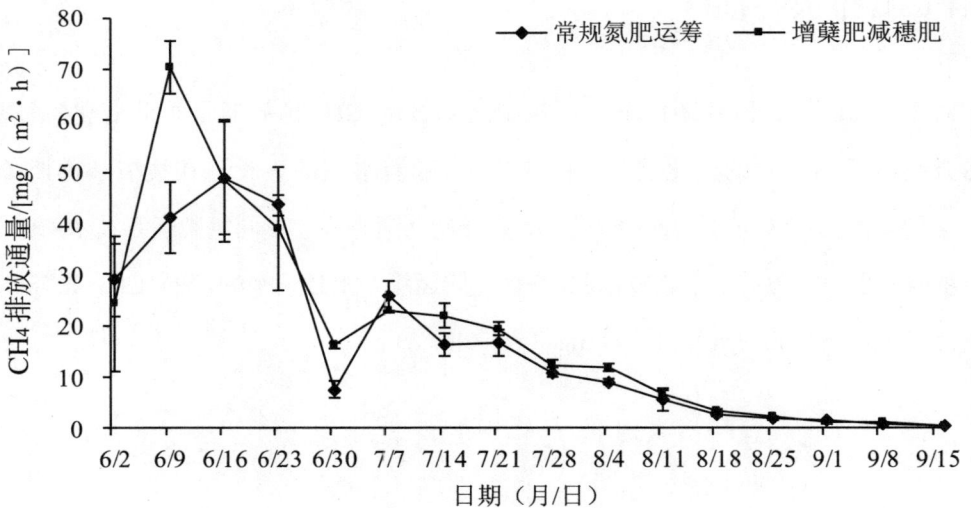

图 7-8　秸秆还田下不同氮肥运筹技术 CH_4 排放通量的变化特征（2019 年）

7.3.2 N$_2$O 排放特征

由图 7-9 可见，2018 年秸秆还田下不同氮肥运筹技术 N$_2$O 排放通量季节变化特征呈先升高后下降再升高再下降的趋势。在 6 月 18 日和 8 月 20 日不同氮肥运筹技术的 N$_2$O 排放通量均达到峰值，最大值为 75.08 μg/m^2·h，其他生育时期均呈现"锯齿状"的变化模式。总体来讲，秸秆还田下不同氮肥运筹技术 N$_2$O 平均排放通量大小顺序为：常规氮肥运筹>增蘖肥减穗肥，上述两个处理的 N$_2$O 平均排放通量分别为 30.14 μg/（m^2·h）和 29.82 μg/（m^2·h）。

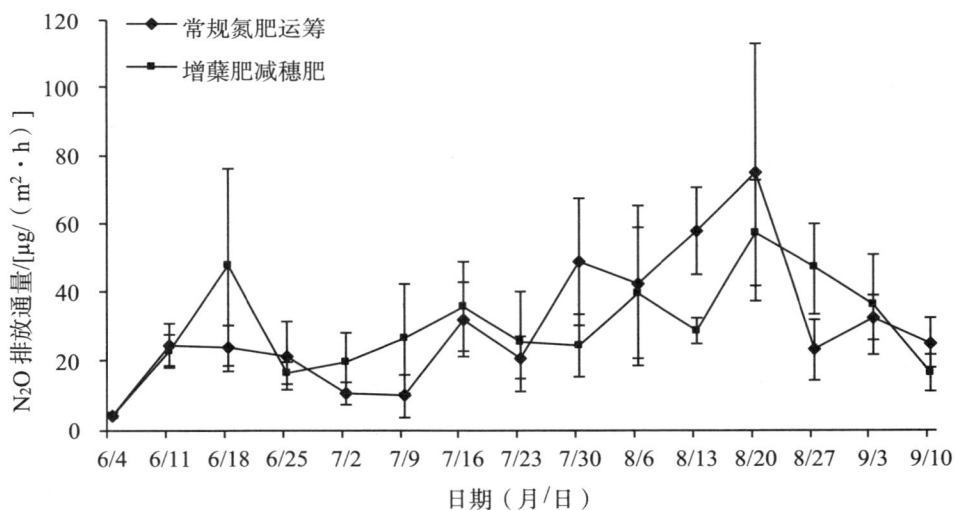

图 7-9　秸秆还田下不同氮肥运筹技术 N$_2$O 排放通量的变化特征（2018 年）

由图 7-10 可见，2019 年秸秆还田下不同氮肥运筹技术 N$_2$O 排放通量季节变化特征呈先急剧下降后出现"锯齿状"的变化模式。在 6 月 2 日不同氮肥运筹技术的 N$_2$O 排放通量达到峰值[178.68 μg/（m^2·h）]。总体来讲，秸秆还田下不同氮肥运筹技术 N$_2$O 平均排放通量大小顺序为：增蘖肥减穗肥>常规氮肥运筹，上述两个处理的 N$_2$O 平均排放通量分别为 23.64 μg/（m^2·h）和 19.22 μg/（m^2·h）。

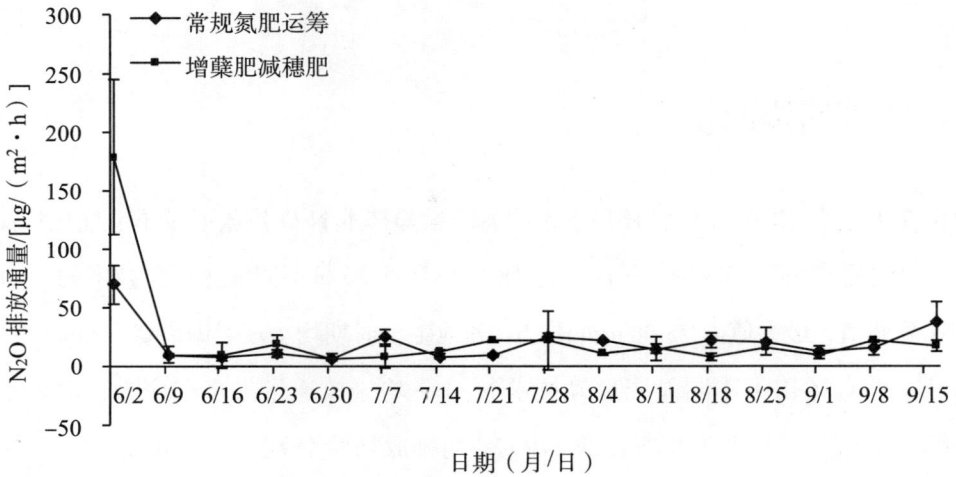

图 7-10　秸秆还田下不同氮肥运筹技术 N_2O 排放通量的变化特征（2019 年）

7.3.3　综合温室效应

与常规氮肥运筹处理相比，增蘖肥减穗肥处理的 CH_4 排放量两年平均增加 18.4%，且差异均不显著；2018 年增蘖肥减穗肥处理的 N_2O 排放量降低 2.5%，而 2019 年增蘖肥减穗肥处理的 N_2O 排放量增加 63.9%，且差异达到显著水平；增蘖肥减穗肥处理的综合全球增温潜势两年平均增加 18.4%，且差异均不显著（表 7-6）。

表 7-6　秸秆还田下不同氮肥运筹技术对 CH_4 和 N_2O 排放量以及综合全球增温潜势的影响

年份	处理	CH_4 排放量/（kg/hm^2）	N_2O 排放量/（kg/hm^2）	综合全球增温潜势/（kg CO_2-eq/hm^2）
2018	常规氮肥运筹	306.73 a	0.80 a	7 906.45 a
	增蘖肥减穗肥	386.04 a	0.78 a	9 883.93 a
2019	常规氮肥运筹	510.38 a	0.72 b	12 974.93 a
	增蘖肥减穗肥	566.32 a	1.18 a	14 510.82 a

7.3.4 产量形成、氮肥利用率及单位产量的全球增温潜势

7.3.4.1 生物量的变化

在灌浆期，与常规氮肥运筹相比，2018 年增蘖肥减穗肥处理的水稻地上部生物量增加 5.0%，而 2019 年则下降 5.2%，但差异均不显著。在成熟期，与常规氮肥运筹相比，2018 年增蘖肥减穗肥处理的地上部生物量增加 2.5%，差异不显著；2019 年增蘖肥减穗肥处理的地上部生物量增加 19.2%，差异显著（表 7-7）。

表 7-7 秸秆还田下氮肥运筹技术对水稻地上部生物量的影响

年份	生育期	处理	生物量/（t/hm²）
2018	灌浆期	常规氮肥运筹	8.16 a
		增蘖肥减穗肥	8.57 a
	成熟期	常规氮肥运筹	16.30 a
		增蘖肥减穗肥	16.70 a
2019	灌浆期	常规氮肥运筹	9.65 a
		增蘖肥减穗肥	9.14 a
	成熟期	常规氮肥运筹	15.40 b
		增蘖肥减穗肥	18.37 a

7.3.4.2 产量及其构成

1）产量变化

与常规氮肥运筹相比，增蘖肥减穗肥处理的水稻产量两年平均增加 5.0%，且 2018 年增蘖肥减穗肥处理的水稻产量增加 6.5%，差异达到显著水平（图 7-11）。

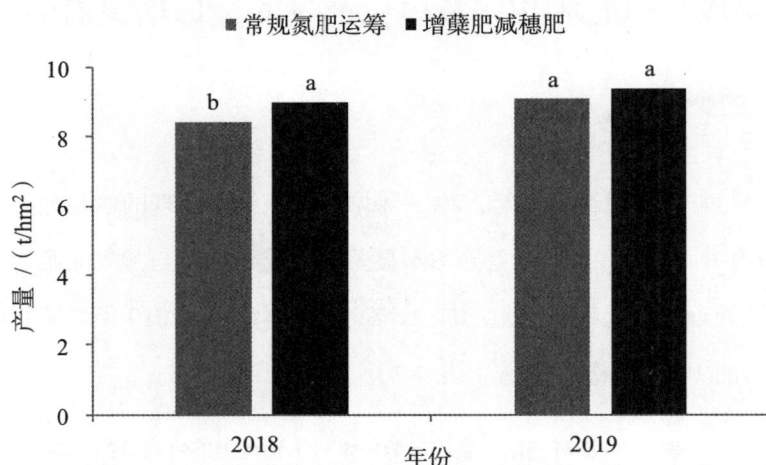

图 7-11　秸秆还田下氮肥运筹技术对水稻产量的影响

2）产量构成

与常规氮肥运筹相比，增蘖肥减穗肥处理的有效穗数两年平均增加 9.3%，但差异均不显著；增蘖肥减穗肥处理的每穗粒数两年均呈增加趋势；2019 年增蘖肥减穗肥处理的结实率显著降低 7.2%，而 2018 年无明显变化；2018 年增蘖肥减穗肥处理的千粒重降低 3.8%，而 2019 年则增加 2.1%，但两年差异均未达到显著水平（表 7-8）。

表 7-8　秸秆还田下氮肥运筹技术对水稻产量构成的影响

年份	处理	有效穗数/ （10^4/hm^2）	每穗粒数	结实率/%	千粒重/g
2018	常规氮肥运筹	437.22 a	84.47 a	94.49 a	27.07 a
	增蘖肥减穗肥	470.64 a	85.15 a	94.40 a	26.04 a
2019	常规氮肥运筹	399.35 a	105.38 a	83.86 a	27.23 a
	增蘖肥减穗肥	442.79 a	107.11 a	77.83 b	27.80 a

7.3.4.3　氮肥偏生产力

与常规氮肥运筹相比，增蘖肥减穗肥处理的水稻氮肥偏生产力两年平均增加 4.7%，且 2018 年增蘖肥减穗肥处理的水稻氮肥偏生产力增加 6.5%，差异显著（图 7-12）。

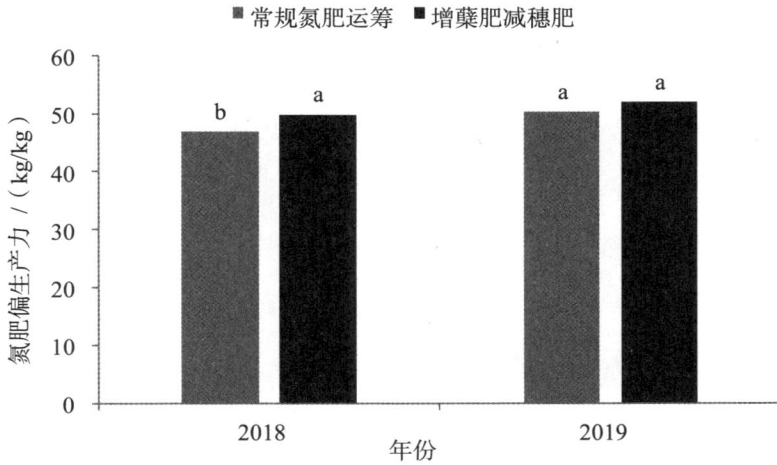

图 7-12 秸秆还田下氮肥运筹技术对水稻氮肥偏生产力的影响

7.3.4.4 单位产量的全球增温潜势

与常规氮肥运筹处理相比，增蘖肥减穗肥处理的单位产量全球增温潜势两年平均增加 6.2%，且差异均未达显著水平（表 7-9）。

表 7-9　秸秆还田下不同氮肥运筹技术对水稻单位产量全球增温潜势的影响

年份	处理	单位产量全球增温潜势/ （kg CO$_2$-eq/kg）
2018	常规氮肥运筹	1.05 a
	增蘖肥减穗肥	1.10 a
2019	常规氮肥运筹	1.43 a
	增蘖肥减穗肥	1.55 a

7.3.5 土壤理化性质

与常规氮肥运筹处理相比，2018 年增蘖肥减穗肥处理 0 ~ 10 cm 土层的有机质含量增加 3.7%，而 2019 年显著降低 4.7%；10 ~ 20 cm 土层，增蘖肥减穗肥处理的有机质含量两年平均明显增加 15.0%；20 ~ 30 cm 土层，增蘖肥减穗肥处理的有机质含量两年平均明显增加 16.5%（表 7-10）。

对于不同耕层土壤氮含量，增蘖肥减穗肥处理 0 ~ 10 cm 土层的碱解氮两年平均含量与常规氮肥运筹处理相比降低了 5.8%，且 2019 年的差异达到显著水平；10 ~ 20 cm 土层碱解氮含量两年平均增加 8.0%，且 2018 年处理间差异达到显著水平；20 ~ 30 cm 土层两年平均增加 29.4%，且 2019 年差异达到显著水平（表 7-10）。

对于不同耕层土壤速效钾含量，与常规氮肥运筹处理相比，增蘖肥减穗肥处理 0 ~ 10 cm 土层速效钾含量两年平均降低 6.4%，且 2018 年的差异达到显著水平；10 ~ 20 cm 土层则增加 13.4%，20 ~ 30 cm 土层显著增加 34.9%（表 7-10）。

对于不同耕层土壤有效磷含量，与常规氮肥运筹处理相比，增蘖肥减穗肥处理 0 ~ 10 cm 土层的有效磷含量两年平均明显增加 12.2%，10 ~ 20 cm 土层显著增加 37.3%；20 ~ 30 cm 土层明显增加 27.3%，且 2018 年的差异达到显著水平。对于不同耕层土壤阳离子交换量（CEC），增蘖肥减穗肥处理 0 ~ 10 cm、10 ~ 20 cm 和 20 ~ 30 cm 土层的 CEC 含量较常规氮肥运筹两年平均分别增加 2.2%、6.9% 和 12.2%，其中，2018 年 20 ~ 30 cm 土层的差异显著（表 7-10）。

总体上，增蘖肥减穗肥具有较高的产量和氮肥偏生产力，在不同土壤耕层的土壤理化性质方面均有明显的提升，该氮肥运筹技术可以协同秸秆全量还田下水稻的丰产增效与土壤培肥。

表 7-10　秸秆还田下氮肥运筹技术对稻田土壤理化性质的影响

年份	土壤深度/cm	处理	有机质含量/（g/kg）	碱解氮含量/（mg/kg）	有效磷含量/（mg/kg）	速效钾含量/（mg/kg）	CEC/[cmol（+）/kg 土]
2018	0 ~ 10	常规氮肥运筹	28.38 a	107.02 a	25.24 a	180.98 a	26.02 a
		增蘖肥减穗肥	29.44 a	102.90 a	28.40 a	173.30 b	26.16 a
	10 ~ 20	常规氮肥运筹	24.13 a	93.30 b	27.35 b	179.28 a	25.23 a
		增蘖肥减穗肥	27.73 a	102.44 a	38.20 a	195.12 a	26.13 a
	20 ~ 30	常规氮肥运筹	22.12 a	74.09 a	26.81 b	135.10 b	23.04 b
		增蘖肥减穗肥	26.53 a	89.41 a	33.96 a	168.78 a	27.18 a
2019	0 ~ 10	常规氮肥运筹	31.80 a	110.80 a	26.14 a	166.33 a	31.60 a
		增蘖肥减穗肥	30.31 a	102.17 b	29.26 a	152.20 a	32.83 a
	10 ~ 20	常规氮肥运筹	24.82 a	97.17 a	26.96 b	148.78 a	30.94 a
		增蘖肥减穗肥	28.57 a	103.27 a	36.39 a	175.48 a	34.12 a
	20 ~ 30	常规氮肥运筹	22.52 a	79.31 b	22.65 a	149.13 b	33.60 a
		增蘖肥减穗肥	25.47 a	109.48 a	28.95 a	216.05 a	35.76 a

7.4 讨论与小结

对于秸秆还田条件下，水稻生育前期的群体质量变化，有研究认为，秸秆还田经发酵分解产生 CH_4、H_2S、CO_2 等有毒物质不利于作物生长，而且前期微生物分解秸秆与作物争氮，降低了生育前期的分蘖数、叶面积指数和平均茎鞘质量（曾木祥和张玉洁，1997；马宗国 等，2003；李强 等，2010）。也有研究发现，秸秆还田对高产粳稻前期的茎蘖消长和干物质积累影响不大，生育后期水稻分蘖数、叶面积指数和干物质积累量增加，株型变高而紧凑（朱泽亮和陶胜，1992；郑支林，1998；李春寿 等，2005；郑立成 等，2006；叶文培 等，2008）。秸秆还田能提高土壤的有效磷、速效钾、有机质、全氮、碱解氮的含量，降低土壤容重（钟杭 等，2002；贺京 等，2011），较秸秆不还田和秸秆焚烧还田增产 3.41% ~ 4.33%（曾研华 等，2011），结合已有研究可以推断出秸秆还田对水稻前期的茎蘖数影响不大，而且减施氮肥具有可行性。本研究发现，增密（密度增加 33%）减基肥氮（减少总氮肥量的 20%）处理的单穴分蘖数虽低于常密常氮处理，但由于其密度增加，导致单位面积的有效穗数显著增加，最终产量也显著提高，相同的研究结果也被发现，在秸秆还田下，减氮增密通过早、晚稻基肥减施总氮量的 20%，增密 27.3%，显著提高了成穗率、有效穗数及结实率，早稻产量较常氮常密增加 1.6%，晚稻仅降低 0.5%，周年产量增加 0.4%（李超 等，2019）。适当增加密度和减少基肥可获得与常规高产模式相当甚至更高的产量，这主要是由于合理增密可以弥补因基肥减施氮肥引起的分蘖减少，减少无效分蘖，提高成穗率，保障足量的有效穗，促进花后籽粒灌浆，进而提高群体质量（张洪程 等，2011；朱相成 等，2016）。

随着农机普及和人工成本的增加，使水稻种植趋向于机械化，农机插秧密度偏低，为了促进分蘖和群体数量，我国稻田施氮量普遍偏高，2010 年全国稻田施氮量为 168 kg/hm² ，远高于世界平均水平的 99.5 kg/hm² ，而且常规高产模式下，氮肥以基施为主，利用率更低（张福锁 等，2008；朱相成 等，2016）。随着农业生产条件的提高及旱育秧技术和杂交水稻的推广应用，我国水稻种植趋于稀植化，种植密度呈下降趋势（彭少兵等，2002；陈惠哲 等，2005；苏祖芳和霍中洋，2006）。在南方双季稻区，水稻机插秧普遍采用 9 寸行距的规格，行距过大，基本苗不足（李艳大 等，2014）；在东北单季稻区，水稻稀植和超稀植栽培也十分普遍（金学泳 等，2005；刘华招 等，2014）；据调查，黑龙江省垦区一半以上的农户水稻穴数不足 26 穴/m²，行株距偏大（宿敏敏 等，2012）；辽宁省中部平原稻区的水稻种植密度更低，广泛采用行距 30 cm 和株距 13.3～16.5 cm 的插秧规格，20～25 穴/m²（于广星 等，2013）。

提高单产是提高水稻总产量、保障粮食安全的主要途径。水稻的产量取决于品种、气候与环境和栽培管理，及这三者的交互作用，其中栽培管理措施对于发挥水稻品种和生态的产量潜力至关重要。目前东北稻区仍采用稀植高氮种植模式，后期倒伏和病虫害频繁发生，氮肥利用率不高，环境问题突出（刘华招 等，2014），针对此前人提出"增密减氮"栽培模式，即水稻种植的密度增加、基蘗肥减少、穗肥稳定，探寻水稻高产、氮肥高效与环境友好的稻作优化模式。一是因为该模式降低施氮量，间接减少了氮肥在生产、运输和储藏等各个环节的碳排放；二是增密减氮模式趋于降低稻田 CH_4 和 N_2O 排放。"增密减氮"栽培模式，有利于稻田温室气体的减排。从经济效益角度来看，水稻生产中种子与氮肥的费用相当于总成本的 5.4% 和 4.5%，增密减氮和氮肥的成本大致抵消，又有利于水稻高产和环境友好（朱相成 等，2016）。秸秆还田能促进土壤有机质的积累，改善土壤结构，减缓地力衰竭，增加作物产量（Eagle 等，2000；李娟 等，2008；赵鹏和陈阜，2008；梁天锋等，2009；田慎重 等，2009；汪军 等，2010）。施用氮肥对作物产量影响显著，但单一增施氮肥不仅造成氮肥利用率降低，经济效益下降，而且长期大量施用会导致土壤硝态氮的过度累积，增加水体和大气污染及生态恶化的风险（王宜伦 等，2013；陈金 等，2015）。近年来，随着政府的重视以及科研部门等的逐渐推广和普及，种植户对秸秆还田的认识不断深入，农田养分资源综合管理技术的改进已经迫在眉睫，尤其是长期大量秸秆还田后化学氮肥如何合理施用的问题日趋突出（赵鹏和陈阜，2008）。本研究发现，在秸秆还田下，增蘗肥减穗肥的成熟期生物量、产量均高于常规氮肥运筹，产量的增加主要得益于有效穗数和每穗粒数的增加，可见，合理的氮肥运筹可以提高水稻的产量。此外，在秸秆还田下，增密减基肥氮的氮肥偏生产力显著高于常密常氮，由于增密减基肥氮较常密常氮的有效穗数显著增加，致使其产量显著提高，而且增密减基肥氮的 CH_4 排放量、N_2O 排放量、综合全球增温潜势以及单位产量的全球增温潜势均低于常密常氮，而不同耕层土壤阳离子交换量（CEC）则高于常密常氮。另有研究显示，与常规高产栽培模式相比，在基本苗增加 33.3%和基蘖肥施氮量减少 20.0%的条件下，氮肥农学效率和氮肥偏生产力两年平均分别显著提高 49.6%和 20.4%，单位面积和单位产量的温室效应两年平均分别下降 9.9%和 12.7%（$P<0.05$，差异显著）；增密减氮虽然水稻有效穗数和总生物量下降，但结实率和收获指数提高，所以产量基本稳定甚至提高；增密减氮降低了土壤 NH_4^+–N 和 NO_3^-–N 浓度，提高了氮素回收效率；适度增密减氮可兼顾水稻高产、氮肥高效利用和温室气体减排（朱相成 等，2016）。从以上分析可见，科学合理的氮肥运筹和适宜的种植密度是获取水稻高产的两个重要栽培措施，增密减基肥氮提高了土壤的氧化能力，能够抑制 CH_4 的产生，氮肥的减少也降低了 N_2O 的排放，主要由于稻田排放的 N_2O 是土壤硝化和反硝化作用的中间产物，减少氮肥施用量可减少土壤硝化和反硝化的底物数量，从而显著降低 N_2O 的排放（纪洋 等，2011）。

大气中 C_2O、CH_4 和 N_2O 的浓度增加对增强温室效应的总贡献率占近 80%，是温室效应的主要贡献者，并且其大气浓度仍分别以年均 0.5%、0.8%和 0.3%的速率在增长（IPCC，2007）。根据《中华人民共和国气候变化初始国家信息通报》，1994 年中国农业源温室气体排放占全国温室气体排放总量的 17%；农业活动 CH_4 排放量为 $1\,719.6\times10^4$ t，占中国 CH_4 排放总量的 50.15%，其中稻田 CH_4 排放量为 614.7×10^4 t，占 17.9%。1994 年因施肥造成的 N_2O 排放量为 62.8×10^4 t，其中农田直接排放和间接排放分别占中国 N_2O 排放总量的 55.7%和 18.1%。进入 2000 年以来，中国年氮肥用量达到 2 000 万 t 折纯量以上，1994—2005 年中国农业氮肥施用量增加了 18%，约占全球总量的 30%，消费总量世界第一（李虎 等，2012）。施用氮肥可显著提高水稻的产量，在一定范围内，水稻产量随施氮量的增加而提高，超过一定范围后产量和部分产量构成因素则下降；由于植株吸收能力有限，盈余的氮素会通过氨挥发、N_2O 排放或淋溶而损失，导致资源严重浪费和环境污染（Cassman 等，2002）。Artacho 等（2009）发现，过量施氮会导致植株过量吸收氮，但主要保存在营养器官中，导致氮收获指数低，但是种植密度对氮素收获指数的影响不显著（樊红柱 等，2010）。农民前期施用过量氮肥促进水稻分蘖增加，使后期稻田易出现倒伏早衰而造成水稻减产、病虫害严重、氮肥利用率低、环境污染和温室气体排放量增加。如果密度不变，减少前期氮肥量，可能导致水稻分蘖不足、穗数少，造成水稻产量下降（朱相成 等，2016）。不同栽培技术下水稻生长季 CH_4 排放通量总体均呈先升高后降低的变化趋势，CH_4 排放峰值出现在水稻生育前期，移栽至有效分蘖临界叶龄期 CH_4 累积排放量占全生育期排放总量的比例为 79.1%～84.5%，而 N_2O 主要在水稻生育中期搁田期间排放量较大，CH_4、N_2O 季节排放总量和综合增温潜势均表现为超高产生产技术大于减肥生产技术（刘红江 等，2015），这与本研究的结果相一致。

在粮食需求不断增加、全球变暖、资源短缺、环境污染等问题的多重挑战下，水稻单产的低碳生产、持续增长是确保国家粮食安全的根本出路。通过技术创新，创建高产低碳稻作新技术，符合国家"确保口粮绝对安全"的战略需求，以及"资源高效与环境友好型"的农业发展战略转型方向，对我国保障粮食安全和应对气候变化具有重要意义。

主要参考文献

[1] 郝帅帅，顾道健，陶进，等. 秸秆还田对稻田土壤和温室气体排放的影响[J]. 中国稻米，2016，22（5）：6-9.

[2] 刘巽浩，王爱玲，高旺盛. 实行作物秸秆还田促进农业可持续发展[J]. 作物杂志，1998（5）：2-6.

[3] YUKIHIKO M，TOMOAKI M，HIROMI Y. Amount，availability，and potential use of rice straw (agricultural residue) biomass as an energy resource in Japan[J]. Biomass and bioenergy，2004，29（5）：347-354.

[4] 李万良，刘武仁. 玉米秸秆还田技术研究现状及发展趋势[J]. 吉林农业科学，2007，32（3）：32-34.

[5] 王红彦，王飞，孙仁华，等. 国外农作物秸秆利用政策法规综述及其经验启示[J]. 农业工程学报，2016，32（16）：216-222.

[6] 刘晓永，李书田. 中国秸秆养分资源及还田的时空分布特征[J]. 农业工程学报，2017，33（21）：1-19.

[7] 焦洋. 黑龙江省投入 43 亿元出台 11 条政策措施推进秸秆综合利用[J]. 黑龙江粮食，2019（11）：11-11.

[8] 徐国伟. 种植方式、秸秆还田与实地氮肥管理对水稻产量与品质的影响及其生理的研究[D]. 扬州：扬州大学，2007.

[9] 顾道健,薛朋,陆希婕,等. 秸秆还田对水稻生长发育和稻田温室气体排放的影响[J]. 中国稻米,2014,20(3):1-5.

[10] 曾木祥,张玉洁. 秸秆还田对农田生态环境的影响[J]. 农业环境与发展,1997(1):1-7.

[11] 马宗国,卢绪奎,万丽,等. 小麦秸秆还田对水稻生长及土壤肥力的影响[J]. 作物杂志,2003(5):37-38.

[12] 李强,尚莉莉,李宏成. 氮肥管理与秸秆还田对水稻产量与品质的影响及其生理研究[J]. 吉林农业,2010(2):60-61.

[13] 朱泽亮,陶胜. 钾肥和稻草对水稻生长及产量的影响[J]. 土壤,1992(6):310-311.

[14] 郑支林. 土壤肥力逐年下降,秸秆还田势在必行[J]. 现代化农业,1998(10):205-206.

[15] 李春寿,叶胜海,陈炎忠,等. 高产粳稻品种的产量构成因素分析[J]. 浙江农业学报,2005,17(4):177-181.

[16] 郑立成,解宏图,张威,等. 秸秆不同还田方式对土壤中溶解性有机碳的影响[J]. 生态环境,2006,15(1):80-83.

[17] 叶文培,谢小立,王凯荣,等. 不同时期秸秆还田对水稻生长发育及产量的影响[J]. 中国水稻科学,2008,22(2):65-70.

[18] 钟杭,朱海平,黄锦法. 稻麦秸秆全量还田对作物产量和土壤的影响[J]. 浙江农业学报,2002,14(6):344-347.

[19] 贺京,李涵茂,方丽,等. 秸秆还田对中国农田土壤温室气体排放的影响[J]. 中国农学通报,2011,27(20):246-250.

[20] 曾研华,吴建富,何虎,等. 机械化稻草还田下双季早稻生长发育、产量及品质的响应[J]. 江西农业大学学报,2011,33(5):840-844.

[21] 李超,肖小平,唐海明,等. 减氮增密对机插双季稻生物学特性及周年产量的影响[J]. 核农学报,2019,33(12):2451-2459.

[22] 张洪程,吴桂成,戴其根,等. 水稻氮肥精确后移及其机制[J]. 作物学报,2011,37(10):1837-1851.

[23] 朱相成,张振平,张俊,等. 增密减氮对东北水稻产量、氮肥利用效率及温室效应的影

响[J]. 应用生态学报，2016，27（2）：453–461.

[24] 张福锁，王激清，张卫峰，等. 中国主要粮食作物肥料利用率现状与提高途径[J]. 土壤学报，2008，45（5）：915–924.

[25] 彭少兵，黄见良，钟旭华，等. 提高中国稻田氮肥利用率的研究策略[J]. 中国农业科学，2002，35（9）：1095–1103.

[26] 陈惠哲，朱德峰，林贤青，等. 稀植条件下杂交稻分蘖成穗规律和穗粒结构研究[J]. 杂交水稻，2004，19（6）：51–54.

[27] 苏祖芳，霍中洋. 水稻合理密植研究进展[J]. 耕作与栽培，2006（5）：6–9.

[28] 李艳大，舒时富，陈立才，等. 8 寸插秧机在双季稻区的应用及配套农艺技术研究[J]. 农学学报，2014，4（5）：60–66.

[29] 金学泳，金正勋，孙滔，等. 寒地水稻三超栽培技术研究[J]. 中国农学通报，2005，21（4）：136–141.

[30] 刘华招，步金宝，宋微，等. 两种插秧密度下不同穗型水稻品种耐密性研究[J]. 土壤与作物，2014，3（1）：22–27.

[31] 宿敏敏，黄珊瑜，赵光明，等. 黑龙江垦区农户水稻管理现状与对策分析[J]. 北方水稻，2012，42（2）：28–33.

[32] 于广星，侯守贵，代贵金，等. 辽宁中部平原稻区水稻高产高效栽培模式[J]. 安徽农学通报，2013，19（23）：19–20.

[33] EAGLE A J，BIRD J A，HORWATH W R，et al. Rice yield and nitrogen efficiency under alternative straw management practices[J]. Agronomy journal，2000，92: 1096–1103.

[34] 李娟，赵秉强，李秀英. 长期有机无机肥料配施对土壤微生物学特性及土壤肥力的影响[J]. 中国农业科学，2008，41: 144–152.

[35] 赵鹏，陈阜. 秸秆还田配施化学氮肥对冬小麦氮效率和产量的影响[J]. 作物学报，2008，34: 1014–1018.

[36] 梁天锋，徐世宏，刘开强，等. 耕作方式对还田稻草氮素释放及水稻氮素利用的影响[J]. 中国农业科学，2009，42: 3564–3570.

[37] 田慎重，宁堂原，王瑜，等. 不同耕作方式和秸秆还田对麦田土壤有机碳含量的影响[J].

应用生态学报，2010，21: 373-378.

[38] 汪军，王德建，张刚，等. 连续全量秸秆还田与氮肥用量对农田土壤养分的影响[J]. 水土保持学报，2010，24（5）: 40-44.

[39] 王宜伦，刘天学，赵鹏，等. 施氮量对超高产夏玉米产量与氮素吸收及土壤硝态氮的影响[J]. 中国农业科学，2013，46: 2483-2491.

[40] 陈金，唐玉海，尹燕枰，等. 秸秆还田条件下适量施氮对冬小麦氮素利用及产量的影响[J]. 作物学报，2015，41（1）: 160-167.

[41] 纪洋，张晓艳，马静，等. 控释肥及其与尿素配合施用对水稻生长期 N_2O 排放的影响[J]. 应用生态学报，2011，22（8）: 2031-2037.

[42] IPCC.Climate change 2007: The physical science basis. Contribution of working group I to the fourth assessment report of the intergovernmental panel on climate change[M]. Cambridge: Cambridge University Press，2007: 750-752.

[43] 《气候变化初始国家信息通报》编委. 中华人民共和国气候变化初始国家信息通报[M]. 北京: 中国计划出版社，2004: 15-20.

[44] 李虎，邱建军，王立刚，等. 中国农田主要温室气体排放特征与控制技术[J]. 生态环境学报，2012，21（1）: 159-165.

[45] CASSMAN K G，DOBERMAN A，WALTERS D T. Agroecosystems，nitrogen use efficiency，and nitrogen management[J]. Ambio，2002，31: 132-140.

[46] ARTACHO P，BONOMELLI C，MEZA F，et al. Nitrogen application in irrigated rice grown in Mediterranean condition: effects on grain yield，dry matter production，nitrogen uptake，and nitrogen use efficiency[J]. Journal of plant nutrition，2009，32: 1574-1593.

[47] 樊红柱，曾祥忠，张冀，等. 移栽密度与供氮水平对水稻产量、氮素利用影响[J]. 西南农业学报，2010，23（4）: 1137-1141.

[48] 刘红江，郭智，郑建初，等. 不同栽培技术对稻季 CH_4 和 N_2O 排放的影响[J]. 生态环境学报，2015，24（6）: 1022-1027.

8 寒地稻田秸秆还田的耕作措施与
温室气体排放

世界上各种谷类作物每年产生的秸秆约有 20 亿 t，而其中大概只有 10% 被利用。我国农作物秸秆资源相当丰富，被燃烧和废弃的秸秆高达 45%～60%，严重污染空气和环境，而且有机物资源也被大量浪费（彭华 等，2015）。我国是世界上的水稻生产大国，水稻种植面积达 4.5 亿亩，约占世界稻田面积的 27%，占我国粮食作物耕地总面积的 34% 左右（董文军 等，2015）。我国每年产生 6 亿 t 作物秸秆，其中水稻秸秆有 2.3 亿 t（郝帅帅 等，2016），秸秆资源的合理循环利用成为我国水稻生产急需解决的问题。最近连续几年中央一号文件都在关注秸秆问题，其中，2021 年中央一号文件提出要推进农业绿色发展，进一步明确提出要实施国家黑土地保护工程，全面实施秸秆综合利用；2022 年中央一号文件再次提出要推进农业农村绿色发展，支持秸秆综合利用；2023 年中央一号文件又一次提出要推进农业绿色发展，建立健全秸秆、农膜、农药包装废弃物、畜禽粪污等农业废弃物收集利用处理体系。因此，为了响应国家号召，应积极推进我国水稻秸秆综合利用水平，探索与我国耕作制度及其关键环节相适应的秸秆利用新路径。秸秆直接还田肥料化利用是普遍认为值得大力推广的、最直接有效的秸秆利用方式。

欧美等国一般将 66% 左右的秸秆用于直接还田（刘巽浩 等，1998；Yukihiko 等，2004；李万良和刘武仁，2007；王红彦 等，2016）。据不完全统计，1980—1989 年我国秸秆直接还田率 20% 左右，到 2000—2009 年秸秆直接还田率约为 42%，2010—2015 年由于政府积极提倡秸秆还田，使得 60% 以上的秸秆被直接还田（刘晓永和李书田，2017）。东北粳稻区既是我国重要的粳稻生产区，也是秸秆的重要产出区。秸秆利用主要以还田为主（焦洋，2019），其中搅浆是秸秆还田后的一个非常重要的作业环节。搅浆一般有两种方式，一种是常见的有动力搅浆方式，这种方式搅浆需要的时间较长，消耗动力较多，易破坏土壤的大团粒结构，引起秸秆漂浮，泥浆深度较厚不利于插秧；另一种是无驱动搅浆方式，这种方式搅浆需要的时间较短，消耗动力较少，可减少对土壤的扰动，易形成土壤的大团粒结构，不易引起秸秆漂浮，泥浆深度适于插秧，秧苗新生根系多，返青速度快。由于搅浆环节对于水稻秸秆漂浮、插秧后秧苗返青、土壤物理性质及水稻产量等均起到至关重要的作用，为此，本章将在秸秆还田和秋整地的基础上，通过比较不同搅浆方式对土壤物理性质及水稻产量等的影响，明确不同搅浆方式的作用效果，为秸秆还田条件下搅浆平地机具的合理选择提供理论依据与技术参考。

气候变暖已成为一个不争的事实，CH_4 和 N_2O 是引起气候变暖的重要温室气体，这两大温室气体是稻田系统的主要排放源之一，减少稻田温室气体排放对于减缓温室效应意义重大。黑龙江省作为我国重要的寒地粳稻主产区和商品粮生产基地，也是水稻秸秆的产出大省，秸秆焚烧会严重污染大气环境，直接还田肥料化是目前秸秆利用行之有效的措施，可以培肥地力、提高土壤有机质、改善农业生态环境。但是秸秆还田所采用的耕作方式不同（主要包括翻耕和旋耕），温室气体排放也存在很大的差异，为此，积极探索与我省秸秆还田相适应的新型耕作制度，并结合秸秆还田下优化的搅浆方式和密肥调控技术，构建东北寒地稻区较为适宜的丰产、减排、增效的培肥与轮耕技术模式。本章将开展秸秆还田下轮耕措施对寒地水稻秸秆腐解、产量、土壤肥力变化及稻田温室气体排放的综合调控及相关机理方面的研究，筛选出适合我省水稻种植低碳高效的耕作措施，阐明水稻耕作措施与稻田温室气体减排的理论与技术，并通过单项技术的优化与集成，构建了不同的耕作模式并验证，为我国寒地稻田系统丰产、减排、增效的综合耕作调控技术和应对策略提供理论依据与技术支撑。

8.1 材料与方法

试验在哈尔滨市道外区民主乡黑龙江省农业科学院国家级现代农业示范区（45°49′ N，126°48′ E，海拔 117 m）试验田进行，该区域属东北单季稻稻作区，为温带大陆性季风气候。年平均日照时数为 2 668.9 h，无霜期平均 131～146 d，年降水量 508～583 mm，≥10 ℃有效积温 2 600～2 700 ℃·d。供试小区土壤为黑钙土，土壤主要理化性质为全氮 0.9 g/kg、全磷 0.5 g/kg、全钾 20.9 g/kg、碱解氮 86.5 mg/kg、有效磷 24.9 mg/kg、速效钾 114.3 mg/kg、土壤有机质 25.5 g/kg 和 pH 8.3。

试验一：试验于 2017 年 10 月至 2019 年 10 月进行，开展 2 个生长季的试验，设置有动力搅浆和无驱动搅浆 2 个处理。有动力搅浆采用生产上普遍使用的有动力搅浆机进行搅浆平地（图 8-1），主要是通过拖拉机后输出轴带动搅浆刀辊旋转，搅浆刀片将土壤打碎，后面的刮板将泥浆层整平。无驱动搅浆是在有动力搅浆的基础上进一步优化和改进，无驱动搅浆平地机不安装搅浆刀片，安装的是圆盘切刀（图 8-2），搅浆时通过旋转的圆盘切刀将已还田的秸秆进一步压入土壤中，同时圆盘切刀旋转使土壤细碎，后面的刮板将泥浆层整平（孙妮娜 等，2018）。每年秋季水稻收获后秸秆均匀粉碎还田，秸秆粉碎长度≤10 cm，使用铧式犁进行翻耕，深度 18～20 cm，翌年春季泡浅水，2 个处理分别进行有动力搅浆和无驱动搅浆，再保持一定的水层沉浆。

试验采用完全随机区组设计，3 次重复，每个小区面积约 300 m²，供试水稻品种为龙稻 21，分别于 2018 年 5 月 18 日和 2019 年 5 月 19 日人工移栽，栽插密度为 30.0 cm × 13.3 cm，每穴 4～6 株。2 个处理施肥方式一致，其中施纯氮 180 kg/hm²，按基肥∶分蘖肥∶穗肥=4∶3∶3 施入；P_2O_5（70 kg/hm²）做基肥一次性施用，K_2O（60 kg/hm²）按基肥∶穗肥=1∶1 施入。田间水分管理为水稻生育前期（分蘖期）浅水、中期排水烤田、后期干湿交替，每次灌水后自然落干。

a 有动力搅浆机整机结构　　　　　　b 有动力搅浆机田间搅浆作业

图 8-1　有动力搅浆机整机结构和田间搅浆作业

a 无驱动搅浆机整机结构　　　　b 无驱动搅浆机田间搅浆作业

图 8-2　无驱动搅浆机整机结构和田间搅浆作业

试验二：试验采用完全随机区组设计，设置 3 个处理，分别为：①旋耕：秋旋耕，秸秆还田；②翻耕：秋翻耕，秸秆还田；③轮耕：秋轮耕（一年翻耕，一年旋耕），秸秆还田。3 次重复，每个小区面积 300 m²。供试品种为龙稻 21。

各处理详情如下：

（1）旋耕：水稻收获后秸秆粉碎还田（10 cm），秋旋耕深度（10~15 cm），春季先泡浅水，打浆，整平地，再灌水。常规水分管理：前期浅水（1~3 cm）、中期排水烤田、后期干湿交替。每年 5 月 20 日左右机插秧，栽插密度为 30.0 cm × 13.3 cm，每穴 4~6 株。常规施肥：纯氮 180 kg/hm²，基肥：分蘖肥：穗肥=4：3：3；P_2O_5（70 kg/hm²）做基肥一次性施用，K_2O（60 kg/hm²）按基肥：穗肥=1：1 施入。

（2）翻耕：水稻收获后秸秆粉碎还田（10 cm），秋翻耕（深度 18~20 cm），春季先泡浅水，打浆，整平地，再灌水。水分、密度、施肥同旋耕处理。

（3）轮耕：水稻收获后秸秆粉碎还田（10 cm），第一年秋翻耕（深度 18~20 cm），第二年秋旋耕（深度 10~15 cm）。春季先浅泡水，打浆，整平地，再灌水。水分、密度、施肥同旋耕处理。

试验三：试验采用完全随机区组设计，设置 3 个处理，分别为：①传统农户模式：秸秆不还田，春翻耕，常规有动力打浆；②秸秆还田模式：秸秆还田，春翻耕，常规有动力打浆；③优化模式：秸秆还田，秋轮耕（一年翻耕、一年旋耕）、无动力打浆、增密调肥。3次重复，每个小区面积300 m²。供试品种为龙稻21。

各处理详情如下：

（1）传统农户模式：秸秆不还田，春翻耕，常规有动力打浆。秸秆不还田，春翻耕（深度18~20 cm），春季先浅泡水，常规有动力打浆，整平地，再灌深水。常规水分管理：前期浅水（1~3 cm）、中期排水烤田、后期干湿交替（每次灌水后自然落干）。每年5月18日左右移栽，栽插密度为30.0 cm×13.3 cm，每穴4~6株。常规施肥：纯氮180 kg/hm²，基肥：分蘖肥：穗肥=4：3：3；P_2O_5（70 kg/hm²）做基肥一次性施用，K_2O（60 kg/hm²）按基肥：穗肥=1：1分两次施用。

（2）秸秆还田模式：秸秆还田，春翻耕，常规有动力打浆。水稻收获后秸秆粉碎还田（长度10 cm），耕作、水分、密度、施肥同处理1。

（3）优化模式：秸秆还田，秋轮耕（一年翻耕、一年旋耕）、无动力打浆、增密调肥。水稻收获后秸秆粉碎还田（10 cm），第一年秋翻耕（深度18~20 cm），第二年秋旋耕（深度10~15 cm），春季泡浅水，无动力打浆，耙平地，再灌深水。增加密度，栽插规格变为30 cm×10 cm，基肥的氮肥用量在处理1的基础上减少总施氮量的20%（即减少36 kg/hm²），穗肥的氮肥用量减少20%（即减少36 kg/hm²），分蘖肥的氮肥用量增加20%（即增加36 kg/hm²）。P肥不变，穗肥的K肥用量在处理1的基础上减少总施钾量的20%（即减少12 kg/hm²）。水分管理同处理1。

8.2 寒地稻田秸秆还田的无驱动搅浆综合效果分析

8.2.1 整地效果及秧苗根系生长

由表8-1可见，与有动力搅浆相比，无驱动搅浆的土面下降高度和秸秆漂浮量两年平均分别显著降低37.8%和33.7%，秧苗的新生白根数两年平均显著增加16.2%。由此可知，无驱动搅浆方式可有效减少秸秆的漂浮量，抑制泥浆大团粒结构的破碎程度，利于水稻秧苗的扎根。

表 8-1　无驱动搅浆的整地效果及对秧苗的影响

年份	处理	秸秆漂浮量/ （kg/hm²）	土面下降高度/ cm	新生白根数/ （根/株）
2018	有动力搅浆	441.16a	1.42a	8.48b
	无驱动搅浆	234.68b	0.77b	9.77a
2019	有动力搅浆	530.27a	3.43a	13.27b
	无驱动搅浆	421.22b	2.40b	15.55a

注：表中同列不同小写字母表示不同处理在 0.05 水平上差异显著，下同。

8.2.2　土壤团聚体分布

由图 8-3 可以看出，与有动力搅浆相比，无驱动搅浆的土壤大团聚体>2 000 μm 和 250～2 000 μm 所占的比例分别显著提高了 17.7% 和 75.0%，土壤微团聚体 53～250 μm 的比例显著提高了 50.6%，而土壤黏粉粒<53 μm 的比例显著降低了 17.0%。从以上分析可见，无驱动搅浆利于土壤大团聚体和微团聚体的形成。

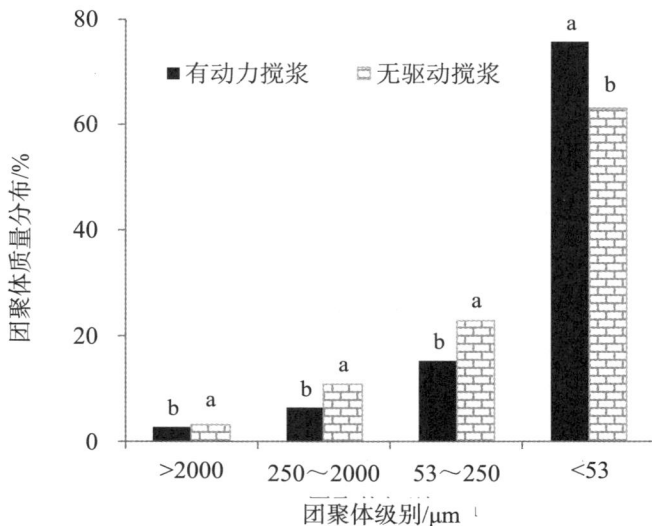

图 8-3　无驱动搅浆对土壤团聚体分布的影响

8.2.3　籽粒产量

由图 8-4 可以看出，有动力搅浆与无驱动搅浆处理的水稻籽粒产量两年均无显著性差异。说明无驱动搅浆的籽粒产量不会低于有动力搅浆。

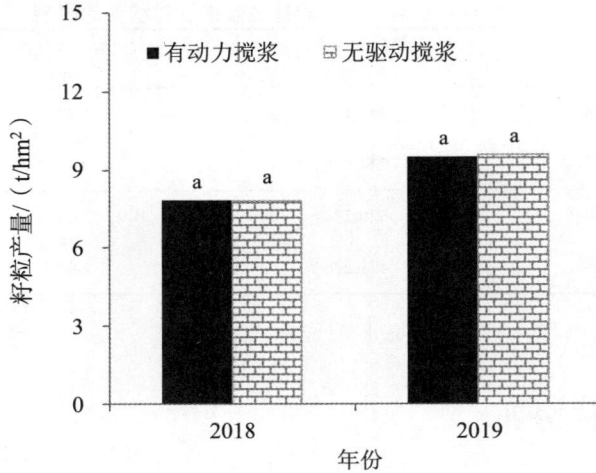

图 8-4　无驱动搅浆对水稻籽粒产量的影响

8.2.4　土壤容重

从表 8-2 可以发现，相对于有动力搅浆，无驱动搅浆在 0～10 cm、10～20 cm、20～30 cm 和 30～40 cm 土层的土壤容重两年平均分别降低 2.1%、2.1%、5.6%和 7.9%，但差异均未达显著水平。

表 8-2　无驱动搅浆对土壤容重的影响

年份	处理	不同土层土壤容重/（g/cm³）			
		0～10 cm	10～20 cm	20～30 cm	30～40 cm
2018	有动力搅浆	1.46a	1.60a	1.71a	1.69a
	无驱动搅浆	1.43a	1.56a	1.57a	1.53a
2019	有动力搅浆	1.36a	1.53a	1.67a	1.65a
	无驱动搅浆	1.33a	1.50a	1.61a	1.55a

8.2.5　土壤穿透阻力

通过两年的试验结果分析发现，两种搅浆方式的土壤穿透阻力变化规律一致，均表现为：有动力搅浆＞无驱动搅浆。由图 8-5 可知，在 0～45 cm 土层，有动力搅浆的土壤穿透阻力平均为 597.78 kPa，无驱动搅浆的土壤穿透阻力平均为 532.63 kPa。若土壤穿透阻力较大，可以阻止水分向下渗，降低化肥的利用率，影响水稻根系生长。可见，无驱动搅浆具有相对较小的土壤穿透阻力，利于水稻根系的穿孔和生长。

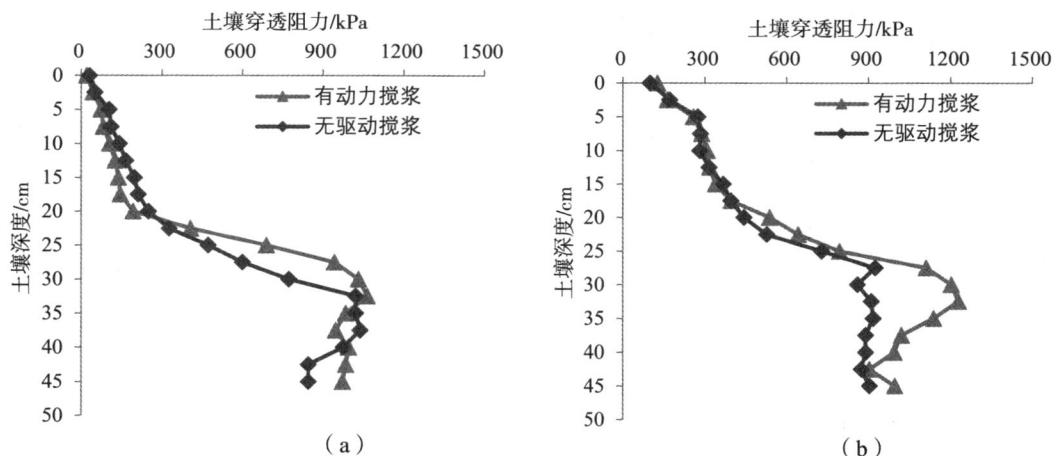

图 8-5　无驱动搅浆对 2018 年（a）和 2019 年（b）土壤穿透阻力的影响

8.2.6　土壤质地

由表 8-3 可以看出，与有动力搅浆相比，在 0～10 cm 土层，无驱动搅浆的沙粒所占比例显著增加 16.6%，而粉粒所占比例显著降低 2.8%；在 10～20 cm 土层，无驱动搅浆的沙粒所占比例增加 7.6%，但差异不显著；在 20～30 cm 土层，无驱动搅浆的沙粒所占比例增加 9.0%，差异达到显著水平；在 30～40 cm 土层，无驱动搅浆的土壤质地均无显著变化。由此可见，无驱动搅浆有利于提高 0～30 cm 土层的沙粒所占比例。

表 8-3　无驱动搅浆对土壤质地的影响

土层	处理	土壤质地/%		
		黏粒 <2 μm	粉粒 2～50 μm	沙粒 50～2 000 μm
0～10 cm	有动力搅浆	5.62a	77.03a	17.35b
	无驱动搅浆	4.92a	74.86b	20.23a
10～20 cm	有动力搅浆	5.08a	77.13a	17.79a
	无驱动搅浆	5.13a	75.72a	19.15a

续表

土层	处理	土壤质地/%		
		黏粒 <2 μm	粉粒 2~50 μm	沙粒 50~2000 μm
20~30 cm	有动力搅浆	5.11a	75.92a	18.98b
	无驱动搅浆	4.64a	74.68a	20.69a
30~40 cm	有动力搅浆	4.52a	73.45a	22.03a
	无驱动搅浆	4.42a	73.28a	22.30a

8.3 寒地稻田秸秆还田的不同耕作方式

8.3.1 CH₄排放特征

2017 年，秸秆还田下不同耕作方式 CH₄ 排放通量季节变化特征呈先上升后逐渐下降的变化趋势（图 8-6）。随着水稻的生长，在分蘖期（6 月 12 日）达到峰值[49.90 mg/（m² ·h）]，然后开始逐渐下降。秸秆还田下不同耕作方式 CH₄ 平均排放通量的大小顺序为：旋耕>翻耕>轮耕，上述三个处理的 CH₄ 平均排放通量分别为 12.57 mg/（m² ·h）、11.44 mg/（m² ·h）和 9.82 mg/（m² · h）。

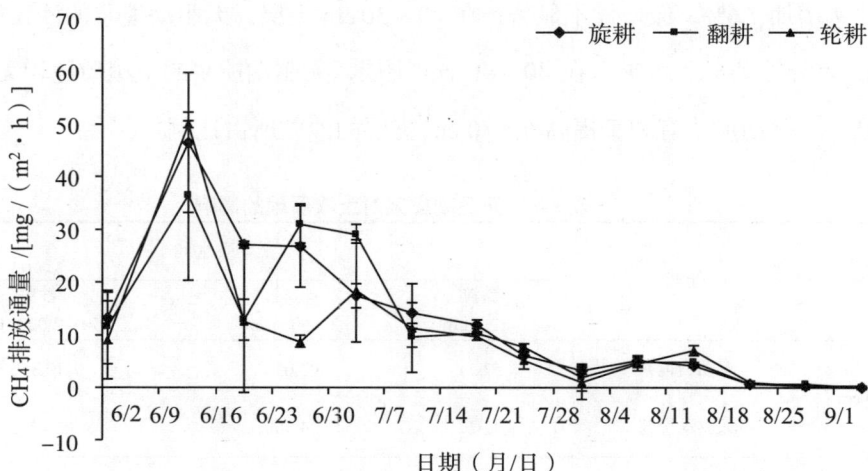

图 8-6　秸秆还田下不同耕作方式 CH₄ 排放通量的变化特征（2017 年）

2018 年，秸秆还田下不同耕作方式 CH₄ 排放通量季节变化特征呈先上升后逐渐下降的变化趋势（图 8-7）。随着水稻的生长，在分蘖期（6 月 17 日）达到峰值[37.39 mg/（m² ·h）]，然后开始逐渐下降。秸秆还田下不同耕作方式 CH_4 平均排放通量的大小顺序为：旋耕>翻耕>轮耕，上述三个处理的 CH_4 平均排放通量分别为 12.14 mg/（m² ·h）、10.27 mg/（m² ·h）和 10.04 mg/（m² · h）。

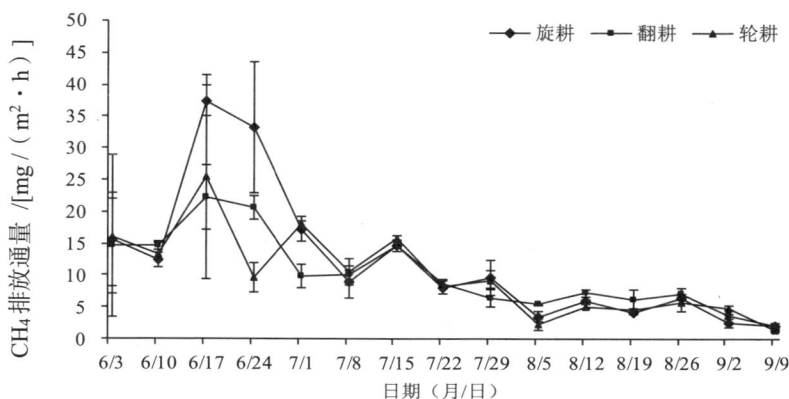

图 8-7　秸秆还田下不同耕作方式 CH_4 排放通量的变化特征（2018 年）

2019 年，秸秆还田下不同耕作方式 CH_4 排放通量季节变化特征呈先上升后下降再上升再逐渐下降的变化趋势（图 8-8）。随着水稻的生长，在分蘖期（6 月 9 日）达到第一次峰值[44.58 mg/（m² · h）]，然后开始下降，在拔节孕穗期（7 月 7 日）达到第二次峰值[31.29 mg/（m² · h）]，然后开始缓慢降低。秸秆还田下不同耕作方式 CH_4 平均排放通量的大小顺序为：旋耕>翻耕>轮耕，上述三个处理的 CH4 平均排放通量分别为 13.10 mg/（m² · h）、11.17 mg/（m² · h）和 7.41 mg/（m² · h）。

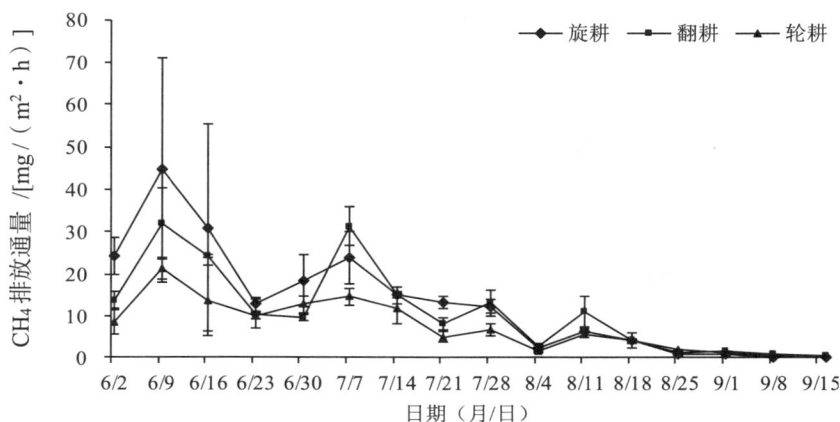

图 8-8　秸秆还田下不同耕作方式 CH_4 排放通量的变化特征（2019 年）

8.3.2 N$_2$O 排放特征

由图 8-9 可知，2017 年秸秆还田下不同耕作方式 N$_2$O 排放通量季节变化特征呈先升高后下降的趋势。在 7 月 24 日和 8 月 7 日不同耕作方式的 N$_2$O 排放通量均达到峰值，最大值为 214.59 µg/（m^2·h），其他生育时期均呈现"锯齿状"的变化模式。总体上，秸秆还田下不同耕作方式 N$_2$O 平均排放通量从大到小依次为：轮耕>翻耕>旋耕，上述三个处理的 N$_2$O 平均排放通量分别为 54.61 µg/（m^2·h）、53.88 µg/（m^2·h）和 40.56 µg/（m^2·h）。

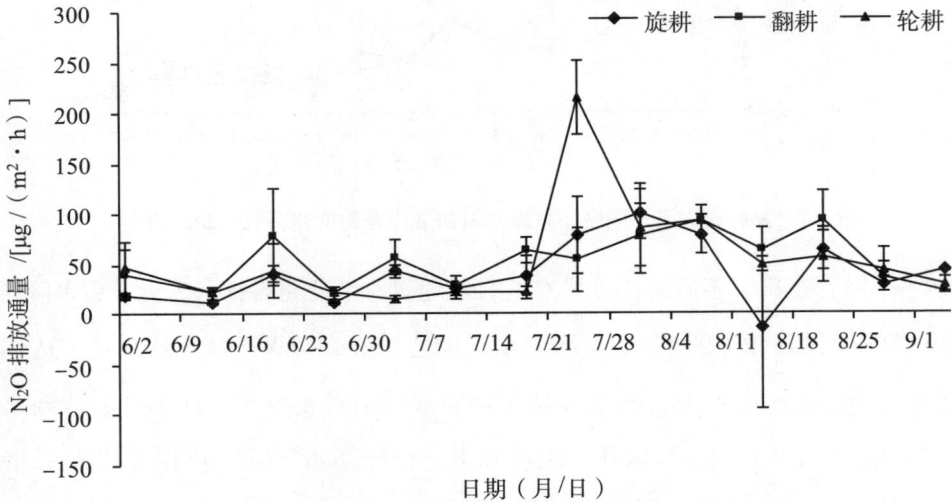

图 8-9　秸秆还田下不同耕作方式 N$_2$O 排放通量的变化特征（2017 年）

由图 8-10 可见，2018 年秸秆还田下不同耕作方式 N$_2$O 排放通量季节变化特征呈先升高后下降再升高再下降的趋势。在 7 月 15 日和 8 月 19 日不同耕作方式的 N$_2$O 排放通量均达到峰值，最大值为 75.32 µg/（m^2·h），其他生育时期均呈现"锯齿状"的变化模式。总体来讲，秸秆还田下不同耕作方式 N$_2$O 平均排放通量从大到小依次为：旋耕>翻耕>轮耕，上述三个处理的 N$_2$O 平均排放通量分别为 27.14 µg/（m^2·h）、26.97 µg/（m^2·h）和 23.24 µg/（m^2·h）。

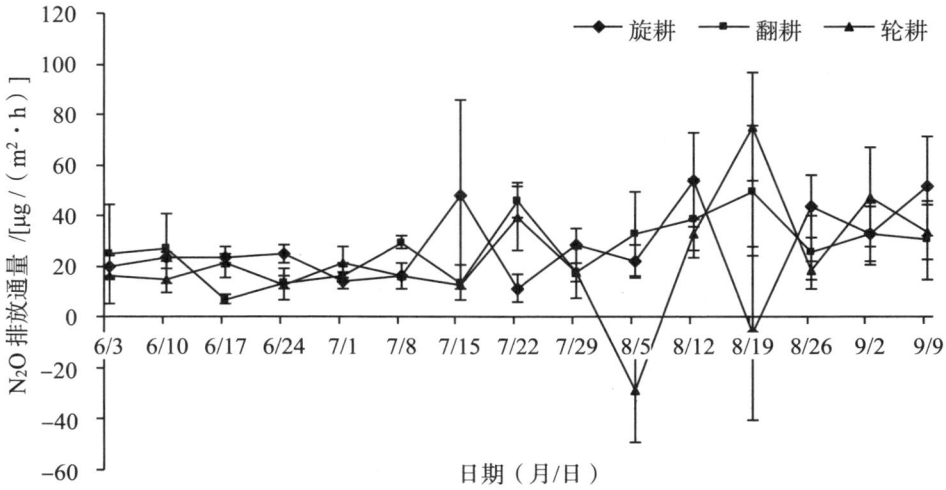

图 8-10　秸秆还田下不同耕作方式 N_2O 排放通量的变化特征（2018 年）

由图 8-11 可以看出，2019 年秸秆还田下不同耕作方式 N_2O 排放通量季节变化特征呈现"锯齿状"的变化模式。在 6 月 30 日和 9 月 16 日不同耕作方式的 N_2O 排放通量均达到峰值，最大值为 44.29 μg/（m^2·h）。总体来说，秸秆还田下不同耕作方式 N_2O 平均排放通量从大到小依次为：旋耕>轮耕>翻耕，上述三个处理的 N_2O 平均排放通量分别为 21.41 μg/（m^2·h）、15.04 μg/（m^2·h）和 13.57 μg/（m^2·h）。

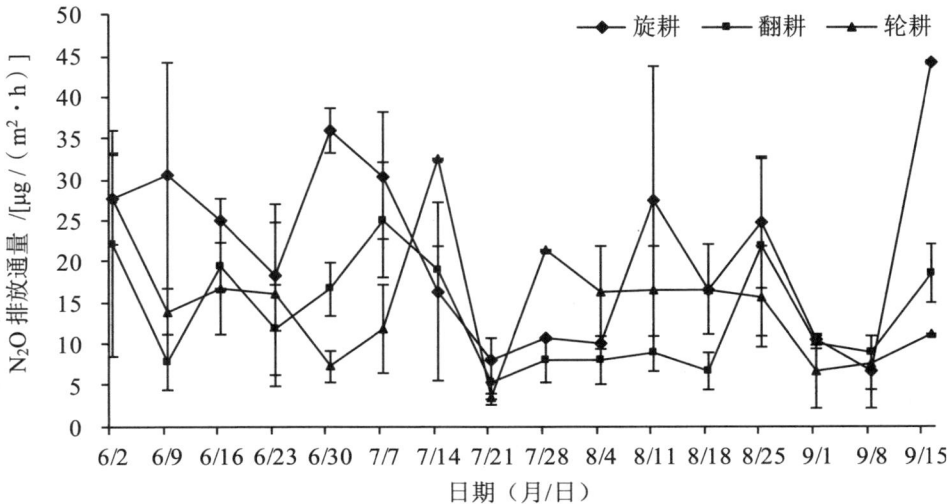

图 8-11　秸秆还田下不同耕作方式 N_2O 排放通量的变化特征（2019 年）

8.3.3 综合温室效应

与旋耕处理相比，轮耕和翻耕处理的 CH_4 排放量三年平均分别显著降低 26.8%和 14.3%；2018 和 2019 年轮耕的 N_2O 排放量平均降低 22.7%，且 2019 年的差异显著，2019 年翻耕处理的 N_2O 排放量降低 35.3%，差异达到显著水平，2017 年轮耕和翻耕的 N_2O 排放量分别增加 13.7%和 11.5%，但差异均不显著；轮耕和翻耕处理的综合全球增温潜势三年平均分别显著降低 26.4%和 13.8%（表 8-4）。

表 8-4　秸秆还田下不同耕作方式对 CH_4 和 N_2O 排放量以及综合全球增温潜势的影响

年份	耕作方式	CH_4 排放/ （kg/hm²）	N_2O 排放/ （kg/hm²）	综合全球增温潜势/ （kg CO_2-eq/hm²）
	旋耕	354.75a	1.31a	9 260.24a
2017	翻耕	317.82ab	1.45a	8 378.99a
	轮耕	280.22b	1.49a	7 450.30a
	旋耕	314.49a	0.81a	8 103.96a
2018	翻耕	267.80b	0.79a	6 931.67b
	轮耕	270.89b	0.68a	6 974.35b
	旋耕	417.88a	0.68a	10 650.29a
2019	翻耕	344.58ab	0.44b	8 744.46ab
	轮耕	227.36b	0.48b	5 828.09b

8.3.4 产量形成、氮肥利用率及单位产量的全球增温潜势

8.3.4.1 生物量的变化

与旋耕处理相比，轮耕和翻耕处理的生物量三年平均分别增加 3.5%和 2.3%，且差异均未达到显著水平（图 8-12）。

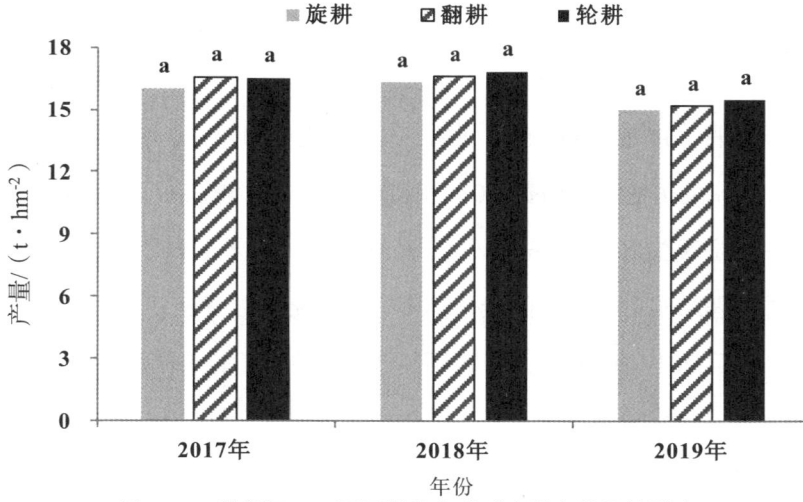

图 8-12　秸秆还田下不同耕作方式对水稻生物量的影响

8.3.4.2 产量及其构成

1）产量变化

与旋耕处理相比，轮耕处理的产量三年平均明显增加 6.7%，2017 和 2019 年翻耕处理的产量平均增加 3.3%，差异均不显著，2018 年翻耕处理的产量降低 5.8%，差异未达显著水平（图 8-13）。

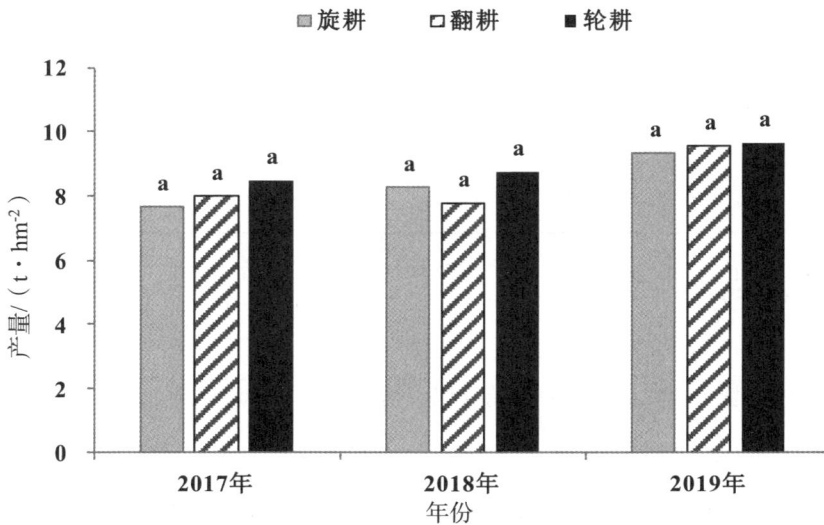

图 8-13　秸秆还田下不同耕作方式对水稻产量的影响

2）产量构成

与旋耕处理相比，轮耕处理的有效穗数 2018 和 2019 两年平均增加 4.8%，且 2018 年的差异达到显著水平，翻耕处理的有效穗数三年平均增加 1.9%，差异均不显著。与旋耕处理相比，轮耕和翻耕处理的每穗粒数 2018 和 2019 两年平均分别增加 5.8%和 3.8%，轮耕和翻耕处理的每穗粒数在 2017 年略有下降，所有的差异均未达到显著水平。与旋耕处理相比，轮耕和翻耕处理结实率的年际间变化均不大。与旋耕处理相比，翻耕处理的千粒重三年平均增加 1.4%，且 2017 和 2018 差异均不显著；轮耕处理的千粒重三年平均增加 1.4%，且 2017 和 2018 年差异均达到显著水平，翻耕处理的千粒重于 2017 和 2018 两年平均增加 2.0%，且差异均显著（表 8-5）。

表 8-5　秸秆还田下不同耕作方式对水稻产量构成的影响

年份	耕作方式	有效穗数/ （ $10^4/hm^2$ ）	每穗粒数	结实率/%	千粒重/g
2017	旋耕	404.36a	96.06a	93.23a	26.99b
	翻耕	412.71a	94.53a	93.46a	27.48a
	轮耕	394.33a	95.28a	92.29a	27.42a
2018	旋耕	406.59b	84.96a	95.78a	27.03b
	翻耕	412.16ab	86.23a	95.50a	27.62a
	轮耕	428.86a	89.14a	95.25a	27.56a
2019	旋耕	444.88a	95.86a	81.97a	27.32a
	翻耕	454.48a	101.73a	82.15a	27.07a
	轮耕	462.84	102.29a	83.20a	27.53a

8.3.4.3 氮肥偏生产力

与旋耕处理相比，轮耕处理的水稻氮肥偏生产力三年平均明显增加 6.7%，2017 和 2019 年翻耕处理的氮肥偏生产力平均增加 3.3%，差异均不显著，2018 年翻耕处理的氮肥偏生产力降低 5.7%，差异未达显著水平（图 8-14）。

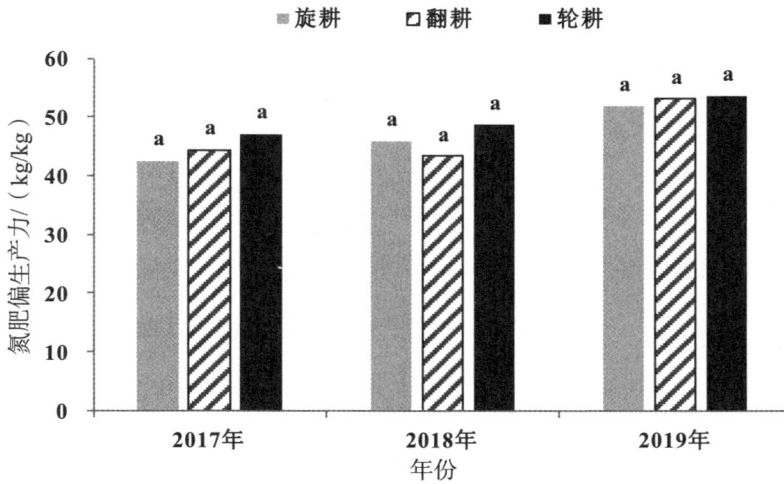

图 8-14 秸秆还田下不同耕作方式对水稻氮肥偏生产力的影响

8.3.4.4 单位产量的全球增温潜势

与旋耕处理相比，轮耕和翻耕处理的单位产量全球增温潜势三年平均分别降低 31.3% 和 17.5%，且差异均达到显著水平。此外，2018 年翻耕较旋耕处理的单位产量全球增温潜势降低 9.2%，差异显著（表 8-6）。

表 8-6 秸秆还田下不同耕作方式对水稻单位产量全球增温潜势的影响

年份	耕作方式	单位产量全球增温潜势/ （kg CO_2-eq/kg）
2017	旋耕	1.21a
	翻耕	0.93b
	轮耕	0.88b
2018	旋耕	0.98a
	翻耕	0.89b
	轮耕	0.80c
2019	旋耕	1.14a
	翻耕	0.91ab
	轮耕	0.60b

8.3.5 秸秆腐解规律

通过对不同耕作方式的水稻秸秆腐解率监测发现，在拔节孕穗期，旋耕的秸秆腐解率显著高于翻耕，且两者的腐解率可达到 60%~70%；在灌浆期，两种耕作方式的腐解率差异不大，可达到 73%~75%；在成熟期，旋耕的秸秆腐解率显著高于翻耕，两种方式的腐解率均可达到 85% 以上（图 8-15）。

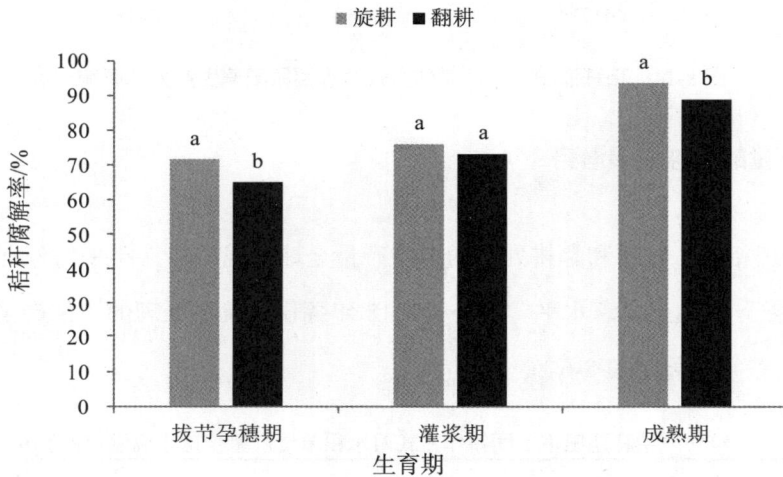

图 8-15 秸秆还田下不同耕作方式对水稻秸秆腐解率的影响

8.3.6 土壤肥力变化特征

0 ~ 10 cm，轮耕处理的有机质含量较翻耕处理显著提高 6.3%；10 ~ 20 cm，轮耕处理的有机质含量较翻耕和旋耕略有增加；20 ~ 30 cm，各耕作处理的有机质含量无显著变化。0 ~ 10 cm，轮耕处理的碱解氮含量呈增加趋势；10 ~ 20 cm，轮耕处理的碱解氮含量显著高于旋耕处理 16.7%；20 ~ 30 cm，轮耕处理的碱解氮含量分别显著高于翻耕处理 20.4%、旋耕处理 6.5%。0 ~ 10 cm 和 20 ~ 30 cm，轮耕处理的有效磷含量呈增加趋势；10 ~ 20 cm，有效磷含量的大小依次为：翻耕＞轮耕＞旋耕，但差异均不显著。10 ~ 20 cm，轮耕处理的速效钾含量呈增加趋势；0 ~ 10 cm 和 20 ~ 30 cm，轮耕处理的速效钾含量呈下降趋势。0 ~ 10 cm 和

20～30cm，轮耕处理的 CEC 含量呈增加趋势；10～20 cm，CEC 含量的大小依次为：旋耕＞轮耕＞翻耕，但差异均不显著（表 8-7）。总之，轮耕较翻耕和旋耕更利于土壤的培肥和合理耕层的构建，是北方寒地稻区耕作制度理想的选择。

表 8-7　秸秆还田下不同耕作方式对土壤肥力变化的影响

土层深度	耕作方式	有机质/%	碱解氮/（mg/kg）	有效磷/（mg/kg）	速效钾/（mg/kg）	CEC/[cmol（+）/kg 土]
0～10 cm	旋耕	2.42ab	84.04a	22.02a	157.87a	22.11a
	翻耕	2.38b	83.35a	23.81a	159.27a	21.48a
	轮耕	2.53a	87.81a	24.12a	151.67a	22.19a
10～20 cm	旋耕	2.40a	70.32b	24.05a	141.63a	22.76a
	翻耕	2.38a	77.98a	26.16a	146.05a	21.98a
	轮耕	2.48a	82.09a	25.34a	152.97a	22.18a
20～30 cm	旋耕	2.24a	74.09b	21.11a	122.63a	21.12a
	翻耕	2.20a	65.51c	21.08a	123.98a	20.71a
	轮耕	2.09a	78.89 a	19.34a	120.58a	21.47a

8.3.7　土壤穿透阻力

通过 3 年的试验结果分析发现，3 种耕作方式的土壤穿透阻力变化规律一致，均表现为：旋耕＞轮耕＞翻耕，在 0～45 cm 的土壤深度，旋耕的平均土壤穿透阻力变化范围为 643.26～802.61 kPa，轮耕的平均土壤穿透阻力变化范围为 579.30～752.97 kPa，翻耕的平均土壤穿透阻力变化范围为 483.46～691.03 kPa。若土壤穿透阻力太大，可以阻止水分向下渗，降低化肥的利用率，影响水稻根系生长；反之，土壤穿透阻力太小，容易引起土壤水分和养分的向下流失，也不利于水稻生长。可见，轮耕具有较为适宜的土壤穿透阻力，利于水稻根系的穿孔和生长，起到土壤扩容的作用（图 8-16）。

总体上，秸秆还田下轮耕的温室气体排放显著降低，产量和氮肥偏生产力增加，更有利于土壤的培肥和合理构成的构建，土壤穿透阻力适宜，建议在北方寒地稻区采用翻耕和旋耕每年交替的轮耕技术。

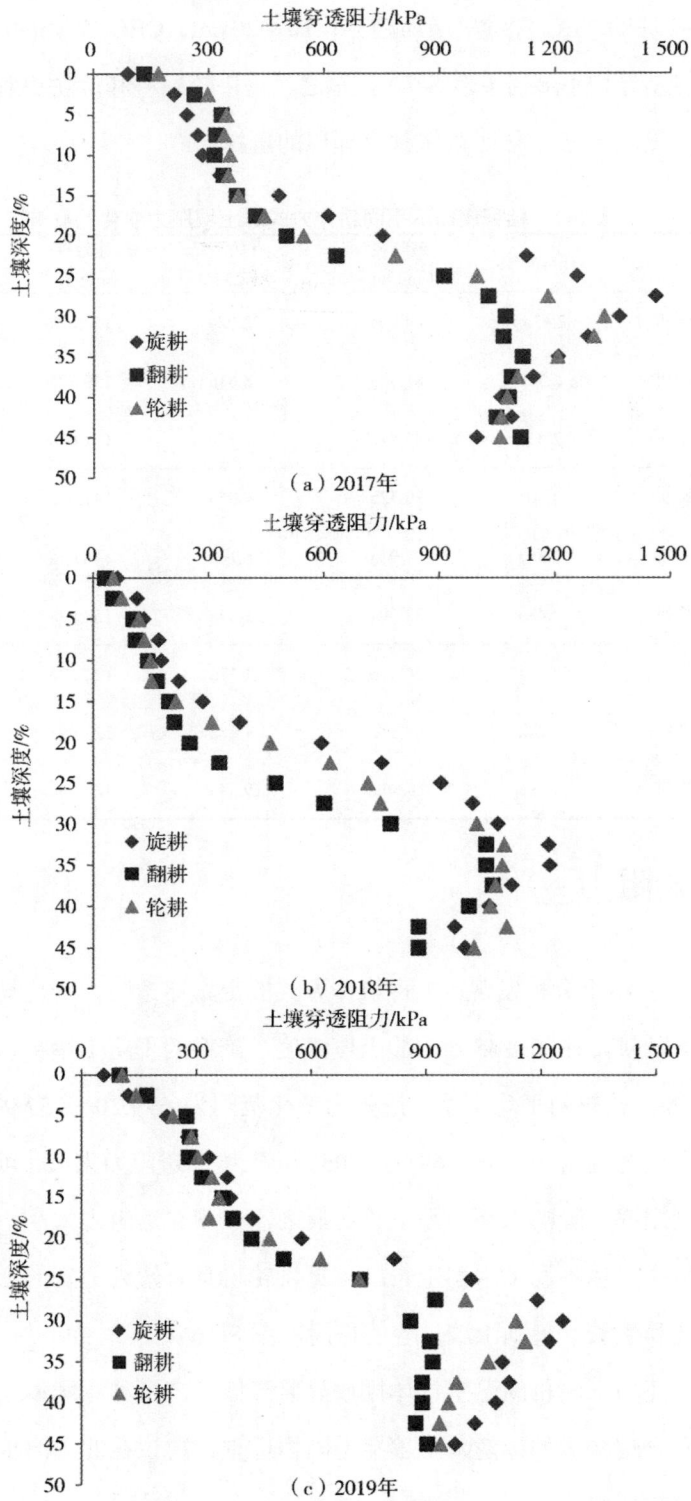

图 8-16　秸秆全量还田下不同耕作方式对稻田土壤穿透阻力的影响

8.4 寒地稻田秸秆还田的不同耕作模式构建与验证

8.4.1 CH$_4$ 排放特征

对于 2017 年，秸秆还田下不同耕作模式 CH$_4$ 排放通量季节变化特征呈先急剧上升后下降再上升再逐渐下降的变化趋势（图 8-17）。随着水稻的生长，在分蘖期（6 月 12 日）第一次达到峰值[41.93 mg/（m^2·h）]，然后开始下降，在拔节孕穗期（6 月 26 日）第二次达到峰值[36.66 mg/（m^2·h）]，然后开始逐渐下降。不同耕作模式 CH$_4$ 平均排放通量的大小顺序为：优化模式>传统农户模式>秸秆还田模式，上述三个处理的 CH$_4$ 平均排放通量分别为 15.03 mg/（m^2·h）、13.71 mg/（m^2·h）和 12.45 mg/（m^2·h）。

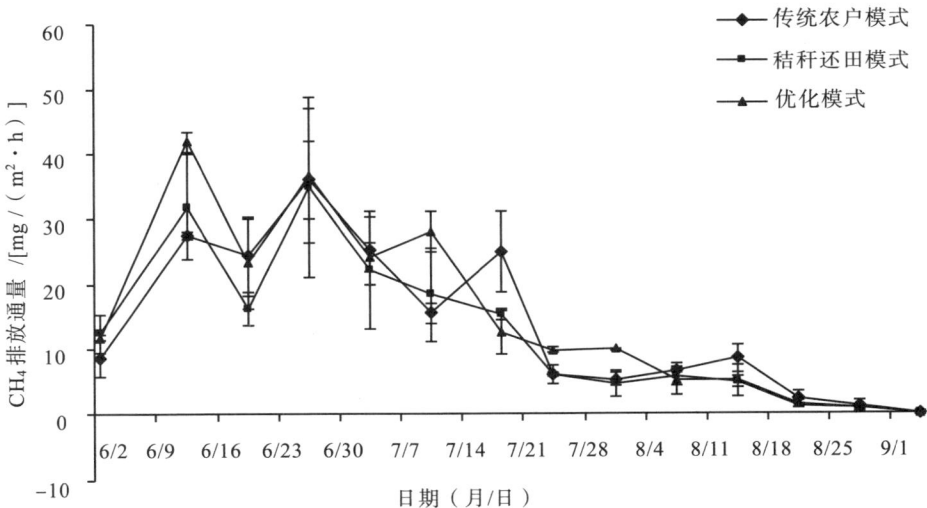

图 8-17　秸秆还田下不同耕作模式 CH$_4$ 排放通量的变化特征（2017 年）

对于 2018 年，秸秆还田下不同耕作模式 CH$_4$ 排放通量季节变化特征呈先上升后逐渐下降再上升再逐渐下降的变化趋势（图 8-18）。随着水稻的生长，在分蘖期（6 月 10 日）第一次达到峰值[24.16 mg/(m^2·h)]，然后开始逐渐下降，在拔节孕穗期（7 月 15 日）第二次达到峰值[20.78 mg/(m^2·h)]，然后开始逐渐下降。不同耕作模式 CH$_4$ 平均排放通量的大小顺序为：秸秆还田模式>传统农户模式>优化模式，上述三个处理的 CH_4 平均排放通量分别为 10.32 mg/（$m^2 \cdot h$）、10.23 mg/（$m^2 \cdot h$）和 7.38 mg/（$m^2 \cdot h$）。

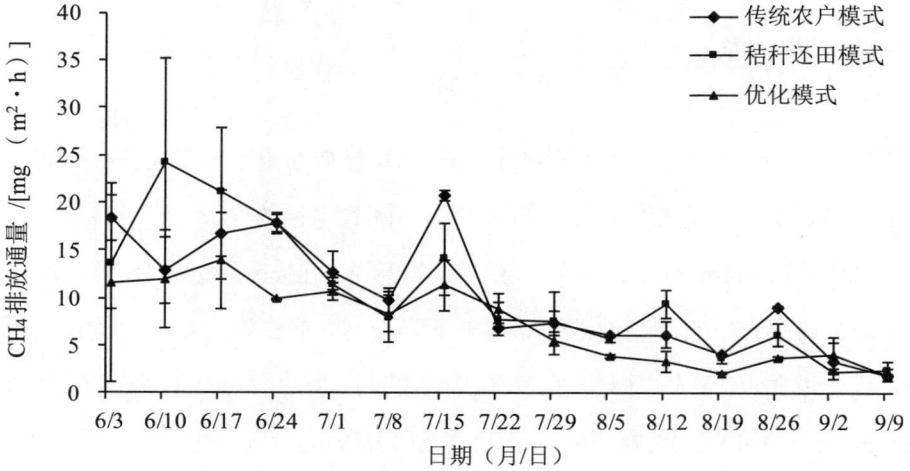

图 8-18　秸秆还田下不同耕作模式 CH_4 排放通量的变化特征（2018 年）

对于 2019 年，秸秆还田下不同耕作模式 CH_4 排放通量季节变化特征呈先上升后下降再上升再逐渐下降的变化趋势（图 8-19）。随着水稻的生长，在分蘖期（6 月 9 日）达到第一次峰值[20.36 mg/（$m^2 \cdot h$）]，然后开始下降，在拔节孕穗期（7 月 7 日）达到第二次峰值[19.85 mg/（$m^2 \cdot h$）]，然后开始缓慢降低。不同耕作模式 CH_4 平均排放通量的大小顺序为：传统农户模式>秸秆还田模式>优化模式，上述三个处理的 CH_4 平均排放通量分别为 8.92 mg/（$m^2 \cdot h$）、7.95 mg/（$m^2 \cdot h$）和 6.33 mg/（$m^2 \cdot h$）。

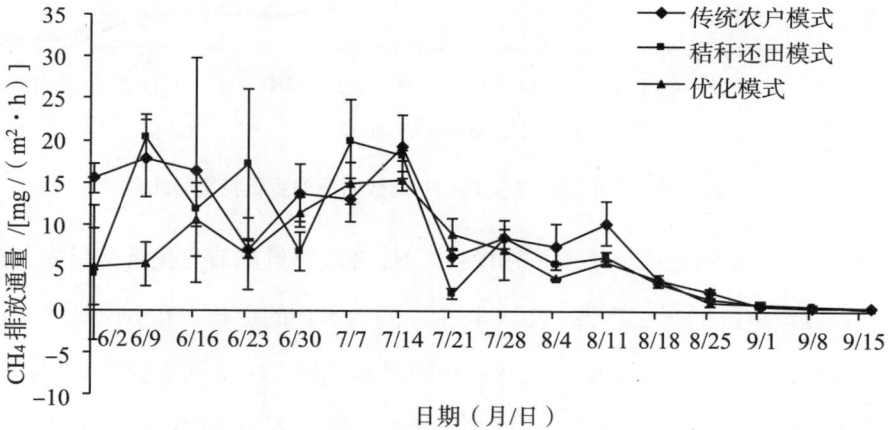

图 8-19　秸秆还田下不同耕作模式 CH_4 排放通量的变化特征（2019 年）

8.4.2 N₂O 排放特征

由图 8-20 可知，2017 年秸秆还田下不同耕作模式 N_2O 排放通量季节变化特征呈现"锯齿状"的变化模式。在 6 月 19 日和 9 月 4 日不同耕作模式的 N_2O 排放通量均达到峰值，最大值为 136.59 μg/（m² · h）。总体上，不同耕作模式 N_2O 平均排放通量从大到小依次为：传统农户模式>优化模式>秸秆还田模式，上述三个处理的 N_2O 平均排放通量分别为 55.40 μg/（m² · h）、51.48 μg/（m² · h）和 38.06 μg/（m² · h）。

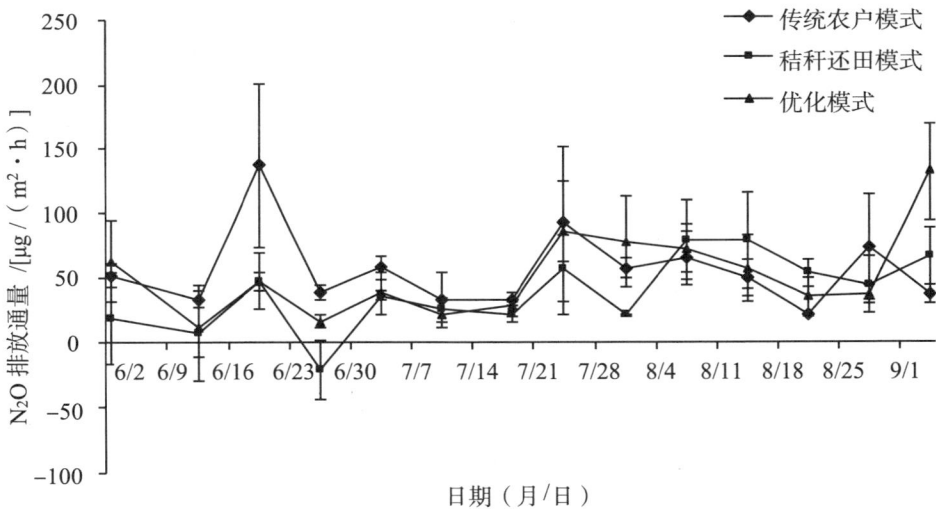

图 8-20 秸秆还田下不同耕作模式 N_2O 排放通量的变化特征（2017 年）

由图 8-21 可见，2018 年秸秆还田下不同耕作模式 N_2O 排放通量季节变化特征呈现"锯齿状"的变化模式。在 8 月 5 日和 9 月 9 日不同耕作模式的 N_2O 排放通量均达到峰值，最大值为 76.74 μg/（m² · h）。总体来讲，不同耕作模式 N_2O 平均排放通量从大到小依次为：传统农户模式>秸秆还田模式>优化模式，上述三个处理的 N_2O 平均排放通量分别为 31.68 μg/（m² · h）、29.22 μg/（m² · h）和 21.84 μg/（m² · h）。

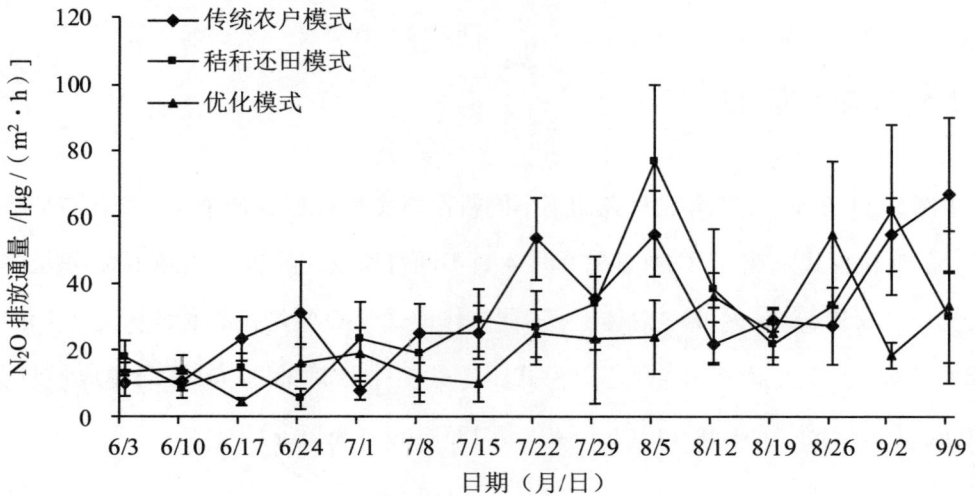

图 8-21　秸秆还田下不同耕作模式 N_2O 排放通量的变化特征（2018 年）

由图 8-22 可以看出，2019 年秸秆还田下不同耕作模式 N_2O 排放通量季节变化特征呈现"锯齿状"的变化模式。在 7 月 7 日和 8 月 18 日不同耕作模式的 N_2O 排放通量均达到峰值，最大值为 55.27 $\mu g/（m^2 \cdot h）$。总体来说，不同耕作模式 N_2O 平均排放通量从大到小依次为：传统农户模式>秸秆还田模式>优化模式，上述三个处理的 N_2O 平均排放通量分别为 27.33 $\mu g/（m^2 \cdot h）$、21.15 $\mu g/（m^2 \cdot h）$ 和 14.85 $\mu g/（m^2 \cdot h）$。

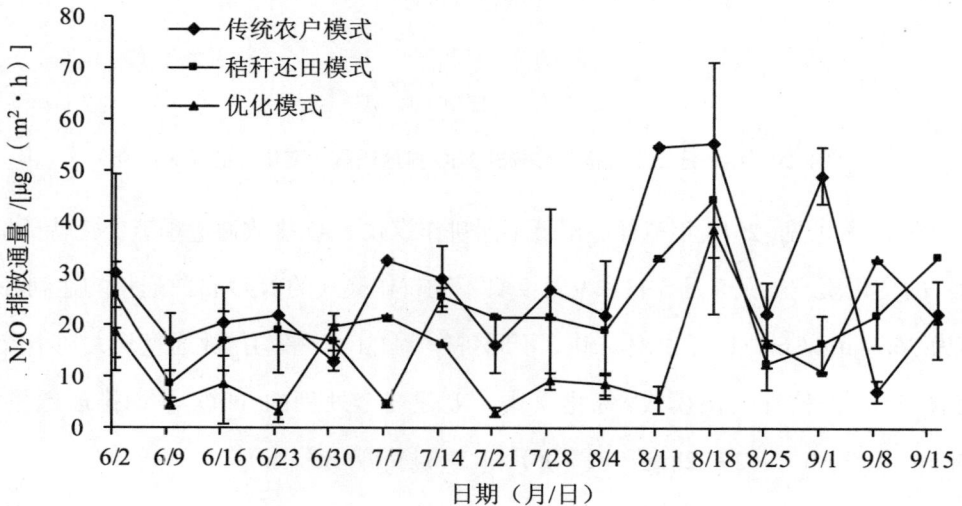

图 8-22　秸秆还田下不同耕作模式 N_2O 排放通量的变化特征（2019 年）

8.4.3 综合温室效应

与传统农户模式相比，2018 和 2019 年优化模式的 CH_4 排放量两年平均降低 39.0%，且差异均达到显著水平，2017 年优化模式的 CH_4 排放量增加 13.5%，但差异不显著；秸秆还田模式的 CH_4 排放量三年平均降低 8.3%，且所有差异均未达到显著水平。与传统农户模式相比，2018 和 2019 年优化模式的 N_2O 排放量两年平均降低 38.1%，且 2019 年的差异达到显著水平，2017 年优化模式的 N_2O 排放量增加 10.9%，但差异不显著；秸秆还田模式的 N_2O 排放量三年平均降低 19.9%，且 2019 年的差异达到显著水平。与传统农户模式相比，2018 和 2019 年优化模式的综合全球增温潜势两年平均降低 38.9%，且差异均达到显著水平，2017 年优化模式的综合全球增温潜势增加 13.3%，但差异不显著；秸秆还田模式的综合全球增温潜势三年平均降低 8.8%，且所有差异均未达到显著水平（表 8-8）。

表 8-8　秸秆还田下不同耕作模式对 CH_4 和 N_2O 排放量以及综合全球增温潜势的影响

年份	耕作模式	CH_4 排放量/ （kg/hm^2）	N_2O 排放量/ （kg/hm^2）	综合全球增温潜势/ （$kg\ CO_2\text{-eq}/hm^2$）
2017	传统农户模式	359.36a	1.56ab	9 449.12a
	秸秆还田模式	352.66a	1.12b	9 149.85a
	优化模式	407.73a	1.74a	10 710.26a
2018	传统农户模式	315.25a	0.92a	8 154.31a
	秸秆还田模式	303.95a	0.82a	7 841.81a
	优化模式	177.68b	0.63a	4 631.02b
2019	传统农户模式	279.19a	0.83a	7 226.74a
	秸秆还田模式	224.78ab	0.66b	5 816.45ab
	优化模式	183.38b	0.46c	4 722.46b

8.4.4 产量形成、氮肥利用率及单位产量的全球增温潜势

8.4.4.1 生物量的变化

与传统农户模式相比，优化模式的生物量三年平均增加 14.7%，且所有差异均达到显著水平；秸秆还田模式的生物量三年平均增加 2.2%，且所有差异均未达到显著水平（图 8-23）。

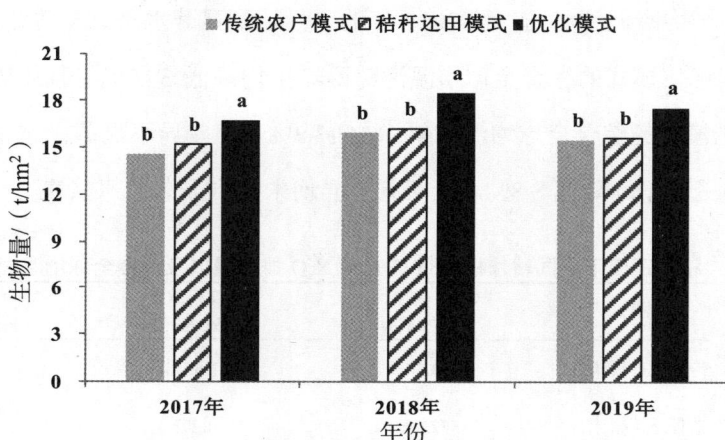

图 8-23 秸秆还田下不同耕作模式对水稻生物量的影响

8.4.4.2 产量及其构成

1）产量变化

与传统农户模式相比，优化模式的产量三年平均增加 4.6%，且 2018 和 2019 年的差异均达到显著水平；2017 年秸秆还田模式的产量降低 4.2%，2018 和 2019 年秸秆还田模式的产量平均增加 2.5%，所有差异均未达显著水平（图 8-24）。

■ 传统农户模式　□ 秸秆还田模式　■ 优化模式

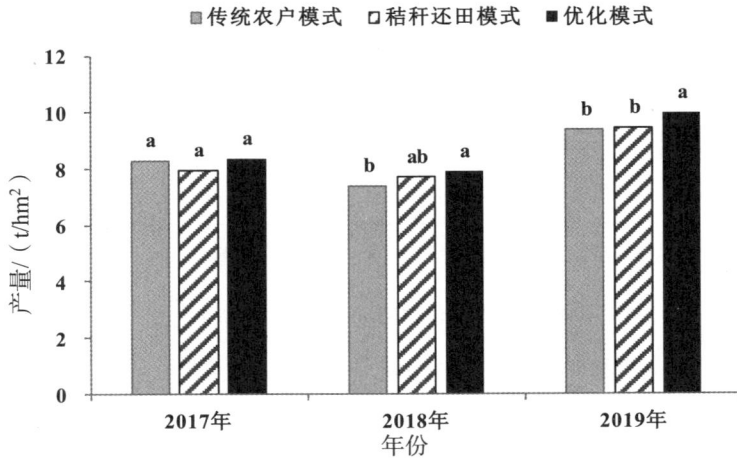

图 8-24　秸秆还田下不同耕作模式对水稻产量的影响

2）产量构成

与传统农户模式相比，优化模式的有效穗数三年平均增加 13.4%，且 2017 和 2018 年的差异均达到显著水平；秸秆还田模式的有效穗数三年平均增加 5.2%，且 2018 年的差异达到显著水平。与传统农户模式相比，2017 和 2019 年优化模式的每穗粒数两年平均增加 7.3%，且差异均达到显著水平；2017 和 2019 年秸秆还田模式的每穗粒数两年平均增加 5.2%，且 2019 年的差异达到显著水平；2018 年优化模式和秸秆还田模式的每穗粒数分别降低 4.6% 和 6.1%，且差异均未达到显著水平。与传统农户模式相比，2017 和 2019 年优化模式的结实率两年平均下降 3.2%，且 2017 年的差异达到显著水平；2017 和 2019 年秸秆还田模式的结实率两年平均下降 3.6%，且 2019 年的差异达到显著水平；2018 年优化模式的结实率几乎没有变化，秸秆还田模式的结实率增加 0.7%，差异不显著。不同年际间三种模式的千粒重没有明显变化（表 8-9）。

表 8-9　秸秆还田下不同耕作模式对水稻产量构成的影响

年份	耕作模式	有效穗数/ （10⁴/hm²）	每穗粒数	结实率/%	千粒重/g
	传统农户模式	379.29b	93.69b	95.40a	27.40a
2017	秸秆还田模式	399.35b	95.26b	93.63ab	27.46a
	优化模式	461.13a	100.15a	92.52b	27.40a
2018	传统农户模式	394.05c	90.46a	94.75a	27.63a

续表

年份	耕作模式	有效穗数/ （10⁴/hm²）	每穗粒数	结实率/%	千粒重/g
2018	秸秆还田模式	414.94b	84.99a	95.40a	27.45a
	优化模式	437.05a	86.27a	94.72a	27.78a
2019	传统农户模式	437.50a	94.78a	85.06a	27.53a
	秸秆还田模式	459.92a	103.07a	80.50b	27.38a
	优化模式	471.87a	102.00a	82.17ab	27.55a

8.4.4.3 氮肥偏生产力

与传统农户模式相比，优化模式的水稻氮肥偏生产力三年平均增加 30.8%，且差异均达到显著水平；2017 年秸秆还田模式的氮肥偏生产力降低 4.2%，2018 和 2019 年秸秆还田模式的氮肥偏生产力平均增加 2.5%，所有差异均未达显著水平（图 8-25）。

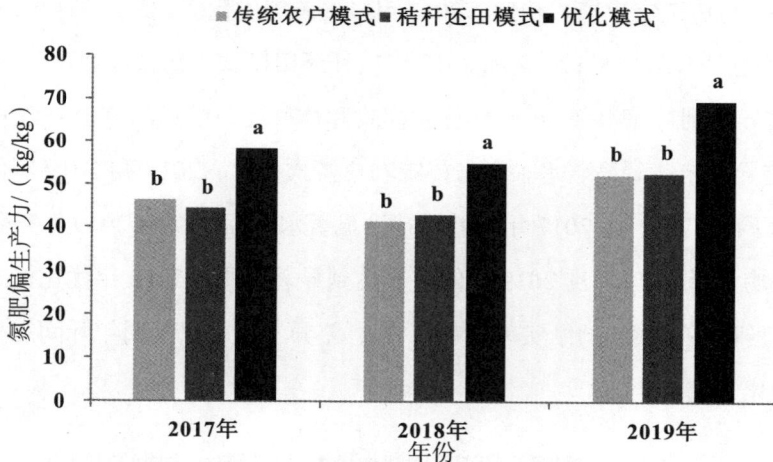

图 8-25　秸秆还田下不同耕作模式对水稻氮肥偏生产力的影响

8.4.4.4 单位产量的全球增温潜势

与传统农户模式相比，2017 年优化模式和秸秆还田模式的单位产量全球增温潜势分别增加 7.0% 和 0.9%，且差异均未达到显著水平；2018 和 2019 年优化模式的单位产量全球增温潜势两年平均降低 42.3%，且差异均达到显著水平；2018 和 2019 年秸秆还田模式的单位产量全球增温潜势两年平均降低 13.8%，差异均未达到显著水平（表 8-10）。

表 8-10　秸秆还田下不同耕作模式对水稻单位产量全球增温潜势的影响

年份	耕作模式	单位产量全球增温潜势/（kg CO$_2$-eq/kg）
2017	传统农户模式	1.14a
	秸秆还田模式	1.15a
	优化模式	1.22a
2018	传统农户模式	1.10a
	秸秆还田模式	1.02a
	优化模式	0.59b
2019	传统农户模式	0.77a
	秸秆还田模式	0.61ab
	优化模式	0.48b

8.4.5　土壤肥力变化特征

与传统农户模式相比，优化模式 0 ~ 10 cm、10 ~ 20 cm 和 20 ~ 30 cm 的有机质含量平均增加 2.8%，差异均不显著；秸秆还田模式 0 ~ 10 cm 的有机质含量降低 2.7%，10 ~ 20 cm 的有机质含量增加 2.9%，差异均不显著，20 ~ 30 cm 的有机质含量无变化。与传统农户模式相比，优化模式 0 ~ 10 cm 和 20 ~ 30 cm 的碱解氮含量平均增加 16.4%，差异均不显著；秸秆还田模式 0 ~ 10 cm 和 20 ~ 30 cm 的碱解氮含量平均增加 7.7%，差异均不显著；优化模式和秸秆还田模式 10 ~ 20 cm 的碱解氮含量分别降低 5.0% 和 9.7%，差异均不显著。与传统农户模式相比，优化模式 0 ~ 10 cm、10 ~ 20 cm 和 20 ~ 30 cm 的有效磷含量平均增加 7.9%，差异均不显著；秸秆还田模式 0 ~ 10 cm 有效磷含量增加 5.3%，而 10 ~ 20 cm 和 20 ~ 30 cm 的有效磷含量平均降低 7.0%，但所有差异均不显著。相对于传统农户模式，优化模式 0 ~ 10 cm 的速效钾含量增加 17.3%，而 10 ~ 20 cm 和 20 ~ 30 cm 的速效钾含量平均降低 8.7%，且 10 ~ 20 cm 的差异达到显著水平；秸秆还田模式 0 ~ 10 cm 的速效钾含量增加 7.0%，差异不显著，而 10 ~ 20 cm 的速效钾含量降低 9.4%，差异达到显著水平，20 ~ 30 cm 的速效钾含量几乎没有变化。相对于传统农户模式，优化模式 0～10 cm 和 20～30 cm 的 CEC 含量平均增加 1.3%，而 10～20 cm 的 CEC 含量则降低 1.4%，所有差异均不显著；秸秆还田模式 0～10 cm 和 10～20 cm 的 CEC 含量平均降低 2.4%，而 20～30 cm 的 CEC 含量增加 0.9%，所有差异均不显著（表 8-11）。总之，优化模式较传统农户模式和秸秆还田模式更利于土壤肥力的提高，是北方寒地稻区秸秆还田条件下较为适宜的稻田培肥与轮耕技术模式。

表 8-11 秸秆还田下不同耕作模式对土壤肥力变化的影响

土层深度	耕作模式	有机质/%	碱解氮/(mg/kg)	有效磷/(mg/kg)	速效钾/(mg/kg)	CEC/[cmol（+）/kg 土]
0～10 cm	传统农户模式	2.55a	83.69a	21.83a	137.00a	20.87a
	秸秆还田模式	2.48a	86.21a	22.98a	146.58a	20.81a
	优化模式	2.59a	91.92a	23.85a	160.75a	21.34a
10～20 cm	传统农户模式	2.41a	87.35a	27.10a	169.20a	22.11a
	秸秆还田模式	2.48a	78.89a	24.89a	153.28b	21.12a
	优化模式	2.43a	83.01a	28.34a	149.55b	21.80a
20～30 cm	传统农户模式	1.97a	53.51a	19.60a	123.23a	21.25a
	秸秆还田模式	1.97a	60.14a	18.45a	123.25a	21.44a
	优化模式	2.09a	65.86a	21.53a	116.08a	21.33a

8.4.6 土壤穿透阻力

通过 3 年的试验结果分析发现，3 种模式的土壤穿透阻力变化规律一致，均表现为：传统农户模式＞秸秆还田模式＞优化模式，在 0～45 cm 的土壤深度，传统农户模式的平均土壤穿透阻力变化范围为 624.04～704.65 kPa，秸秆还田模式的平均土壤穿透阻力变化范围为 616.49～687.18 kPa，优化模式的平均土壤穿透阻力变化范围为 582.01～648.10 kPa。如果土壤穿透阻力较大，就会阻止水分向下渗，降低化肥的利用率，影响水稻根系生长。可见，优化模式具有相对较小的土壤穿透阻力，利于水稻根系的穿孔和生长，从而更有利于作物的生长（图 8-26）。

综上所述，优化模式的温室气体排放显著降低，产量和氮肥偏生产力增加，土壤肥力水平呈增加趋势，土壤穿透阻力较小，构建的该模式是秸秆还田下北方寒地稻区较为适宜的丰产、减排、增效的培肥与轮耕技术模式。

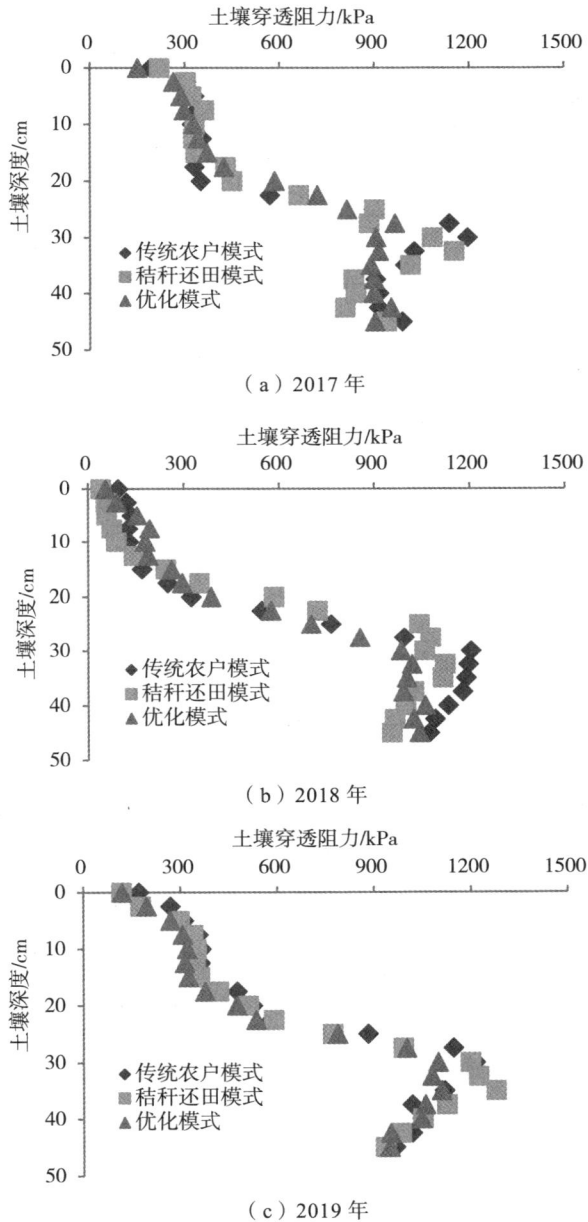

（a）2017 年

（b）2018 年

（c）2019 年

图 8-26　秸秆全量还田下不同耕作模式对稻田土壤穿透阻力的影响

8.5 讨论与小结

秸秆还田是把不宜直接作饲料的水稻、小麦、玉米等秸秆直接或堆积腐熟后施入土壤中的一种重要的农田有机质管理措施，能提高土壤的有效磷、速效钾、有机质、全氮、碱解氮的含量，降低土壤容重（钟杭 等，2002；贺京 等，2011）。秸秆还田有多种形式，如秸秆粉碎翻耕还田、秸秆粉碎旋耕还田、秸秆覆盖还田、堆沤还田、焚烧还田、过腹还田。其中秸秆粉碎翻耕还田，即作物收获后的秸秆通过机械化粉碎，耕地时直接翻压在土壤里，能改善土壤理化性质、把秸秆的营养物质充分地保留在土壤里、提高化肥利用率与作物抗旱抗盐碱性等。搅浆是秸秆还田后的一个关键作业环节，这个环节会对秸秆漂浮量、土壤物理性质、秧苗根系生长等产生重要影响，进而影响稻田土壤质量和水稻产量。在春季泡田搅浆前，需进行翻耕或旋耕作业，翻耕后的稻田水放到淹没最高垡片的 2/3 处，旋耕后的稻田水放到高出旋耕后的土壤表面 2～3 cm 泡田，使秸秆软化，土壤泡透，采用浅水搅浆（陈国建 等，2018；李澜，2019；王秋菊 等，2019），防止秸秆漂浮，尽量减少搅浆的次数，避免破坏土壤的大团粒结构。此外，泥浆深厚也会影响插秧质量，由于泥浆层厚致使土壤结构过于细腻致密、通透性差，不利于水稻根系发育，生育后期易出现根系早衰，影响产量（陈国建 等，2018）。搅浆平地后保持 2～3 cm 水层沉浆，沉浆后达到插秧要求时就可以插秧。已有研究表明（孙妮娜 等，2018），常规搅浆易将掩埋在土层里的秸秆搅到地表，在泡田水比较多的情况下而出现秸秆漂浮现象，造成地表以下植被的覆盖率低。本研究结果发现，无驱动搅浆可显著降低秸秆漂浮量，与已有研究的结果相类似。孙妮娜 等（2018）研究还发现，无驱动搅浆的泥浆度更大，代表泥浆更粗。本研究证实，无驱动搅浆可显著降低土面下降高度，而显著增加土壤大团聚体以及土壤微团聚体，与上述研究的变化规律一致。此外，通过室内模拟试验发现（李奕 等，2019），低强度和高强度搅浆较不搅浆>1 mm 的水稳定团聚体和平均重量直径均显著降低，不搅浆大孔隙分布较多且连通性好，而低强度和高强度搅浆多为球状孔隙，连通性较差，可见，减少搅浆可维持土壤较好的大团粒结构和大孔隙分布。从本研究结果来看，无驱动搅浆显著增加了秧苗的新生白根数，然而，前人研究（孙妮娜等，2018）认为，两种搅浆方式对秧苗的新生白根数无显著影响。本研究两年的结果显示，两种搅浆方式对水稻产量无显著影响，可能与秸秆还田的时间较短有关；如果从长期秸秆还田来看，无驱动搅浆应该有利于水稻生长及产量的形成，具体的影响效果尚需进一步的试验研究。

秸秆还田主要通过两种途径影响作物的生长发育，一是通过自身分解释放的营养成分、化学物质等直接影响作物的成长；二是通过影响作物生长的环境因子间接影响作物的生长（梁天锋 等，2009；陈金 等，2015）。很多研究表明，秸秆还田提高了水稻氮素收获指数、氮肥吸收效率、氮肥农学效率，其原因是秸秆还田配施氮肥增强了水稻根系及叶片的硝酸还原酶活性，从而促进了植株对氮素的吸收，使植株总吸氮量增加，同时减少了氮素在营养器官的残留（徐国伟 等，2008；徐国伟 等，2009a；徐国伟 等，2009b）。徐新宇等（1991）利用同位素示踪技术，发现秸秆还田减少了土壤氮素随渗漏水的流失，同时，秸秆还田还具有保存和提高土壤肥效的作用，较单一施用化学氮肥可显著减少矿质氮的淋失。本研究发现，在秸秆还田下，与旋耕处理相比，轮耕处理的水稻氮肥偏生产力三年平均明显增加6.7%，2017和2019年翻耕处理的氮肥偏生产力平均增加3.3%；与传统农户模式相比，优化模式的水稻氮肥偏生产力三年平均增加30.8%，且差异均达到显著水平；2018和2019年秸秆还田模式的氮肥偏生产力平均增加2.5%。这与前人关于秸秆还田后提高氮肥利用效率的结果相符合。此外，本研究还发现，与传统农户模式相比，优化模式的产量三年平均增加4.6%，且2018和2019年的差异均达到显著水平，2018和2019年秸秆还田模式的产量平均增加2.5%；在秸秆还田条件下，与旋耕处理相比，轮耕处理的产量明显增加6.7%，2017和2019年翻耕处理的产量平均增加3.3%。研究表明（唐海明 等，2019a；唐海明 等，2019b），在秸秆还田条件下，翻耕早稻和晚稻的产量均高于旋耕。其可能是由于翻耕处理在土壤耕作过程中适当加大翻耕深度有利于降低土壤容重与紧实度、改善土壤结构、显著提高土壤的蓄水保肥能力、培肥耕层土壤（Huang 等，2012）。本研究结果也证实了这一点，发现翻耕处理的土壤穿透阻力（又称土壤紧实度）低于旋耕处理，翻耕处理0~30 cm土层的有效磷和速效钾含量较旋耕处理均呈增加趋势。前人也有研究证实，连续多年旋耕的水稻产量低于翻耕，合理耕层是建立在翻耕与旋耕合理轮耕的基础上的（姚秀娟，2007），这与本研究的结果一致。秸秆还田对稻田土壤微生物有很大影响。秸秆还田处理土壤好气性细菌和真菌数量均有所增加，但嫌气性细菌和放线菌的数量则略减少（肖

嫩群 等，2008）。施用水稻秸秆处理的土壤细菌群落多态性的变化远远复杂于空白对照土壤中的细菌群落变化，说明水稻秸秆还田能够增加土壤细菌群落分子多态性的丰富度（卜元卿和黄为一，2005；李自刚 等，2008）。

秸秆还田对 CH_4 排放的影响与秸秆还田时间、还田方式等有着一定关系。秸秆还田一方面可作为氮肥投入抑制 CH_4 的吸收，另一方面秸秆还田增加了产 CH_4 的基质，这种抑制吸收和促进生成的双重作用使得秸秆还田显著增加 CH_4 排放（伍芬琳 等，2008；彭华 等，2015）。稻田 CH_4 排放与土壤有机物含量具有密切关系，秸秆还田为微生物活动提供了大量的碳源，促进微生物生长，有机物在分解过程中消耗氧气，创造厌氧环境，土壤 Eh 迅速下降，加剧 CH_4 产生的发酵过程（彭华 等，2015）。有研究认为，稻田排放的 CH_4 主要是由土壤中的产甲烷菌在厌氧环境下通过有机质的发酵和土壤硝化与反硝化作用产生的（郝帅帅 等，2016）。Guo 等（2001）研究显示，秸秆还田后的稻田温室气体排放量显著高于秸秆未还田的稻田，特别是 CH_4。Setyanto 等（2000）研究认为，秸秆还田后的 CH_4 和 N_2O 比未还田田块增加 2～25 倍。与不还田处理相比，小麦秸秆原位焚烧还田显著增加稻田 CH_4 排放量，同时显著减少稻田 N_2O 排放量；与均匀混施处理相比，小麦秸秆原位焚烧显著减少稻田 CH_4 排放量，二者的 N_2O 排放量无明显差异（马静 等，2008）。本研究结果发现，在秸秆还田条件下，与旋耕处理相比，轮耕和翻耕处理的 CH_4 排放量三年平均分别显著降低 26.8% 和 14.3%；2018 和 2019 年轮耕的 N_2O 排放量平均降低 22.7%，2017 年轮耕和翻耕的 N_2O 排放量分别增加 13.7% 和 11.5%；轮耕和翻耕处理的综合全球增温潜势三年平均分别显著降低 26.4% 和 13.8%。与传统农户模式相比，2018 和 2019 年优化模式的 CH_4 排放量两年平均显著降低 39.0%，秸秆还田模式的 CH_4 排放量三年平均降低 8.3%；2018 和 2019 年优化模式的 N_2O 排放量两年平均降低 38.1%，且 2019 年的差异达到显著水平，秸秆还田模式的 N_2O 排放量三年平均降低 19.9%，且 2019 年的差异达到显著水平；2018 和 2019 年优化模式的综合全球增温潜势两年平均降低 38.9%，且差异均达到显著水平，秸秆还田模式的综合全球增温潜势三年平均降低 8.8%。通过对意大利稻田土壤中 CH_4 产生率的实地监测发现（上官行健 等，1993；王明星 等，1998），主要的 CH_4 产生区域是 7～17 cm 土壤层，13 cm 处是最重要的 CH_4 产生层，这与本研究发现的旋耕具有较高温室气体排放的结果相一致。白小琳等（2010）研究发现，在秸秆还田下，翻耕或旋耕均有利于双季稻田 CH_4

的排放，而翻耕有利于减少 N_2O 的排放。双季稻田稻季秸秆覆盖免耕还田、冬季翻埋秸秆还田或留桩还田能显著减缓因稻季秸秆翻耕、冬季秸秆翻埋直接还田 CH_4 排放引起的温室效应（彭华 等，2015）。可见，耕作措施对不同稻区温室气体排放的影响有一定差异。还田时间也影响着 CH_4 的排放，徐华等（2001）盆栽试验发现，与前茬季节前施用秸秆（秸秆早）相比，水稻移栽前施用秸秆（秸秆晚）的处理 $CH4$ 排放量两年分别增加了 3.04 和 7.12 倍。

土壤中有机物料的 C/N 对 N_2O 排放存在着很大影响，王丽媛等（2006）指出，一般土壤微生物适宜的有机质 C/N 为（25～30）/1，如 C/N 大于（25～30）/1，则有机质分解慢，微生物活性弱，N_2O 排放受到抑制，如 C/N 小于（25～30）/1，则微生物活性强，促进 N_2O 排放。C/N 低的有机物分解时所排放的 N 超过分解有机物质的微生物的需要，从而有利于 N_2O 的生成。C/N 高的植物残体施入，使微生物对其分解的过程中争夺化肥和土壤中的 N 素，从而降低了 N_2O 的排放。秸秆还田提高了土壤的 C/N，引起微生物对氮源的充分利用，同时也减少了硝化、反硝化过程的中间产物 N_2O 的排出（Zou 等，2004；李虎 等，2012）。然而秸秆的施入，为反硝化微生物提供了充足的能源物质和微域厌氧环境，利于反硝化过程的进行，促进了 N_2O 的生成与排放（Beare 等，2002；李虎 等，2012）。本研究也发现，秸秆还田下，旋耕、翻耕与轮耕不同耕作方式的 N_2O 排放量年际间存在差异。因此，对于秸秆还田对 N_2O 排放的影响研究结果不尽相同。

主要参考文献

[1] 彭华，纪雄辉，吴家梅，等. 不同稻草还田模式下双季稻田周年 CH_4 排放特征及温室效应[J]. 农业环境科学学报，2015，34（3）：585–591.

[2] 董文军，来永才，孟英，等. 稻田生态系统温室气体排放影响因素的研究进展[J]. 黑龙江农业科学，2015（5）：145–148.

[3] 郝帅帅，顾道健，陶进，等. 秸秆还田对稻田土壤和温室气体排放的影响[J]. 中国稻米，2016，22（5）：6–9.

[4] 刘巽浩，王爱玲，高旺盛. 实行作物秸秆还田促进农业可持续发展[J]. 作物杂志，1998（5）：2–6.

[5] YUKIHIKO M，TOMOAKI M，HIROMI Y. Amount，availability，and potential use of rice straw (gricultural residue) iomass as an energy resource in Japan[J]. Biomass and bioenergy，2004，29（5）：347–354.

[6] 李万良，刘武仁. 玉米秸秆还田技术研究现状及发展趋势[J]. 吉林农业科学，2007，32（3）：32–34.

[7] 王红彦，王飞，孙仁华，等. 国外农作物秸秆利用政策法规综述及其经验启示[J]. 农业工程学报，2016，32（16）：216–222.

[8] 刘晓永，李书田. 中国秸秆养分资源及还田的时空分布特征[J]. 农业工程学报，2017，33（21）：1–19.

[9] 焦洋. 黑龙江省投入 43 亿元出台 11 条政策措施推进秸秆综合利用[J]. 黑龙江粮食，2019（11）：11–11.

[10] 孙妮娜，王晓燕，李洪文，等. 东北稻区不同秸秆还田模式机具作业效果研究[J]. 农业机械学报，2018，49（增刊）：68–74，154.

[11] 钟杭,朱海平,黄锦法. 稻麦秸秆全量还田对作物产量和土壤的影响[J]. 浙江农业学报，2002，14（6）：344–347.

[12] 贺京，李涵茂，方丽，等. 秸秆还田对中国农田土壤温室气体排放的影响[J]. 中国农学通报，2011，27（20）：246–250.

[13] 陈国建，满芳芳，陈雷，等. 水稻秸秆全量还田实用技术[J]. 北方水稻，2018，48（1）：43–44.

[14] 李澜. 关于水稻机收秸秆粉碎还田试验示范技术的探讨[J]. 农机使用与维修,2019(6)：93–93.

[15] 王秋菊，刘峰，迟凤琴，等. 秸秆还田及氮肥调控对不同肥力白浆土氮素及水稻产量影响[J]. 农业工程学报，2019，35（14）：105–111.

[16] 李奕，房焕，彭显龙，等. 模拟搅浆对水稻土结构和有机氮矿化的影响[J]. 土壤学报，2019，56（5）：1171–1179.

[17] 梁天锋，徐世宏，刘开强，等. 耕作方式对还田稻草氮素释放及水稻氮素利用的影响[J]. 中国农业科学，2009，42: 3564–3570.

[18] 陈金，唐玉海，尹燕枰，等. 秸秆还田条件下适量施氮对冬小麦氮素利用及产量的影响 [J]. 作物学报，2015，41（1）：160–167.

[19] 徐国伟，杨立年，王志琴，等. 麦秸还田与实地氮肥管理对水稻氮磷钾吸收利用的影响 [J]. 作物学报，2008，34: 1424–1434.

[20] 徐国伟，谈桂露，王志琴，等. 麦秸还田与实地氮肥管理对直播水稻生长的影响[J]. 作物学报，2009，35: 685–694.

[21] 徐国伟，谈桂露，王志琴，等. 秸秆还田与实地氮肥管理对直播水稻产量、品质及氮肥利用的影响[J]. 中国农业科学，2009，42: 2736–2746.

[22] 徐新宇，张玉梅，向华，等. 应用 ^{15}N 示踪研究秸秆对保存和提高氮肥肥效的影响[J]. 中国核科技报告，1991（增刊 3）：588–598.

[23] 唐海明，李超，肖小平，等. 双季稻区不同土壤耕作模式对水稻干物质积累及产量的影响[J]. 华北农学报，2019，34（3）：137–146.

[24] 唐海明，肖小平，李超，等. 不同土壤耕作模式对双季水稻生理特性与产量的影响[J]. 作物学报，2019，45（5）：740–754.

[25] HUANG M，ZOU Y，JIANG P，et al. Effect of tillage on soil and crop properties of wet-seeded flooded rice[J]. Field crops research，2012，129: 28–38.

[26] 姚秀娟. 翻耕与旋耕作业对水稻生产的影响[J]. 现代化农业，2007，7: 27–28.

[27] 肖嫩群，张杨珠，谭周进，等. 稻草还田翻耕对水稻土微生物及酶的影响研究[J]. 世界科技研究与发展，2008，30（2）：192–194.

[28] 卜元卿，黄为一. 稻秸对土壤细菌群落分子多态性的影响[J]. 土壤学报，2005，42（2）：270–277.

[29] 李自刚，李兴道，蒋媛媛，等. 水稻秸秆还田对河南沿黄稻区土壤细菌群落分子多态性影响[J]. 河南农业大学学报，2008，42（1）：90–94.

[30] 伍芬琳，张海林，李琳，等. 保护性耕作下双季稻农田甲烷排放特征及温室效应[J]. 中国农业科学，2008，41（9）：2703–2709.

[31] GUO L，LIN E. Carbon sink in cropland soils and the emission of greenhouse gases from paddy soils: a review of work in China[J]. Chemosphere-global change science，2001，3:

413–418.

[32] SETYANTO P，MAKARIM A K，FAGI A M，et al. Crop management affecting methane emissions from irrigated and rainfed rice in Central Java （Indonesia）[J]. Nutrient cycling agroecosystems，2000，58: 85–93.

[33] 马静，徐华，蔡祖聪，等. 焚烧麦杆对稻田 CH_4 和 N_2O 排放的影响[J]. 中国环境科学，2008，28（2）: 107–110.

[34] 上官行健，王明星，WASSMANN R，等. 稻田土壤中甲烷产生率的实验研究[J]. 大气科学，1993，17（5）: 604–610.

[35] 王明星，李晶，郑循华. 稻田甲烷排放及产生、转化、输送机理[J]. 大气科学，1998，22（4）: 600–612.

[36] 白小琳，张海林，陈阜，等. 耕作措施对双季稻田 CH_4 与 N_2O 排放的影响[J]. 农业工程学报，2010，26（1）: 282–289.

[37] 徐华，蔡祖聪，贾仲君，等. 前茬季节稻草还田时间对稻田 CH_4 排放的影响[J]. 农业环境保护，2001，20（5）: 289–292.

[38] 王丽媛，孙洁梅，徐荣. 植物残体施用对土壤排放 N_2O 的影响[J]. 新疆农业大学学报，2006，29（3）: 26–30.

[39] ZOU J W，HUANG Y，ZONG L G，et al. Carbon dioxide，methane，and nitrous oxide emissions from a rice-wheat rotation as affected by crop residue in corporation and temperature[J]. Advanced in atmospheric science，2004，21（5）: 691–698.

[40] 李虎，邱建军，王立刚，等. 中国农田主要温室气体排放特征与控制技术[J]. 生态环境学报，2012，21（1）: 159–165.

[41] BEARE M H，WILSON P E，FRASER P M. Management effects on barely straw decomposition，nitrogen release，and crop production[J]. Soil science society America journal，2002，66（3）: 848–856.

9 稻田温室气体减排与展望

9.1 温室气体排放与碳交易

大气中 CO_2、CH_4、N_2O 作为对全球温室效应贡献最大的三种温室气体，据 IPCC 统计数据显示，2011 年大气中 CO_2、CH_4、N_2O 的含量已经达到 390.5 ppm、1803.2 ppb、324.2 ppb，分别比 1750 年提高了 40%、150%、20%。温室气体的排放经常被简称为"碳排放"，碳排放给人类带来的影响也早已从一个专门的科学研究问题，拓展成为受国际各界广泛关注的政治、经济、环境问题的综合体。碳排放导致了全球气温升高、气候变暖、海平面上升等现象，全球各国都积极参与碳排放的管理和减排工作。据世界能源新闻报道，2019 年全球碳市场的总价值增加了 34%，达到了 1 940 亿欧元。我国既是能源利用大国，同时也是碳排放大国，在坚持可持续发展的道路上，碳排放管理和减排工作是我国必须要重视的问题，同时也是我国作为大国责任的体现（王文文 等，2021）。

早在 1992 年 5 月 22 日，世界上第一个全面控制 CO_2 等温室气体排放、应对全球气候变暖的国际公约——《联合国气候变化框架公约》诞生。联合国政府间谈判委员会就气候变化问题达成共识，包括我国在内全球共 154 个国家于 1992 年 6 月 4 日在巴西里约热内卢签署了这项公约，目标是将大气中温室气体浓度稳定在使气候系统免遭因人为活动引起的危险水平上（United Nations，1992）。近年来，我国也陆续参与通过了《京都议定书》《巴黎协定》等国际公约和协议。2014 年 11 月 12 日，中国和美国共同发布了《中美气候变化联合声明》，我国表示计划在 2030 年左右 CO_2 排放达到峰值，且将努力早日达峰，并计划到 2030 年非化石能源占一次能源消费比重提高到 20% 左右。在 2015 年 10 月召开的中国共产党第十八届中央委员会第五次全体会议中发表声明，中国将继续把"绿色发展"作为中国未来发展战略的关键。低碳发展和气候行动方案是我国第十三个五年规划纲要所关注的焦点之一。"十三五"规划纲要提出"创新、协调、绿色、开放、共享"新发展理念，到

2020年，单位国内生产总值CO_2排放比2015年下降18%，碳排放总量得到有效控制，碳汇能力显著增强。2016年的《"十三五"控制温室气体排放工作方案》指出，支持优化开发区域碳排放率先达到峰值，力争部分重化工业于2020年左右实现率先达峰。已有研究者对1978—2010年能源消费、经济增长与碳排放数据之间的关系研究表明（韩玥，2012），能源消费是引起碳排放增长的原因，而且两者之间存在着长期均衡的关系，我国能源消费每增加1.00%，相应的碳排放增加0.78%。2019年8月生态环境部举行例行新闻发布会指出，中国已经成为利用碳排放交易管理和控制温室气体排放的世界最大市场之一。尽管美国在2017年6月1日宣布退出了《巴黎协定》（董文杰，2019），但170多个国家共同签署的这个应对气候变化问题的重要协定仍将于2020年正式全面启动。控制温室气体排放，阻止全球进一步变暖，预防全球大气继续恶化迫在眉睫。习近平总书记在党的十九大报告中全面阐述了加快生态文明体制改革、推进绿色发展、建设美丽中国的战略部署。本次报告中，生态被提及10余次，生态文明建设再次被重点提及，并和经济建设、政治建设、文化建设、社会建设一起放在了社会主义现代化建设总体布局的高度，由此可见，我国对于生态环境低碳发展的重视。2019年4月，习近平总书记在第二届"一带一路"国际合作高峰论坛上再次指出，要坚持开放、绿色、廉洁理念，把绿色作为底色，推动绿色基础设施建设、绿色投资、绿色金融（党庶枫，2018）。

我国在全球碳排放管理和控制领域一直发挥着积极的作用，为保护地球环境、扼制全球变暖做出巨大贡献。同时，在各项国际公约的框架体系下，结合我国实际，开展推进碳排放管理和控制的相关工作，生态环境部公布的《中国应对气候变化的政策与行动2019年度报告》中显示，2018年全国碳排放强度比2005年下降45.8%，已提前实现"十三五"2020年碳排放强度比2005年下降40%~45%的承诺，相当于减排52.6亿tCO_2，非化石能源占能源消费总量比重达到14.3%，基本扭转了CO_2排放快速增长的局面，未来全国碳市场的顺利运行，预期将对我国实现CO_2排放在2030年之前尽早达峰这一目标，发挥积极促进作用。在碳减排方面我国取得了阶段性的成绩，这得益于我国碳排放管理和控制的有效手段。目前，主要试行的碳交易是我国主要的碳排放管理手段。碳交易，即碳排放权的交易，公权力许可和分配的碳排放权交由排放主体自由交易，从而实现碳排放约束的激励和低成本的减排（曾诗鸿和刘琦，2013）。按照交易目的可将碳交易市场划分为强制交易市场和自愿交易市场。

依托 2012 年 6 月发布的《温室气体自愿减排交易管理暂行办法》，我国开始在北京、上海、广州、深圳、天津、湖北和重庆 7 个省市尝试碳交易试点，以碳交易的形式，助力企业自觉减排碳排放，自觉主动进行科技革新，为我国的碳减排做出贡献，而在此之前我国碳交易体系基本处于空白状态。2013 年以来，我国 7 个试点碳市场先后启动，截至 2019 年 12 月，纳入 7 个试点碳市场的排放企业和单位共有 2 900 多家，7 个试点碳市场已经累计完成了 1.8 亿 t 线上配额交易量，达成线上交易额 41.3 亿元。

近几年，上海市碳交易试点的发展趋于稳定，碳交易市场不断优化。在配额分配发放方法上，由历史排放法逐步向历史法和基准线法过渡，对企业的管理效率更高，也更易于碳交易市场向全国推进，在建立全国统一碳市场的过程中发挥了积极作用。截至 2020 年 2 月 10 日，上海碳交易市场共经历了 6 个履约期，并连续六年实现 100%履约。所有现货品种累计成交量超过 1.3 亿 t，累计成交金额 14.0 亿元。其中配额累计成交 3 953 万 t，成交金额 8.3 亿元。不仅上海在碳交易试验中取得了成功，其他试点城市的碳交易同样取得了显著的碳减排效果。试点城市的成功加快推进了全国碳排放交易体系的建设。

尽管通过设定碳交易试点城市，在我国的碳排放管理方面进行了一定的摸索，但从总体来看，我国的碳交易体系目前还处于较为初级的阶段，有待进一步完善。而且从碳交易的项目来看，我国只进行了 CO_2 的排放交易，还没有进行其他温室气体的排放交易。相较于美国加州于 2006 年通过《加州应对全球变暖法案》AB32 提出的碳排放权交易机制，我国的碳交易体系覆盖项还需不断增加。在《加州应对全球变暖法案》中包括二氧化碳（CO_2）、甲烷（CH_4）、氧化亚氮（N_2O）、氢氟碳化物（HFCs）、全氟化碳（PFCs）、六氟化硫（SF_6）和三氟化氮（NF_3）7 种温室气体的管控，且不同种类的温室气体通过一个换算系数——全球增温潜势（GWP）来统一换算为 CO_2 当量（$CO_2\text{-eq}$）进行计算。

从试点城市来看，我国碳交易体系目前还存在以下几点不足：

（1）由于我国碳排放管控时间短，经验不足，对企业的碳排放量、核查工作及涉及的经济问题，在交易正式开始之后，很长一段时间内陷入零成交的局面。另一方面，交易的主体单一，主要集中在碳排放量较大的电力、石油化工行业，农业领域涉及很少。

（2）对碳排放单位监测数据不足，不支持在线监测，也无法进行电子核查。我国主要用"历史法"来进行 CO_2 排放量的计算，企业现存的 CO_2 排放数据明显满足不了当前历史法核算要求，并且我国碳交易体系主要依据相应的核查指南，采用第三方核查机构进行现场核查的方式开展工作。相比美国的核查方法，我们仍有需要进步的空间。

（3）参与交易的意识和能力欠缺，相应的企业对于当前碳排放政策不了解，造成碳交易工作进展困难。缺少专业人员对于碳交易体系进行答疑推广，碳排放单位进行碳交易仍处在摸索阶段。在相应的指南中没有关于监测方式的详细描述，因此企业对于碳排放的监测要求模糊，核查机构也无法按照监测计划展开核查。试点城市边学边做，一边发展市场，一边完善制度，造成了交易系统的不完整和不完全。

（4）从试点城市向全国各地推广的问题。对于试点城市的相关管理政策如何应用在全国、如何从国家角度进行碳配额的分配、省际之间如何进行碳排放界限的划分，都是目前由试点向全国的推广进程中必须解决的问题。因此，碳排放管理部门还应严格把控碳排放总量，并制定严格详细的碳排放分配制度和合理的交易方式。

（5）各市的碳排放价格存在较大差异，从 7 个试点碳市场 2019 年的线上成交价格来看，北京碳市场成交价格最高，为 80 元/t 左右；上海碳市场成交价格仅次于北京，为 45 元/t 左右；湖北和深圳碳市场成交价格为 30 元/t 左右；广东碳市场成交价格为 25 元/t 左右；天津碳市场成交价格只有 15 元/t 左右；重庆碳市场成交价格前三季度大约为 10 元/t，第四季度上升到 30 元/t 左右。对于如何处理各省之间的碳价也成为现阶段急需解决的问题。

在确定了重庆作为碳交易市场第 7 个试点城市之后，我国也将不再增加试点城市。未来我国计划于 2030 年建设完成成熟的全国碳交易市场，这表示我国即将在全国范围内开始逐步建设碳排放交易体系，形成"自下而上"的全国碳排放交易网。

国际社会对于温室气体的管理和控制目标越来越明确，从 20 世纪末陆续出台了相关政策。我国也积极做出响应，不仅在外交上做出承诺，在国内也是实行对 CO_2 等温室气体的严格管理和控制，相继建立了 7 个城市进行碳交易系统的试点。2013 年以来，国家发改委组织有关部门及支撑机构，在碳交易立法、重点行业排放核算指南、配额分配、抵消机制、重点企业温室气体报送和国家注册登记系统等方面开展了大量工作，并取得显著的阶段性成果，试点城市都基本完成履约。但是我国对碳排放的管理和控制依然处在起步阶段，还需政府和社会各界相互配合，不断地进行完善。我国 7 个试点城市之间的分配和数据存在差异，对于成交的碳交易价格也不一致，这对于建设全国碳交易体系还存在一定难度。随着经济的发展和社会的进步，在今后的碳排放管理和控制中应协调好各方关系，继续完善碳排放交易制度，建立完整的碳排放交易体系，将碳排放交易制度逐步向全国推广，以期在全国各个省份发挥良好的碳排放量管理和控制效果，从而早日实现我国 2030 年碳排放量达峰、2060 年碳中和的目标。

9.2 寒地稻田温室气体减排现状

我国作为水稻生产大国，学者们对稻田 CH_4 和 N_2O 的排放通量、综合温室效应、影响因素以及减排技术措施等方面进行了大量的研究，但有关我国水稻主产区的东北寒地稻区温室气体减排的有关研究还相对薄弱。目前，已开展的研究主要集中在种植方式、不同品种、水肥管理、密肥调控和耕作制度等方面。

水稻不同种植方式方面，在哈尔滨市的试验研究中发现，尽管旱直播较插秧的 N_2O 排放量有所增加，但 CH_4 排放量、综合全球增温潜势和单位产量全球增温潜势均显著降低。可见，水稻旱直播是寒地稻田温室气体减排的有效调控技术之一。

不同水稻品种方面，在三江平原的研究中表明（牟长城 等，2011），龙粳 18 和垦鉴稻 6 号的 N_2O 排放量较空育 131 均降低，而 CH_4 排放量和综合全球增温潜势均提高，可知，空育 131 可作为该区域推荐种植的低碳品种。在哈尔滨市通过对 8 个水稻品种低碳排放的筛选试验结果表明，龙庆稻 1 号、龙稻 5 号和东农 423 的 CH_4 排放量、综合全球增温潜势和单位产量全球增温潜势均相对较低，因此，龙庆稻 1 号、龙稻 5 号和东农 423 可作为该区域推荐种植的低碳品种。在二九一农场通过对 8 个水稻品种低碳排放的筛选试验结果表明，垦粳 5 号和龙粳 31 的 CH_4 排放量、综合全球增温潜势和单位产量全球增温潜势均相对较低，因此，垦粳 5 号和龙粳 31 可作为该区域推荐种植的低碳品种。

不同水肥管理方面，在哈尔滨的田间试验结果表明，间歇灌溉显著降低稻田 CH_4 的排放，虽促进了 N_2O 的排放，但降低了综合全球增温潜势；增施氮肥促进 N_2O 排放，在低氮条件下 CH_4 的排放增加，但是在中氮和高氮条件下 CH_4 排放下降。综合考虑产量和温室气体排放，采用间歇灌溉方式，施氮量 $120 \sim 150 \, kg/hm^2$ 可作为寒地稻区减排丰产的理想水肥管理模式（Dong 等，2018；王晓萌，2019）。在庆安国家重点灌溉试验站节水灌溉的田间试验结果表明（王孟雪和张忠学，2015；王孟雪 等，2016；Xu 等，2016；张忠明 等，2018；王长明 等，2019；Nie 等，2019；Lin 等，2019a；Lin 等，2019b；张忠学 等，2020），①与淹灌相比，浅湿灌溉、控制灌溉和间歇灌溉稻田 CH_4 累积排放量均降低；间歇灌溉 N_2O 排放总量增加，控制灌溉和浅湿灌溉 N_2O 排放总量减少。总体温室效应分析结果表明，节水灌溉模式能有效抑制温室气体的排放并显著降低 CH_4 和 N_2O 的总温室效应。②3 个因子温室气体的综合增温潜势大小顺序依次为生物炭＞氮肥＞水分；随着水分灌溉量的增加，温室气体的综合增温潜势先增加后下降，随着氮肥和生物炭的增加，温室气体的综合增温潜势降低，两因子互作的温室气体综合增温潜势大小顺序依次为水分＋生物炭＞氮肥＋生物炭＞水分＋氮肥，通过对温室气体综合增温潜势减少 20%～40% 和产量的综合分析发现，水分灌溉 4 591～5 420 kg/hm^2、氮肥施用量 100.11～112.54 kg/hm^2、生物炭施用量 21.29～22.14 t/hm^2 为最优方式。③秸秆还田下常规淹灌 CH_4 排放通量、累积排放量显著高于控制灌溉，且随着施氮量的增加，CH_4 排放通量、累积排放量显著增加；与对照相比，常规淹灌增施氮肥使 CH_4 累积排放量显著增加，产量降低；在常规淹灌下适当减施氮肥不但对产量无显著影响，还使得 CH_4 累积排放量显著降低；若采取控制灌溉减量施氮方式，与对照相比，则使得 CH_4 累积排放量显著降低，产量显著提高。综合减排效益分析，秸秆还田下采用控制灌溉并适量减施氮肥可以使经济效益最大化，达到节水、减排、增产的目的。此外，采用盆栽试验研究黑土稻田 CH_4 控排的最优水肥配施方案，结果表明，氮肥的增加可明显降低 CH_4 排放量，钾肥和磷肥作用不明显，灌水量在高水平时会促进 CH_4 的排放。结合产量，筛选出稻田 CH_4 减排 20%～40% 的综合水肥优化施配方案为施氮量 114.72 kg/hm^2、施钾量 50.25 kg/hm^2、施磷量 37.51 kg/hm^2，分蘖末期土壤相对含水率为 80%（徐丹 等，2015）。在哈尔滨市和二九一农场的生物炭与氮肥配施田间试验结果表明，氮肥与生物炭施用对不同试验点年际间 CH_4、N_2O 排放以及综合温室效应的影响存在差异。综合考虑 CH_4 排放、N_2O 排放、综合全球增温潜势以及单位产量的全球增温潜势的变化，N2C2 处理（纯 N 180 kg/hm^2，当地正常产量水平的施氮量，生物炭 1.5 t/hm^2）被认为是上述区域稻田温室气体减排的最优生物炭与氮肥组合。

不同密肥调控方面，在哈尔滨市的田间试验结果发现，秸秆全量还田下，常密常氮、增密常氮、增密减基肥氮和增密减穗肥氮 4 种不同密肥调控技术对 CH_4 排放、N_2O 排放以及综合温室效应的影响年际间存在差异。通过全面分析，综合考虑 CH_4 排放、N_2O 排放、综合全球增温潜势以及单位产量的全球增温潜势的变化，认为增密减基肥氮的密肥调控技术可以更为明显地降低寒地稻田的温室气体排放，是有效减少寒地稻田温室气体排放的调控技术之一。在三江平原的大田试验发现（Chen 等，2013），与常规种植密度（24 穴/m²）相比，超稀植（8 穴/m²）的 CH_4 排放量、CH_4 和 N_2O 的综合全球增温潜势均显著降低，适当稀植（16 穴/m²）的单位产量 CH_4 和 N_2O 的综合全球增温潜势最低，可见，适当稀植可以平衡三江平原的水稻产量和温室气体排放两者的关系。

耕作制度方面，在哈尔滨市的田间试验结果显示，秸秆全量还田下，通过对 3 年旋耕、翻耕和轮耕（一年翻耕，一年旋耕）3 种不同耕作方式 CH_4 排放量、N_2O 排放量以及综合温室效应的监测发现年际间变化存在差异。综合考虑 CH_4 排放、N_2O 排放、综合全球增温潜势以及单位产量的全球增温潜势的变化，发现轮耕处理是该区域稻田温室气体减排的适宜耕作方式，是有效减少寒地稻田温室气体排放的主要耕作调控技术。秸秆全量还田下，通过对 3 年传统农户模式、秸秆还田模式、优化模式 3 种不同耕作模式 CH_4 排放量、N_2O 排放量以及综合温室效应的监测发现年际间变化存在差异。综合考虑 CH_4 排放、N_2O 排放、综合全球增温潜势以及单位产量的全球增温潜势的变化，发现随着秸秆还田时间的增加，优化模式是该区域稻田温室气体减排的适宜耕作模式，是有效减少寒地稻田温室气体排放的主要耕作调控综合技术。

此外，有研究者针对秸秆还田，在哈尔滨市采用定位小区连续定位观测结果表明（龚振平 等，2015），水稻田 CH_4 排放通量呈双峰变化趋势；秸秆不还田处理 CH_4 排放通量与气温显著相关，与土壤温度相关不显著，秸秆低量还田（6.25 t/hm²）、秸秆高量还田（12.50 t/hm²）处理 CH_4 排放通量与地表温度、5 cm、10 cm 土层温度极显著相关，与气温相关不显著。CH_4 排放通量和 CH_4 排放量随秸秆还田量增加而升高。

通过以上大量的研究发现，水稻生育期内，CH_4 排放量减少时期，N_2O 排放量有增加趋势，综合考虑 CH_4 和 N_2O 排放的消长关系，才能有效减缓稻田温室气体的排放。以上的相关研究为我国寒地稻田温室气体减排提供理论依据与技术指导，为我国稻田减排、丰产、增效的综合调控和国际谈判提供科学指导和技术支撑。

9.3 寒地稻田温室气体减排展望

全球气候变化日益引起人们的重视，目前已成为各国关注的重大环境问题。《巴黎协定》要求所有国家尽可能开展最广泛的合作，更快地减少全球温室气体排放量。《中美气候变化联合声明》中强调，中国计划在 2030 年左右 CO_2 排放达到峰值且将努力早日达峰，并计划到 2030 年非化石能源占一次能源消费比重提高到 20%左右。《中国应对气候变化的政策与行动 2016 年度报告》中明确指出，农业部推动实施"到 2020 年化肥使用量零增长行动"，提高秸秆综合利用水平，实施保护性耕作等，减少农业温室气体排放。《中国应对气候变化的政策与行动 2019 年度报告》中明确指出，继续实施化肥使用量零增长行动，水稻、玉米、小麦三大粮食作物化肥利用率达到 37.8%，化肥使用量提前实现负增长，提升秸秆综合利用水平，全国秸秆综合利用率达到 83%，控制农业领域温室气体排放。由此可见，应对全球气候变化这一重大环境问题既是世界的需要，也是我国未来发展低碳、绿色和环保型国家的需要，是建设"美丽中国"的必然要求，为此，我国要加大农业减排的力度，尤其要加强稻田系统温室气体减排。由于我国稻田类型较多，主要包括单季稻田、双季稻田和水旱轮作田等，南方和北方气候、土壤和耕作制度等条件的不同，为此，针对我国不同的稻作区，研究相应的减排对策，对于缓解我国温室气体排放以及引起的气候变暖等环境问题，具有非常重要的意义。

目前，有关我国稻田温室气体的排放研究已做了大量的工作，多数集中在南方，对北方单季稻田的研究相对较少。近年来，由于黑龙江省寒地水稻种植面积较大，所以稻田系统的减排潜力巨大。有关我国寒地稻田温室气体的排放已开展了一些工作，主要从栽培方式、品种选择、水分管理、肥料施用、耕作制度以及秸秆还田等方面开展了一定的研究，但仍存在很多的不足和不确定性。因此，今后关于寒地稻田温室气体的减排应重点考虑以下几方面的内容：

（1）加强对于寒地稻田温室气体产生、排放的机理及影响因素研究。重点加强寒地稻田不同调控技术下 CH_4 和 N_2O 产生、排放的生理和分子等机理及影响因素研究，为寒地稻田更好地提出减排技术提供理论基础。

（2）强化寒地稻田温室气体排放量的准确估算。寒地稻田温室气体减排不仅要革新水稻管理技术措施，而且还要结合更精确、更快捷的手段，如"3S 技术"、自动监测系统、数据分析方法及模型模拟验证等手段，实现寒地稻田温室气体排放量的准确估算。目前，被人们公认的、广泛应用的、效果明显且持久的减排技术相对较少，因此，要实现减排效果最大化，就必须综合考虑土壤性质、气候条件、作物品种、耕作方式、水肥管理以及时空差异等影响因素，尽可能地明确各因素间的协同作用和负效应，同时结合环境、经济和社会效益来开发并选择适合的减排技术，如在有效控制稻田水分管理的同时，结合抑制剂优化氮肥施用等。

（3）通过多学科交叉融合研究寒地稻田温室气体排放。通过土壤学、植物营养学、环境学、微生物学、生态学以及地球化学等多学科交叉融合研究寒地稻田系统温室气体排放，对寒地稻田温室气体减排具有十分重要的意义。

总之，我国寒地水稻种植面积大，区域分布广，加强不同区域寒地稻田温室气体综合减排技术并集成示范研究，对探明我国农田温室气体排放清单，发展低碳、生态农业，缓解我国温室气体排放以及引起的气候变暖等环境问题，具有重要的意义，为制定更加合理、准确的决策提供可靠的依据。

主要参考文献

[1] 王文文，孙文静，孙慧，等. 我国碳排放管控现状与未来展望[J]. 现代化工，2021，41（2）：19–22.

[2] United Nations. United nations framework convention on climate change[R]. New York: Uninted Nations，1992.

[3] 韩玥. 基于能源消费、经济增长与碳排放关系研究的能源政策探讨[D]. 北京: 中国地质大学，2012.

[4] 生态环境部举行 8 月例行新闻发布会[J]. 中国环境监察，2019（9）：26–41.

[5] 董文杰. 美国退出"巴黎群"谁来拯救 2℃目标?[N]. 中国科学报，2019–12–02（001）.

[6] 党庶枫. 《巴黎协定》国际碳交易机制研究[D]. 重庆: 重庆大学，2018.

[7] 曾诗鸿，刘琦. 碳金融: 理论模型与探索[M]. 北京: 知识产权出版社，2013.

[8] 牟长城，陶祥云，黄忠文，等. 水稻品种对三江平原稻田温室气体排放的影响[J]. 东北林业大学学报，2011，39（11）：89–92，107.

[9] CHEN W W，WANG Y Y，ZHAO Z C，et al. The effect of planting density on carbon dioxide，methane and nitrous oxide emissions from a cold paddy field in the Sanjiang Plain，northeast China[J]. Agriculture，ecosystems and environment，2013，178: 64–70.

[10] DONG W J，GUO J，XU L J，et al. Water regime-nitrogen fertilizer incorporation interaction: field study on methane and nitrous oxide emissions from a rice agroecosystem in Harbin，China[J]. Journal of environmental sciences，2018，64: 289–297.

[11] 王晓萌. 水肥运筹对黑龙江省稻田 CH_4 和 N_2O 排放影响的研究[D]. 哈尔滨: 东北农业大学，2019.

[12] 徐丹，张忠学，林彦宇. 黑土稻田 CH_4 控排的水肥优化盆栽试验[J]. 干旱区资源与环境，2015，29（4）：175–180.

[13] 龚振平，颜双双，闫超，等. 寒地水稻秸秆还田和温度对稻田甲烷排放的影响[J]. 东北农业大学学报，2015，46（12）：8–15.

[14] 王孟雪，张忠学. 适宜节水灌溉模式抑制寒地稻田 N_2O 排放增加水稻产量[J]. 农业工程学报，2015，31（15）：72–79.

[15] 王孟雪，张忠学，吕纯波，等. 不同灌溉模式下寒地稻田 CH_4 和 N_2O 排放及温室效应研究[J]. 水土保持研究，2016，23（2）：95–100.

[16] XU D，ZHANG Z X，LIN Y Y. Seasonal changes of methane emission on black soil rice field in cold region and its DNDC simulation[J]. International journal of environmental engineering，2016，8（1）：1–11.

[17] 张忠明，王忠波，张忠学，等. 不同灌溉模式对寒地水稻田碳排放、耗水量及产量的影响[J]. 灌溉排水学报，2018，37（11）：1–7.

[18] 王长明，张忠学，吕纯波，等. 不同灌溉模式寒地稻田 CH_4 和 N_2O 排放特征及增温潜势分析[J]. 灌溉排水学报，2019，38（1）：14–20，68.

[19] NIE T Z，CHEN P，ZHANG Z X，et al. Effects of different types of water and nitrogen fertilizer management on greenhouse gas emissions，yield，and water consumption of paddy

fields in cold region of China[J]. International journal of environmental research and public health，2019，16:1639.

[20] LIN YY，YI S J，ZHANG Z X，et al. Study on the effect of water，fertilizer and biochar interaction on N$_2$O emission reduction in paddy fields of northeast China[J]. Nature environment and pollution technology，2019a，18（3）: 955–961.

[21] LIN Y Y，YI SJ，ZHANG Z X，et al. Effects of water and fertilizer and biochar regulating models on the comprehensive warming potential of greenhouse gas in paddy fields in northeast China[J]. Fresenius environmental bulletin，2019b，28（5）: 4013–4020.

[22] 张忠学，韩羽，齐智娟，等. 秸秆还田下水氮耦合对黑土稻田 CH$_4$ 排放与产量的影响 [J]. 农业机械学报，2020，51（7）: 254–262.

10 黑龙江省农业实现碳中和的途径和建议

10.1 黑龙江省农业生产碳中和现状

据《省级温室气体清单编制指南（2011）》中的计算公式对 2019 年黑龙江省农业碳排放情况进行估算，主要包括以下 4 个方面：①稻田 CH_4 排放量。其中，水稻面积来源于《黑龙江统计年鉴 2020》，稻田 CH_4 排放因子取 168.0 kg/hm²；②农用地 N_2O 直接和间接排放量。其中，N_2O 直接排放量估算中，N_2O 直接排放因子取 0.011 4（kg N_2O–N / kg N）输入量。由于农用地粪肥施用很少，可以忽略不计；化肥包括氮肥和复合肥，复合肥中的 N：P_2O_5：K_2O 按 15：15：15 计算；根据人民网黑龙江频道报道（2019），秸秆还田量为 5 297 万 t，秸秆的 N 含量按 0.6%计算（王激清 等，2008）。N_2O 间接排放量估算中，大气氮沉降引起的 N_2O 排放的排放因子取 0.01，农田氮淋溶和径流引起的 N_2O 排放的排放因子取 0.007 5；③动物肠道发酵 CH_4 排放。其中，奶牛、非奶牛、绵羊、山羊、猪、马、驴和骡的肠道发酵 CH_4 排放因子分别为 92.2，68.7，8.1，8.3，1.0，18.0，10.0 和 10.0 kg/（头·年）；④动物粪便管理 CH_4 和 N_2O 排放。其中，奶牛、非奶牛、绵羊、山羊、猪、家禽、马、驴和骡的粪便管理 CH_4 排放因子分别为 2.23，1.02，0.15，0.16，1.12，0.01，1.09，0.60 和 0.60 kg/（头·年），N_2O 排放因子分别为 1.096，0.913，0.057，0.057，0.266，0.007，0.330，0.188 和 0.188 kg/（头·年）。

从表 10-1 可知，黑龙江省 2019 年稻田碳排放量约为 1 601.5 万 t，农用地碳排放量约为 7 86.1 万 t，动物肠道发酵碳排放量约为 1 071.8 万 t，动物粪便管理系统碳排放量约为 343.8 万 t，总碳排放量约为 3 803.2 万 t。

表 10-1 黑龙江省 2019 年农业部门碳排放数据

部门	甲烷排放/（×10⁴ t）	氧化亚氮排放/（×10⁴ t）	碳排放/（×10⁴ t）
稻田	64.1	—	1 601.5
农用地	—	2.5	786.1
动物肠道发酵	42.9	—	1 071.8
动物粪便管理系统	2.2	0.9	343.8
总计	109.2	3.4	3 803.2

注：表中数据是根据《省级温室气体清单编制指南（2011）》中的公式计算得到，标"—"表示不需要报告的数据。

农业碳中和水平是指碳固定量与碳排放量的差值，零值表示碳中和、正值表示碳盈余、负值表示碳损失（陈松文 等，2021）；其中，碳固定主要包括秸秆、根系和土壤固碳三部分，以秸秆固碳为主，因此，主要对黑龙江省 2019 年的水稻和玉米碳固定量进行估算，其计算公式及过程参照文献（陈松文 等，2021），收获指数均取 0.53，水稻耕作层厚度为 20 cm，土壤容重取 1.45 g/cm³，玉米耕作层厚度为 25 cm，土壤容重取 1.26 g/cm³（王立春 等，2008），土壤有机质按我国 30 年来土壤有机质变化[−0.07 ～ 0.30 g/（kg·a）]（曲潇琳 等，2020；陈松文 等，2021）估算，其他取值保持不变。

由表 10-2 可以看出，黑龙江省 2019 年农业生产秸秆固碳量约为 2 342.3 万 t，根系固碳量约为 373.8 万 t，土壤固碳量为-76.6 万 ～ 328.2 万 t，总固碳量为 2 639.5 万 ～ 3 044.3 万 t，结合以上分析的总碳排放量，可知碳中和水平为−1 163.7 万 ～ −758.9 万 t。由此可见，黑龙江省 2019 年农业生产可能成为碳源。农业生产的碳源和碳汇作用与播种面积、生产资料投入、耕作/轮作方式、水肥管理、气候条件和土壤类型等有关，通过对以上各环节的技术创新，调控途径的优化升级，增强农田土壤固碳能力，降低农田温室气体排放，减少农业生产能耗，通过固碳减排逐步提升农业生产的碳盈余量，尽早实现农业生产的碳中和。

表 10-2 黑龙江省 2019 年农业生产碳固定及碳中和数据

播种面积/（×10⁴ hm²）		籽粒产量/（×10⁴ t）		秸秆固碳量/（×10⁴ t）	根系固碳量/（×10⁴ t）	土壤固碳量/（×10⁴ t）	总固碳量/（×10⁴ t）	碳中和/（×10⁴ t）
水稻	玉米	水稻	玉米					
381.3	587.5	2 663.5	3 939.8	2342.3	373.8	-76.6 ～ 328.2	2 639.5 ～ 3 044.3	−1 163.7 ～ 758.9

数据来源：播种面积和籽粒产量数据来源于《黑龙江统计年鉴 2020》。

10.2 黑龙江省农业实现碳中和的主要途径

10.2.1 提高农业固碳能力

改善土壤质量，提高农业固碳能力。包括水稻和玉米秸秆全量还田（高洪军 等，2020；张雄智 等，2020；梁尧 等，2021；汤宏 等，2021；中国清洁发展机制基金，2021），旱田作物合理轮作、保护性耕作、少免耕、水田和旱田作物控制施肥、有机肥施用、配方施肥、土壤改良、土壤修复（陈松文 等，2021）、人工种草和草畜平衡等措施以减少土壤有机质消耗量，增加土壤有机质来源量，改善土壤环境，进而增加土壤有机质容量；通过提高农田和草地有机质可增强温室气体吸收和 CO_2 固定能力，从而使农田从碳源转向碳汇。按照目前国际计量要求估算，不包括植物吸收 CO_2 的情况下，我国农田和草地土壤固碳量分别为 1.2 亿和 0.49 亿 t CO_2（中国清洁发展机制基金，2021；高志民，2021）。

10.2.2 降低单位产量或产品的温室气体排放强度

提高农业生产效率，降低单位产量或产品的温室气体排放强度。如种植低碳高产水稻品种（牟长城 等，2011；董文军 等，2015）、适当发展水稻旱直播种植面积、控制 CH_4 排放（张喜娟 等，2018），通过改变水分管理模式，如水稻采用浅水间歇灌溉，提高水分利用效率，控制 CH_4 排放，提高氮肥利用效率，降低 N_2O 排放（徐丹 等，2015；Dong 等，2018；王晓萌，2019；中国清洁发展机制基金，2021；高志民，2021）；改善动物健康和饲料消化率以控制肠道 CH_4 排放，通过提高畜禽废弃物资源利用率和效率、减少 CH_4 和 N_2O 排放等措施，降低农业温室气体排放强度（中国清洁发展机制基金，2021；高志民，2021）。通过使用低碳新产品进一步降低农业生产过程中的温室气体排放。通过使用新型肥料如缓控释肥及先进施肥技术以提高肥料利用效率而减少化肥施用量，从而抑制土壤有机质分解，降低土壤 CO_2 和 N_2O 的排放（陈松文 等，2021）。

10.2.3 降低碳成本，提高碳效率

减少农业生产能耗、降低碳成本、提高碳效率。不仅要从投入上减少化肥、农药、灌溉水及能源消耗，而且还要从生产过程中提高化肥、农药等资源利用效率的角度出发，双管齐下降低农业生产的碳成本、提高碳效率（陈松文 等，2021）。比如旱田通过深翻、碎混与免耕作业的合理轮耕，水田通过年际间翻耕与旋耕的交替进行合理轮耕，农田氮肥深施和种养结合等技术措施达到减肥和降低能耗的目的；通过分子设计育种技术培育抗病虫新品种、利用天敌和生物农药等手段达到减药的目的；通过水田浅水间歇灌溉、干湿交替、旱田种植节水抗旱作物品种等技术措施提高水分利用效率,达到节水的目的；通过少免耕、生物耕作、一体化联合机械作业等技术措施达到农作物种植过程节能的目的（Dong 等，2018；魏媛媛，2020；陈松文 等，2021；张阳 等，2021）。

10.2.4 促进农业生产碳循环

构建农业生产循环体系，促进农业生产碳循环。在农田生产尺度上，通过水稻和玉米秸秆直接或堆沤还田、农田种养结合（如种植青贮玉米-养殖牛羊等措施实现农田小循环）；在产业尺度上，通过种植业与养殖业及基质栽培如食用菌栽培等相结合实现生物质的多层多级利用；在区域尺度上，通过区域内种、养、加一体化融合，比如种植青贮玉米、鲜食玉米或常规玉米-牲畜养殖-饲料加工、鲜食玉米加工或玉米须加工模式，实现资源在不同产业间的充分利用与循环（陈松文 等，2021）。

10.2.5 抵扣生产生活能源碳排放

推进可再生能源替代，抵扣生产生活能源碳排放。黑龙江省作物秸秆量大，其中以燃料化为辅，应加强秸秆等生物质资源生产生物天然气、生物液体燃料、燃烧发电等可再生能源的力度，可以抵扣生产生活使用的化石能源的排放（中国清洁发展机制基金，2021；宋心怡 等，2021）。

10.3 黑龙江省农业碳中和的优势和不足

10.3.1 黑龙江省农业碳中和的优势

10.3.1.1 耕地面积大且有机质含量高

黑龙江省耕地面积达到 2.39 亿亩，东北黑土区总面积约 103 万 km²，是世界四大黑土区之一（张明超，2019；崔宁波 等，2021）。黑土是一种富含腐殖质、团粒结构好、肥力高、有机质含量高、土质疏松、适合耕作的自然土壤资源，如果全球土壤有机碳在目前的水平上增加 1%，土壤固定的有机碳将增加 150 亿 t 左右（崔宁波 等，2021；章茵和肖红叶，2021）。可见，土壤的固碳潜力是非常巨大的。此外，东北黑土中矿物结合态有机碳的比例最高，其次是占全国耕地面积 1/5 的水稻土和南方红壤，西北的灰漠土最低（章茵和肖红叶，2021）。

10.3.1.2 无霜期短

黑龙江省农田从当年 10 月到翌年 4 月为休闲、风化、干燥、冻结时间，可改变耕层土壤的氧化还原状态，保持土壤肥力，加速潜在土壤养分的转化，利于土壤固碳（韩贵清，2011）。此外，在漫长寒冷的冬季，土壤冻结，微生物活动微弱，有机质缓慢分解，形成了厚厚的黑土层。

10.3.1.3 土壤有机质来源量增加

黑龙江省农作物种植面积大，秸秆量大，直接还田或作为有机肥还田，能增加土壤有机质来源量，增强土壤碳汇。由于黑龙江省作物秸秆主要以直接或间接肥料化还田为主，对主要农作物"耕、种、管、收、储、运"等各环节配套的低碳技术进一步优化是必然选择。通过加强各界通力合作，推动低碳技术产业化，助推环保低碳产业发展，有助于增强不同行业之间的沟通、协调与合作，共同推动黑龙江省农业碳中和目标迈上新的台阶。此外，可进一步加强与国家级院校、研究机构和央企的战略合作，推动与广东深入地对口合作。比如中国科学院 A 类战略性先导科技专项"黑土地保育与智能感知科技创新工程"（黑土粮仓）就是要培育一支国家战略科技力量和智库，为国家"用好养好"黑土地提供系统解决方案。通过合作，把黑土地用好养好，为国家碳中和贡献一份力量。

10.3.1.4 对农资、农机等需求量大

黑龙江省农作物种植面积大，农资、农机及能源消耗大，而且农作物秸秆量也大，对农资生产、农机企业和生物质发电企业是机遇也是挑战。倒逼化肥、农药、农机及发电等企业调整优化产业结构，实现经济增长与碳排放"脱钩"。黑龙江省秸秆综合利用中，燃料化利用主要用于供暖或发电，仅次于肥料化利用，这对于生物质发电企业来说是一个利好的消息，可以替代部分化石燃料，助力黑龙江省农业实现碳中和。据了解，40 多年来，化肥行业在迅猛发展过程中，"高能耗、高排放、高污染"的粗放式排放成为农业生产过程中一个重要碳排放源（陈胜涛和周艳兰，2013；原晓丽，2013）。为了满足黑龙江省农业绿色低碳发展的目标和要求，化肥行业发展必须走低碳化之路。腐植酸低碳肥料成为化肥提质增效的标杆性产品，是肥料行业高质量低碳发展的"风向标"（曾宪成和李双，2021）。随着 2015 年国家开展化肥零增长行动以来，腐殖酸肥料生产企业尤其是腐殖酸水溶肥生产企业迅猛增长。而且，进入"十四五"阶段，黑龙江省农业重点开展化肥减量、肥料低碳生产以及碳中和行动，势必会带动腐殖酸低碳肥料生产的投资热潮，不难看出，肥料企业的机遇与挑战并存。

10.3.2 黑龙江省农业碳中和的不足

10.3.2.1 黑土地水土流失严重，耕地质量退化

具体表现在以下 3 个方面：①黑土面积不断减少，土壤侵蚀增多，黑土层变薄。随着工业化和城镇化的快速发展，城市建设占用农用耕地，以致于黑土地被过度开发利用，面积不断减少；另外，由于水蚀、风蚀等自然原因的影响使黑土地水土流失日益严重，黑土层逐渐变薄，固碳潜力下降；②种植技术不合理，黑土层变瘦。如过量施用化肥，有机肥

施用较少；缺乏合理的轮作种植制度，一些地块有明显的连作障碍，造成土壤质量退化，土壤有机质下降，固碳潜力降低；③耕作技术不合理，黑土层变硬。一方面由于多数使用小马力拖拉机或旋耕整地作业，耕作深度较浅；另一方面，作物秸秆还田采用的粉碎翻埋、碎混/旋耕还田技术在因地制宜规范、熟练的应用程度方面不够，秸秆覆盖少，免耕保护性耕作技术还未得到大面积的推广应用，从而导致土壤耕层结构退化、土质黏重、耕性变差且蓄水保墒能力降低，固碳潜力下降（崔宁波 等，2021）。

10.3.2.2 缺乏碳中和专业研究平台

由于之前对农业固碳、减排没有提出明确的要求和指标，因此，农业领域没有制定碳中和框架路线图，也没有专门从事低碳农业的专业机构（高志民，2021；宋心怡 等，2021）。已有一些相关研究不太集中，也缺乏系统性，为了系统研究碳中和的理论、方法与技术等问题，急切需要建立黑龙江省农业碳中和专业研究平台（高志民，2021）。

10.3.2.3 碳中和技术落实难度大

尽管黑龙江省在农业固碳、减排方面开展了一些相关研究，构建了固碳、减排的关键技术模式，但成本投入、减排效果以及对农业生产的贡献还有待于进一步示范与验证（高志民，2021）；一些技术由于人力、物力等成本投入的增加，需要国家补贴，增加了其推广应用的难度。对于种植业而言，虽然家庭农场、专业大户、农民专业合作社、农业产业化龙头企业等新型农业经营主体较多，但缺乏固碳、减排的技术规程进行实际指导操作；对于有机废弃物循环利用而言，成本高、效益低，也需要国家政策补贴，技术有待于进一步创新；对于养殖业而言，饲草、饲料质量较差，畜产品温室气体排放强度较高，短时间内提高饲草、饲料的质量有较大的难度（中国清洁发展机制基金，2021；高志民，2021）。

10.3.2.4 碳中和缺少相关政策法规和标准

虽然有关部门出台了以农业绿色发展为目标的一些政策措施，对兼顾固碳、减排均有一定的作用，但由于没有制定颁布专门的气候变化法律法规（高志民，2021；宋心怡 等，

2021），对于农业碳中和方面也未制定相应的技术规范、标准和规程，导致固碳、减排技术措施的推广及应用受到限制（中国清洁发展机制基金，2021）。

10.4 黑龙江省农业碳中和的建议

10.4.1 保护利用好黑土资源

加快推进农田基础设施建设、黑土地保护利用工程、轮作休耕制度试点工作；通过提高主要作物秸秆还田率、增施有机肥、减施化肥与农药、旱田深松整地与作物轮作、水田翻耕与旋耕相结合的轮耕等措施，从农艺农机融合、基础工程建设、生物农药研发等方面，保护好、利用好黑土地这个"耕地中的大熊猫"，持续提升耕地质量，培肥土壤，增加土壤碳汇潜力。

10.4.2 提出农业碳中和框架路线图

在确保国家粮食安全、口粮绝对安全的前提下，根据目前黑龙江省农业生产规模和技术水平，预测未来农业源温室气体排放的趋势和达峰时间，估算固碳、减排等的潜力以及成本，提出适合黑龙江省农业各领域碳中和有针对性的具体技术途径和方法。

10.4.3 组建碳中和协同创新平台

建议组建黑龙江省省级农业碳中和研究机构、中心或创新联盟。开展碳中和的基础理论、应用技术以及政策导向等方面的战略性研究。开展省内农业领域碳中和的监测、核算与评估工作。加强科研、示范、推广、生产、加工等不同环节的相互合作。

10.4.4 加强碳中和的科技支撑力量

在黑龙江省科技重大专项、重点研发项目等大项目中设立专项开展农业碳中和研究。围绕制约黑龙江省农业绿色低碳发展的作物提质增效、土壤全耕层培肥、秸秆循环利用、有机废弃物资源化利用等关键技术难题进行攻关；创建农业生产过程中的温室气体固碳、减排关键技术，研发现代化农业、规模化养殖、高质量储存以及高效率运输等关键环节的节能机械装备；集成农业温室气体固碳、减排技术模式，并在不同村镇、合作社及企业等农业主体开展示范推广工作（中国清洁发展机制基金，2021）。

10.4.5 尽快制定碳中和的法律法规与技术标准

尽快制定并颁布实施黑龙江省农业领域碳中和的法律法规与技术标准，建立低碳农业生产管理制度，通过法制化、制度化、标准化建设，确保黑龙江省农业碳中和各项工作的稳定、可持续发展（高志民，2021）。

10.4.6 通过市场机制激励涉农企业主动减排

《碳排放权交易管理办法（试行）》于 2021 年 2 月 1 日起在全国范围内开始施行，全国碳排放权将实行集中统一交易，并于 2021 年 7 月 16 日开市；黑龙江省碳排放权交易市场将以发电行业为突破口，通过碳排放权交易，为发电企业主动减排创造更加有效的经济激励环境。在农业领域，相关涉农企业化肥、农药未来也将参与全国碳排放权交易。

主要参考文献

[1] 省级温室气体清单编制指南试行[EB/OL].(2011–11–30)[2021–07–02].https://www.docin.com/p-297792786.html.

[2] 黑龙江省统计局，国家统计局黑龙江调查总队. 黑龙江统计年鉴 2020[M]. 北京：中国统计出版社，2020.

[3] 人民网黑龙江频道. 黑龙江省秸秆还田利用量达 5297 万吨 超额完成秋冬季目标[EB/OL].（2019–11–19）[2021–08–05].http://hlj.people.com.cn/n2/2019/1118/c220024-33552234.html.

[4] 王激清，张宝英，刘社平，等. 我国作物秸秆综合利用现状及问题分析[J]. 江西农业学报，2008，20（8）：126–128.

[5] 陈松文，刘天奇，曹凑贵，等. 水稻生产碳中和现状及低碳稻作技术策略[J]. 华中农业

大学学报，2021，40（3）：3-12.

[6] 王立春，马虹，郑金玉. 东北春玉米耕地合理耕层构造研究[J]. 玉米科学，2008，16（4）：13-17.

[7] 曲潇琳，任意，王红叶，等. 我国耕地质量主要性状30年变化情况报告[J]. 2020（5）：25-26.

[8] 高洪军，彭畅，张秀芝，等. 秸秆还田量对黑土区土壤及团聚体有机碳变化特征和固碳效率的影响[J]. 中国农业科学，2020，53（22）：4613-4622.

[9] 张雄智，李帅帅，刘冰洋，等. 免耕与秸秆还田对中国农田固碳和作物产量的影响[J]. 中国农业大学学报，2020，25（5）：1-12.

[10] 梁尧，蔡红光，杨丽，等. 玉米秸秆覆盖与深翻两种还田方式对黑土有机碳固持的影响[J]. 农业工程学报，2021，37（1）：133-140.

[11] 汤宏，曾掌权，沈健林，等. 秸秆与水分管理稻田的温室气体排放和碳固定[J]. 环境科学与技术，2021，44（1）：41-48.

[12] 中国清洁发展机制基金.赵立欣：农业农村如何实现"碳达峰""碳中和"？[EB/OL].（2021-03-12）[2021-07-09].http://www.cdmfund.org/28302.html.

[13] 高志民.碳中和，农业农村如何发力？[N /OL]. 人民政协报社，2021-03-25[2021-07-09]. http://dzb.rmzxb.com/rmzxbPaper/pc/con/202103/25/content_4018.html.

[14] 牟长城，陶祥云，黄忠文，等. 水稻品种对三江平原稻田温室气体排放的影响[J]. 东北林业大学学报，2011，39（11）：89-92，107.

[15] 董文军，来永才，孟英，等. 稻田生态系统温室气体排放影响因素的研究进展[J]. 黑龙江农业科学，2015（5）：145-148.

[16] 张喜娟，来永才，曾山. 寒地水稻直播栽培机理与技术[M]. 北京：中国农业出版社，2018.

[17] 徐丹，张忠学，林彦宇. 黑土稻田 CH_4 控排的水肥优化盆栽试验[J]. 干旱区资源与环境，2015，29（4）：175-180.

[18] DONG W J, GUO J, XU L J, et al. Water regime-nitrogen fertilizer incorporation interaction: field study on methane and nitrous oxide emissions from a rice agroecosystem in Harbin,

China[J]. Journal of environmental sciences，2018（64）：289–297.

[19] 王晓萌. 水肥运筹对黑龙江省稻田 CH_4 和 N_2O 排放影响的研究[D]. 哈尔滨：东北农业大学，2019.

[20] 魏媛媛. 寒地水稻点深施氮的产量品质及氮素利用研究[D]. 大庆：黑龙江八一农垦大学，2020.

[21] 张阳，张春宇，张明聪，等. 黑龙江大豆–玉米轮作体系氮磷调控的产量效应与养分平衡[J]. 中国土壤与肥料，2021（1）：44–52.

[22] 宋心怡，炼晨，张依然. "双碳"目标"施工图"日渐清晰——肥料行业将迎来新变革[J]. 中国农资，2021（11）：3–5.

[23] 崔宁波，赵端阳，王胜男. 加强黑土地保护 保障国家粮食安全[J]. 奋斗，2021（4）：33–35.

[24] 张明超.黑龙江：耕地面积 2.39 亿亩居全国第一位[EB/OL]. （2019–10–17）[2021–07–02].https://t.m.youth.cn/transfer/index/url/df.youth.cn/dfzl/201910/t20191017_12096187.htm?from=groupmessage.

[25] 章茵，肖红叶. 保护好黑色碳库 贡献碳中和力量[N]. 中国矿业报，2021–05–07（A3）.

[26] 韩贵清. 中国寒地粳稻[M]. 北京：中国农业出版社，2011.

[27] 原晓丽. 气候变化背景下美国低碳农业法律制度及其启示[D]. 武汉：华中科技大学，2013.

[28] 陈胜涛，周艳兰. 我国 3 种农业碳排放源比较——基于 1985—2008 年数据的实证分析[J]. 安徽农业科学，2013，41（29）：11783–11784，11836.

[29] 曾宪成，李双. 腐植酸低碳肥料与土壤碳中和[J]. 腐植酸，2021（1）：1–6.

附录一 水稻"一翻一旋"秸秆全量还田轮耕技术规程

（DB23/T 2556—2020）

1 范围

本标准规定了水稻"一翻一旋"秸秆全量还田轮耕技术的术语和定义、产地环境、收获与秸秆还田、秋整地、泡田、搅浆、插秧、水分管理、施肥、病虫草害防治和生产档案。

本标准适用于水稻"一翻一旋"秸秆全量还田轮耕技术。

2 规范性引用文件

下列文件对于本标准的应用是必不可少的。凡是注日期的引用文件，仅注日期的版本适用于本文件。凡是不注日期的引用文件，其最新版本（包括所有的修改单）适用于本文件。

GB 3095　环境空气质量标准

GB 5084　农田灌溉水质标准

GB 15618　土壤环境质量 农用地土壤污染风险管控标准（试行）

GB/T 24675.6　保护性耕作机械 秸秆粉碎还田机

NY/T 496　肥料合理使用准则 通则

NY/T 498　水稻联合收割机 作业质量

NY/T 499　旋耕机 作业质量

NY/T 500　秸秆粉碎还田机 作业质量

NY/T 501　水田耕整机 作业质量

DB23/T 020　水稻生产技术规程

3 术语和定义

下列术语和定义适用于本文件。

3.1 一翻一旋

前茬水稻适时收获后，秸秆均匀粉碎抛撒于地面，采用秋翻耕和秋旋耕相结合的轮耕整地方法，每两年为一个周期，第一年翻耕，第二年旋耕。

4 产地环境

空气质量应符合 GB 3095 的规定，土壤质量应符合 GB 15618 的规定，灌溉水质应符合 GB 5084 的规定。

5 收获与秸秆还田

要求秸秆粉碎长度 ≤ 10 cm，留茬高度、秸秆抛撒不均匀率、粉碎长度合格率及其他质量要求应符合 NY/T 500 的规定。宜采用安装秸秆粉碎抛撒装置的水稻联合收割机进行收获，一次性完成水稻收获和秸秆粉碎抛撒作业。收获作业质量应符合 NY/T 498 的规定。若留茬过高、秸秆粉碎抛撒达不到要求时，宜采用符合 GB/T 24675.6 要求的秸秆粉碎还田机进行一次秸秆粉碎还田作业。

6 秋整地

6.1 翻耕

第一年水稻适时收获后，土壤含水量在 30 % 以下时，使用铧式犁进行翻耕，深度 18 cm ~ 20 cm，深浅一致，不出堑沟，扣垡严密，不重不漏，秸秆与根茬无外漏。其他作业质量应符合 NY/T 501 的规定。

6.2 旋耕

第二年水稻适时收获后，土壤含水量在 25 % 以下时，宜采用反旋深埋旋耕机进行旋耕，深度 15 cm 以上，达到无漏耕，无暗埂，不拖堆，地表平整，秸秆与根茬无外漏。其他作业质量应符合 NY/T 499 的规定。

7 泡田

翻耕后的稻田在第二年春季插秧前15 d～25 d放水泡田，淹没最高垡片的2/3处，泡田时间5 d～7 d。旋耕后的稻田在第二年春季插秧前15 d～25 d放水泡田，泡田深度高出旋耕后的土壤表面2 cm～3 cm，泡田时间3 d～5 d。

8 搅浆

泡田后采用无动力搅浆平地机进行搅浆。搅浆平地后保持2 cm～3 cm水层沉浆。

9 插秧

沉浆后达到插秧要求时，应依据 DB23/T 020 的规定进行。

10 水分管理

10.1 返青期

返青期保持 3 cm～5 cm 水层。

10.2 分蘖期

施蘖肥前一天灌 2 cm～3 cm 水层，达到花达水再补灌 2 cm～3 cm 水层，依次循环管理。

10.3 晒田

当茎蘖数达到计划穗数的80%时，开始晒田，一般晒田5 d～7 d。

10.4 其他时期

应依据 DB23/T 020 的规定进行。

11 施肥

11.1 基肥

每公顷施纯氮（N）48 kg～60 kg，氧化钾（K_2O）25 kg～30 kg，五氧化二磷（P_2O_5）60 kg～75 kg。在放水泡田之后、水整地之前撒施。肥料使用应符合 NY/T 496 的规定。

11.2 返青肥

返青后立即施返青肥，每公顷施纯氮（N）30.0 kg～37.5 kg。

11.3 分蘖肥

返青后 10～15 d 施分蘖肥，每公顷施纯氮（N）30.0 kg～37.5 kg。

11.4 穗肥

倒 2 叶展开时，每公顷追施纯氮（N）12 kg～15 kg，氧化钾（K_2O）25 kg～30 kg。

12 病虫草害防治

病虫草害防治应依据DB23/T 020—2007的规定进行。

13 生产档案

应建立水稻生产档案，包括收获与秸秆还田、秋整地、水肥管理及病虫草害防治等。

附录二 稻田系统温室气体减排水肥管理操作规程

（DB23/T 1873—2017）

1 范围

在育苗、本田整地及插秧的基础上，本标准规定了水稻种植过程中稻田系统温室气体减排的水肥管理操作规程，包括水稻生产的环境质量、本田的水分管理、肥料施用和生产档案。

本标准适用于水稻种植过程中定量减少稻田温室气体排放。

2 规范性引用文件

下列文件对于本标准的应用是必不可少的。凡是注日期的引用文件，仅注日期的版本适用于本标准。凡是不注日期的引用文件，其最新版本（包括所有的修改单）适用于本标准。

GB 3095　环境空气质量标准

GB 5084　农田灌溉水质标准

GB 15618　土壤环境质量标准

NY/T 496　肥料合理使用准则 通则

3 术语和定义

下列术语和定义适用于本标准。

3.1 温室气体

主要包括稻田中排放的甲烷（CH_4）和氧化亚氮（N_2O）两种气体。

3.2 减排

减少水稻种植过程中稻田产生的甲烷（CH_4）和氧化亚氮（N_2O）的总排放量。

3.3 水肥管理减排

在水稻生产过程中，通过合理的肥料施用和优化的水分管理模式减少稻田产生的甲烷（CH_4）和氧化亚氮（N_2O）的排放量。

3.4 采样箱

用 PVC 材料制成的，用于收集稻田中温室气体排放的一种装置。

3.5 PVC 底座

固定于土壤中，在其上面放置气体采样箱，并与采样箱相互配套的一种装置。

4 产地环境

水稻产地环境空气质量应符合 GB 3095 的规定，土壤环境质量应符合 GB 15618 的规定，灌溉用水质量应符合 GB 5084 标准。

5 水肥管理与温室气体排放

5.1 施肥管理

施肥应符合 NY/T 496 的规定。

5.1.1 施肥量

每公顷施纯氮 120 kg ~ 150 kg，基肥：蘖肥：穗肥=5：3：2；磷肥（P_2O_5）60 kg ~ 75 kg，钾肥（K_2O）60 kg ~ 75 kg。磷肥作为基肥一次性施入，钾肥作为基肥和穗肥分两次施入。

5.1.2 基肥

氮肥总量的 50%，钾肥的 50% ~ 80%，磷肥 100% 做基肥。翻后耙前施入。

5.1.3 蘖肥

返青后立即施蘖肥，施肥量为氮肥总量的 30%。

5.1.4 穗肥

倒 2 叶展开时抽穗前 15 d，追施氮肥总量的 20% 和剩余的钾肥。

5.2 温室气体采集与分析

5.2.1 温室气体采集

在田间小区内，于水稻栽插前将 PVC 底座固定于土壤中，采样箱的箱体由 PVC 材料制成，规格为 0.5 m×0.5 m×0.5 m（作物生长后期用 0.5 m×0.5 m×1.0 m 的箱体），测定时将水注入底槽，箱体顶部安置小型风扇。田间需安置路桥。水稻移栽后每周采样一次，烤田期、肥料施用和降雨后应适当地增加采样频率。采样时间固定在上午 8:00～11:00，采样时各个处理的同一重复需同时进行，采样时间分别为密封箱体后的 0 min、5 min、10 min、15 min，每次抽取气体样品 50 mL。

5.2.2 温室气体分析

样品于采集后用 Agilent 4890D 气相色谱仪同时分析 CH_4 和 N_2O 的排放通量，并计算排放量。

5.3 生育期施肥与温室气体减排

生育期施肥与温室气体减排应按表1的规定执行。

表 1 生育期施肥与温室气体减排表

生育时期	施用氮肥比例（%）	每公顷每减少 1 kg 氮肥降低的甲烷排放量（kg CH_4/kg N 肥/hm²）	每公顷每减少 1 kg 氮肥降低的氧化亚氮排放量（g N_2O/kg N 肥/hm²）
移栽-抽穗	80	0.84～3.74	2.3～11.0
抽穗-成熟	20	0.49～3.87	3.8～15.0
全生育期	100	1.45～3.20	4.6～16.9

5.4 水分管理

灌水应符合 GB 5084 的规定。

5.4.1 返青期灌水

插秧后返青前 7 d 左右灌 2.0 cm ~ 2.5 cm 浅水层。可降低 CH_4 排放 17.2 kg/hm^2 ~ 19.4 kg/hm^2，可降低 N_2O 排放 81.4 g/hm^2 ~ 138.5 g/hm^2。

5.4.2 分蘖期灌水

返青后施蘖肥前一天灌 4 cm ~ 5 cm 水层，之后使水层保持在 3 cm 左右，直到有效分蘖临界叶龄期前 3 d ~ 5 d。可降低 CH_4 排放 44.2 kg/hm^2 ~ 49.8 kg/hm^2，可降低 N_2O 排放 209.3 g/hm^2 ~ 356.1 g/hm^2。

5.4.3 排水晒田

有效分蘖临界叶龄期前 3 d ~ 5 d 排水晒田。晒田达到田面有裂缝且见白根，叶挺色淡，晒 5 d ~ 7 d，之后再灌 3 cm 左右水层。可降低 CH_4 排放 23.6 kg/hm^2 ~ 37.3 kg/hm^2，可降低 N_2O 排放 23.9 g/hm^2 ~ 295.0 g/hm^2。

5.4.4 拔节孕穗期灌水

拔节孕穗期，灌 3 cm ~ 5 cm 的活水，实行以降低 CH_4 和 N_2O 排放为主的控制灌溉。即每次先灌溉 3 cm ~ 5 cm 水层，经过几天后变为湿润状态，最后自然落干，到地面无水、脚窝有水时再灌 3 cm ~ 5 cm 水层。这一时期可降低 CH_4 排放 2.8 kg/hm^2 ~ 7.3 kg/hm^2，可降低 N_2O 排放 146.8 g/hm^2 ~ 468.1 g/hm^2。

5.4.5 抽穗扬花期灌水

抽穗扬花期，灌 3 cm 活水，采用与 5.4.4 相同的控制灌溉方式，直到蜡熟期。这一时期可降低 CH_4 排放 8.3 kg/hm^2 ~ 40.7 kg/hm^2，可降低 N_2O 排放 67.9 g/hm^2 ~ 237.3 g/hm^2。

5.4.6 成熟期排水

完熟初期开始排水。可降低 CH_4 排放 32.3 kg/hm^2 ~ 57.6 kg/hm^2，可降低 N_2O 排放 87.2 g/hm^2 ~ 264.5 g/hm^2。

5.4.7 全生育期灌水

全生育期每亩灌水量为 450 m^3 ~ 480 m^3，每亩稻田每降低 100 m^3 灌水可减少 CH_4 排放 3.4 kg ~ 6.2 kg，每亩稻田每降低 100 m^3 灌水可减少 N_2O 排放 13.5 g ~ 30.4 g。

6 生产档案

应建立水稻生产档案，包括生育进程、水层的深度及化肥的品名、用量、施用时期等。

附录三 水稻秸秆还田调肥密植栽培技术规程
（DB23/T 3221—2022）

1 范围

本文件规定了水稻秸秆还田调肥密植栽培技术规程的术语和定义、产地环境、前茬收获与秸秆还田、秋整地、泡田、搅浆、插秧、施肥、水分管理、病虫草害防治和生产档案。

本文件适用于水稻秸秆还田调肥密植栽培技术。

2 规范性引用文件

下列文件中的内容通过文中的规范性引用而构成本文件必不可少的条款。其中，注日期的引用文件，仅该日期对应的版本适用于本文件；不注日期的引用文件，其最新版本（包括所有的修改）单适用于本文件。

GB 3095　环境空气质量标准

GB 5084　农田灌溉水质标准

GB 15618　土壤环境质量 农用地土壤污染风险管控标准（试行）

NY/T 496　肥料合理使用准则 通则

NY/T 498　水稻联合收割机 作业质量

NY/T 499　旋耕机 作业质量

NY/T 500　秸秆粉碎还田机 作业质量

NY/T 501　水田耕整机 作业质量

DB23/T 020　水稻生产技术规程

3 术语和定义

下列术语和定义适用于本文件。

3.1 调肥密植

在常规种植的基础上减少总氮肥的 20 %后按照基肥：返青肥：分蘖肥：穗肥=30%：25%：25%：20%的比例施用，穗肥中的钾肥减少总钾肥的 20%；缩小栽插的穴距为常规的17%～18%，增加单位面积栽插的穴数。

4 产地环境

空气质量应符合 GB 3095 的规定，土壤质量应符合 GB 15618 的规定，灌溉水质应符合 GB 5084 的规定。

5 前茬收获与秸秆还田

要求秸秆粉碎长度≤10 cm，留茬高度、秸秆抛撒不均匀率、粉碎长度合格率及其他质量要求应符合 NY/T 500 的规定。收获作业质量应符合 NY/T 498 的规定。

6 秋整地

宜采用秋翻耕和秋旋耕交替进行的轮耕整地方法，当水稻适时收获后，土壤含水量在30 %以下时，使用铧式犁进行翻耕，深度 18 cm～22 cm，其他作业质量应符合 NY/T 501 的规定。当水稻适时收获后，土壤含水量在 25 %以下时，宜采用反旋深埋旋耕机进行旋耕，深度 15 cm 以上，其他作业质量应符合 NY/T 499 的规定。

7 泡田

秋翻耕后的稻田在第二年春季插秧前 15 d～25 d 放水泡田，淹没最高垡片的 2/3 处，泡田时间 5 d～7 d。秋旋耕后的稻田在第二年春季插秧前 15 d～25 d 放水泡田，泡田深度高出旋耕后的土壤表面 2 cm～3 cm，泡田时间 3 d～5 d。

8 搅浆

泡田后采用无驱动搅浆平地机进行搅浆。搅浆平地后保持 2 cm～3 cm 水层沉浆。

9 插秧

沉浆后达到插秧要求时，按照品种特性和当地生产条件，行距 30 cm 保持不变，穴距在常规种植的基础上减少 2 cm，增加插秧密度。

10 施肥

10.1 基肥

每公顷施纯氮（N）36.0 kg～43.2 kg，氧化钾（K_2O）25 kg～30 kg，五氧化二磷（P_2O_5）60 kg～75 kg。按照常规施肥方法施入。肥料使用应符合 NY/T 496 的规定。

10.2 返青肥

返青后立即施返青肥，每公顷施纯氮（N）30 kg～36 kg。

10.3 分蘖肥

返青后 10 d～15 d 施分蘖肥，每公顷施纯氮（N）30 kg～36 kg。

10.4 穗肥

倒 2 叶露尖时，每公顷追施纯氮（N）24.0 kg～28.8 kg，氧化钾（K_2O）15 kg～18 kg。

11 水分管理

11.1 返青期

返青期保持 3 cm～5 cm 水层。

11.2 分蘖期

施蘖肥前一天灌 2 cm～3 cm 水层，达到花达水再补灌 2 cm～3 cm 水层，依次循环管理。

11.3 晒田

在有效分蘖临界叶龄期开始晒田，一般晒田 5 d～7 d。

11.4 其他时期

应依据 DB23/T 020 的规定进行。

12 病虫草害防治

病虫草害防治应依据 DB23/T 020 的规定进行。

13 生产档案

应建立水稻生产档案，包括前茬收获与秸秆还田、秋整地、插秧、水肥管理及病虫草害防治等。

附录四 水稻反转式旋耕秸秆全量还田技术规程

（DB23/T 2608—2020）

1 范围

本标准规定了水稻反转式旋耕秸秆全量还田技术的术语和定义、秸秆粉碎、秋整地、泡田、无动力搅浆平地、秸秆全量还田后水分管理和施肥。

本标准适用于水稻反转式旋耕秸秆全量还田。

2 规范性引用文件

下列文件对于本标准的应用是必不可少的。凡是注日期的引用文件，仅注日期的版本适用于本文件。凡是不注日期的引用文件，其最新版本（包括所有的修改单）适用于本文件。

GB/T 24675.6 保护性耕作机械 秸秆粉碎还田机

NY/T 496 肥料合理使用准则 通则

NY/T 499 旋耕机 作业质量

NY/T 500 秸秆粉碎还田机 作业质量

3 术语和定义

下列术语和定义适用于本文件。

3.1 反转式旋耕

旋耕机刀具旋转方向与机具前进方向相反，将土壤及秸秆通过刀辊的上方向刀辊后方抛出，秸秆先于土壤落入沟底，被随后落下的土壤覆盖的一种耕作方式。

3.2 "浅–湿–干"灌溉

灌溉 3 cm 左右的浅水层，自然渗透，待土壤水分降到 30%左右，田面落干出现小裂纹，再灌下一茬水，即"后水不见前水"的灌溉方式。

4 秸秆粉碎

4.1 机械直接秸秆粉碎

可采用自带秸秆粉碎抛撒装置的水稻联合收割机进行收获，一次性完成水稻收获和秸秆粉碎抛撒作业。

4.2 机械割晒秸秆粉碎

对于采用机械割晒作业后的秸秆，宜采用符合 GB/T 24675.6 要求的秸秆粉碎还田机进行一次秸秆粉碎还田作业。秸秆粉碎后均匀抛撒在田间，要求秸秆粉碎长度≤10 cm，留茬高度≤10 cm，作业质量应符合 NY/T 500。

5 秋季整地

5.1 作业时期

水稻收获后，土壤封冻前，土壤含水量在 25%～30%时进行。

5.2 机械埋草

采用反转式旋耕机进行秸秆深混还田作业，作业深度 15 cm 以上，秸秆均匀埋入 10 cm 以下土壤耕层内，作业质量应符合 NY/T 499 的规定。

5.3 平地

旋耕之后及时平整田面，可以采用刮板超平田面，或采用激光平地机、卫星导航平地机整平田面。

6 泡田

春季插秧前 15 d 左右开始泡田，泡田水达到"花达水"状态，泡田时间 3 d～5 d 即可。

7 无动力搅浆平地

土壤泡透，保持田间呈现花达水状态，采用牵引式压茬平地机，通过机具自身质量，利用耙片将已还田的秸秆进一步压入土壤，同时耙片旋转实现土壤细碎，利用后面的压板将田面抹平的一种水田搅浆平地，使秸秆均匀混于泥浆中，搅浆后田间无秸秆及稻茬漂浮，田块四周平整一致，达到寸水不露泥的状态，沉浆 5 d 左右开始插秧。

8 秸秆全量还田后的水分管理

秸秆全量还田后水稻生育期水分管理采用"浅-湿-干"的方法。分蘗期避免长时间淹灌，6月下旬分蘗末期酌情可重晒至田面有裂纹，进入7月结实期"浅-湿-干"灌溉直到黄熟初期，田间水分全部排干。

9 施肥

施肥方法依据当地常规稻田，多年秸秆全量还田后适当增加氮肥施用量。肥料使用应符合 NY/T 496 的规定。